U0175190

城镇特色风貌

骆中钊 戴俭 张磊 张惠芳 ▣总主编

骆中钊 ▣主 编

王 倩 ▣副主编

中国林业出版社

图书在版编目（ＣＩＰ）数据

城镇特色风貌/骆中钊等总主编 . -- 北京：中国
林业出版社，2020.8

（城镇规划设计指南丛书）

ISBN 978-7-5219-0665-3

Ⅰ . ①城… Ⅱ . ①骆… Ⅲ . ①城镇 – 城市风貌 – 城市
规划 Ⅳ . ① TU984

中国版本图书馆 CIP 数据核字 (2020) 第 120489 号

——

策　　　划：纪　亮

责任编辑：樊　菲　李　顺

出版：中国林业出版社（100009 北京西城区刘海胡同 7 号）

网站：http://www.forestry.gov.cn/lycb.html

印刷：河北京平诚乾印刷有限公司

发行：中国林业出版社

电话：（010）8314 3573

版次：2020 年 8 月第 1 版

印次：2020 年 8 月第 1 次

开本：1/16

印张：16

字数：300 千字

定价：96.00 元

编委会

组编单位：
世界文化地理研究院
国家住宅与居住环境工程技术研究中心
北京工业大学建筑与城规学院

承编单位：
乡魂建筑研究学社
北京工业大学建筑与城市规划学院
天津市环境保护科学研究院
北方工业大学城镇发展研究所
燕山大学建筑系
方圆建设集团有限公司

编委会委员：
世界文化地理研究院　骆中钊　张惠芳　乔惠民　骆　伟　陈　磊　冯惠玲
国家住宅与居住环境工程技术研究中心　仲继寿　张　磊　曾　雁　夏晶晶　鲁永飞
中国建筑设计研究院　白红卫
方圆建设集团有限公司　任剑锋　方朝晖　陈黎阳
北京工业大学建筑与城市规划学院　戴　俭　王志涛　王　飞　张　建　王笑梦　廖含文　齐　羚
北方工业大学建筑艺术学院　张　勃　宋效巍
燕山大学建筑系　孙志坚
北京建筑大学建筑与城市规划学院　范霄鹏
合肥工业大学建筑与艺术学院　李　早
西北工业大学力学与土木建筑学院　刘　煜
大连理工大学建筑环境与新能源研究所　陈　滨
天津市环境保护科学研究院　温　娟　李　燃　闫　佩
福建省住建厅村镇处　李　雄　林琼华
福建省城乡规划设计院　白　敏
《城乡建设》全国理事会　汪法濒
《城乡建设》　金香梅
北京乡魂建筑设计有限责任公司　韩春平　陶茉莉
福建省建盟工程设计集团有限公司　刘　蔚
福建省莆田市园林管理局　张宇静
北京市古代建筑研究所　王　倩
北京市园林古建设计研究院　李松梅

编委会顾问：
国家历史文化名城专家委员会副主任　郑孝燮
中国文物学会名誉会长　谢辰生
原国家建委农房建设办公室主任　冯　华
中国民间文艺家协会驻会副会长党组书记　罗　杨
清华大学建筑学院教授、博导　单德启
天津市环保局总工程师、全国人大代表　包景岭
恒利集团董事长、全国人大代表　李长庚

编委会主任：骆中钊

编委会副主任：戴　俭　张　磊　乔惠民

编者名单

1 《城镇建设规划》
总主编 骆中钊 戴 俭 张 磊 张惠芳
主 编 刘 蔚
副主编 张 建 张光辉

2 《城镇住宅设计》
总主编 骆中钊 戴 俭 张 磊 张惠芳
主 编 孙志坚
副主编 陈黎阳

3 《城镇住区规划》
总主编 骆中钊 戴 俭 张 磊 张惠芳
主 编 张 磊
副主编 王笑梦 霍 达

4 《城镇街道广场》
总主编 骆中钊 戴 俭 张 磊 张惠芳
主 编 骆中钊
副主编 廖含文

5 《城镇乡村公园》
总主编 骆中钊 戴 俭 张 磊 张惠芳
主 编 张惠芳 杨 玲
副主编 夏晶晶 徐伟涛

6 《城镇特色风貌》
总主编 骆中钊 戴 俭 张 磊 张惠芳
主 编 骆中钊
副主编 王 倩

7 《城镇园林景观》
总主编 骆中钊 戴 俭 张 磊 张惠芳
主 编 张宇静
副主编 齐 羚 徐伟涛

8 《城镇生态建设》
总主编 骆中钊 戴 俭 张 磊 张惠芳
主 编 李 燃 刘少冲
副主编 闫 佩 彭建东

9 《城镇节能环保》
总主编 骆中钊 戴 俭 张 磊 张惠芳
主 编 宋效巍
副主编 李 燃 刘少冲

10 《城镇安全防灾》
总主编 骆中钊 戴 俭 张 磊 张惠芳
主 编 王志涛
副主编 王 飞

总前言

习近平总书记在党的十九大报告中指出，要"推动新型工业化、信息化、城镇化、农业现代化同步发展"。走"四化"同步发展道路，是全面建设中国特色社会主义现代化国家、实现中华民族伟大复兴的必然要求。推动"四化"同步发展，必须牢牢把握新时代新型工业化、信息化、城镇化、农业现代化的新特征，找准"四化"同步发展的着力点。

城镇化对任何国家来说，都是实现现代化进程中不可跨越的环节，没有城镇化就不可能有现代化。城镇化水平是一个国家或地区经济发展的重要标志，也是衡量一个国家或地区社会组织强度和管理水平的标志，城镇化综合体现一国或地区的发展水平。

从20世纪80年代费孝通提出"小城镇大问题"到国家层面的"小城镇大战略"，尤其是改革开放以来，以专业镇、重点镇、中心镇等为主要表现形式的特色镇，其发展壮大、联城进村，越来越成为做强镇域经济，壮大县区域经济，建设社会主义新农村，推动工业化、信息化、城镇化、农业现代化同步发展的重要力量。特色镇是大中小城市和小城镇协调发展的重要核心，对联城进村起着重要作用，是城市发展的重要递度增长空间，是小城镇发展最显活力与竞争力的表现形态，是"万镇千城"为主要内容的新型城镇化发展的关键节点，已成为镇城经济最具代表性的核心竞争力，是我国数万个镇形成县区域经济增长的最佳平台。特色与创新是新型城镇可持续发展的核心动力。生态文明、科学发展是中国新型城镇永恒的主题。发展中国新型城镇化是坚持和发展中国特色社会主义的具体实践。建设美丽新型城镇是推进城镇化、推动城乡发展一体化的重要载体与平台，是丰富美丽中国内涵的重要内容，是实现"中国梦"的基础元素。新型城镇的建设与发展，对于积极扩大国内有效需求，大力发展服务业，开发和培育信息消费、医疗、养老、文化等新的消费热点，增强消费的拉动作用，夯实农业基础，着力保障和改善民生，深化改革开放等方面，都会产生现实的积极意义。而对新城镇的发展规律、建设路径等展开学术探讨与研究，必将对解决城镇发展的模式转变、建设新型城镇化、打造中国经济的升级版，起着实践、探索、提升、影响的重大作用。

《中共中央关于全面深化改革若干重大问题的决定》已成为中国新一轮持续发展的新形势下全面深化改革的纲领性文件。发展中国新型城镇也是全面深化改革不可缺少的内容之一。正如习近平同志所指出的"当前城镇化的重点应该放在使中小城市、小城镇得到良性的、健康的、较快的发展上"，由"小城镇 大战略"到"新型城镇化"，发展中国新型城镇是坚持和发展中国特色社会主义的具体实践，中国新型城镇的发展已成为推动中国特色的新型工业化、信息化、城镇化、农业现代化同步发展的核心力量之一。建设美丽新型城镇是推动城镇化、推动城乡一体化的重要载体与平台，是丰富美丽中国内涵的重要内容，是实现"中国梦"的基础元素。实现中国梦，需要走中国道路、弘扬中国精神、凝聚中国力量，更需要中国行动与中国实践。建设、发展中国新型城镇，就是实现中国梦最直接的中国行动与中国实践。

城镇化更加注重以人为核心。解决好人的问题是推进新型城镇化的关键。新时代的城镇化不是简单地把农村人口向城市转移，而是要坚持以人民为中心的发展思想，切实提高城镇化的质量，增强城镇对农业转移人口的吸引力和承载力。为此，需要着力实现两个方面的提升：一是提升农业转移人口的市民化水平，使农业转移人口享受平等的市民权利，能够在城镇扎根落户；二是以中心城市为核心、周边中小城市为支撑，推进大中小城市网络化建设，提高中小城市公共服务水平，增强城镇的产业发展、公共服务、吸纳就业、人口集聚功能。

为了推行城镇化建设，贯彻党中央精神，在中国林业出版社支持下，特组织专家、学者编撰了本套丛书。丛书的编撰坚持三个原则：

1. 弘扬传统文化。中华文明是世界四大文明古国中唯一没有中断而且至今依然充满着生机勃勃的人类文明，是中华民族的精神纽带和凝聚力所在。中华文化中的"天人合一"思想，是最传统的生态哲学思想。丛书各册开篇都优先介绍了我国优秀传统建筑文化中的精华，并以科学历史的态度和辩证唯物主义的观点来认识和对待，取其精华，去其糟粕，运用到城镇生态建设中。

2. 突出实用技术。城镇化涉及广大人民群众的切身利益，城镇规划和建设必须让群众得到好处，才能得以顺利实施。丛书各册注重实用技术的筛选和介绍，力争通过简单的理论介绍说明原理，通过翔实的案例和分析指导城镇的规划和建设。

3. 注重文化创意。随着城镇化建设的突飞猛进，我国不少城镇建设不约而同地大拆大建，缺乏对自然历史文化遗产的保护，形成"千城一面"的局面。但我国幅员辽阔，区域气候、地形、资源、文化乃至传统差异大，社会经济发展不平衡，城镇化建设必须因地制宜，分类实施。丛书各册注重城镇建设中的区域差异，突出因地制宜原则，充分运用当地的资源、风俗、传统文化等，给出不同的建设规划与设计实用技术。

丛书分为建设规划、住宅设计、住区规划、街道广场、乡村公园、特色风貌、园林景观、生态建设、节能环保、安全防灾这10个分册，在编撰中得到很多领导、专家、学者的关心和指导，借此特致以衷心的感谢！

丛书编委会

前 言

改革开放给中国城乡经济发展带来了蓬勃的生机，城镇和乡村的建设也随之发生了日新月异的变化。特别是在沿海较发达地区，星罗棋布的城镇生机勃勃，如雨后春笋，迅速成长。从一度封闭状态下到思想开放的人们，无论是城市、城镇或者是乡村最敏感、最关注、最热衷、最时髦、最向往的发展形象标志就是现代化。至于什么是现代化则盲目地追求"国际化"。很多城市从城市规划、决策到实施处处沉溺于靠"国际化"来摘除"地方落后帽子"的宏伟规划，不切实际的一味与国外城市的国际化攀比。城镇的建设盲目地照搬城市的发展模式，导致了在对历史文化和自然环境、生态环境严重破坏的同时，热衷于修建宽阔的大道、空旷的大广场和连片的大草坪的"政绩工程"，使得城镇应有的视觉尺度感，几乎完全丧失在对大城市的刻意模仿之中，影响了城镇空间形态的持续发展。近些年来，随着城镇建设规模的扩大和速度的加快，在城镇建设中也逐渐呈现出城市建设中出现的城镇风貌雷同、特色丧失的趋向。更为严重的是，不切实际地高速度、赶进度地"献礼工程"，缺乏文化内涵的"欧陆风"和片面地追求"仿古复古"之风盛行。不仅造成了"千城一面、百镇同貌"的那种呆板单调格局，甚至怀着猎奇的心态，以怪为美，盲目地进行模仿，导致中西杂处、五颜六色、奇形怪状、五味杂陈的那种凌乱而无序的奇观随处可见。在很多城镇，既看不到根据城镇特色对街道和广场进行科学规划设计带来的整体协调、特色显著的美感，更看不到与环境相融、富含乡土文化和时代气息的城镇特色风貌，留给人们的却是一种沉重而无奈的缺憾。这使得很多城镇不仅失去原有的特色风貌，也失去了应有的地方性和可识别性，破坏了环境景观，进而严重地影响到城镇的经济发展。随着社会经济的不断发展，社会文明的不断进步，人们对物质和精神生活的要求也日益提高。现在我国已经进入城镇化的加速发展时期，城镇建设面临空前的发展机遇。因此，努力营造各具特色的城镇风貌，便成为当前城镇建设的热门话题。

新型城镇化是指农村人口不断向城镇转移，第二、三产业不断向城镇聚集，从而使城镇数量增加，城镇规模扩大的一种历史过程，它主要表现为随着一个国家或地区社会生产力的发展、科学技术的进步以及产业结构的调整，其农村人口居住地点向城镇的迁移和农村劳动力从事职业向城镇二、三产业的转移。城镇化的过程也是各个国家在实现工业化、现代化过程中所经历社会变迁的一种反映。新型城镇化则是以城乡统筹、城乡一体、产城互动、节约集约、生态宜居、和谐发展为基本特征的城镇化，是大中小城市、小城镇、新型农村社区协调发展、互促共进的城镇化。新型城镇化的核心在于不以牺牲农业和粮食、生态和环境为代价，着眼农民，涵盖农村，实现城乡基础设施一体化和公共服务均等化，促进经济社会发展，实现共同富裕。

我国城镇分布地域广阔，历史文化环境不同，形成了各具地域文化特色的城镇。由于受到外界客观因素的制约，传统聚落形成了协调自然环境、社会结构与乡民生活的居住环境，体现出结合地方条件与自然共生的建造思想。它们结合地形、节约用地、考虑气候条件、节约能源、注重环境生态和景观塑造，运用高超技艺、当地材料及地方化的建造方式，形成自然朴实的建筑风格，体现了人与自然的和谐景象。可以说，因地制宜、顺应自然是传统聚落独特貌貌的一个主导思想。传统的村镇聚落贴近自然，集山、水、田、人、文、宅为一体，有着良好的生态环境和秀丽的田园风光，形成了方便的就近作业和务实的循环经济，在长期聚族而居的影响下，我国的广大农村具有优秀的历史文化、淳朴的乡风民俗、深挚的伦理道德和密切的邻里关系。这种人与人、人与社会、人与自然交融的和谐是现代人（尤其是城市人）所追求的理想环境。因此，我们应该努力弘扬中华民族优秀的传统建筑文化，勇于开拓，创造融于环境并可实现可持续发展和各具特色风貌的现代城镇，以适应社会发展的需要。

关于加强建筑设计管理提出：培养既有国际视野又有民族自信的建筑师队伍，进一步明确建筑师的权利和责任，提高建筑师的地位。

关于保护历史文化风貌提出：加强文化遗产保护传承和合理利用，保护古遗址、古建筑、近现代历史建筑，更好地延续历史文脉，展现城市风貌。

拒绝"大洋怪"，中央提建筑"八字"方针。针对当前一些城市存在的建筑贪大、媚洋、求怪，特色缺失和文化传承堪忧等现状，《中共中央国务院关于进一步加强城市规划建设管理工作的若干意见》提出建筑八字方针"适用、经济、绿色、美观"，防止片面追求建筑外观形象，强化公共建筑和超限高层建筑设计管理。鼓励国内外建筑设计企业充分竞争，培养既有国际视野又有民族自信的建筑师队伍，倡导开展建筑评论。

历史是根，文化是魂。一座城镇的特色风貌，应该是当地居民生活的缩影，也是当地历史文化的传承。城镇特色风貌是一种文化，是智慧的结晶，是社会、经济、地理、自然和历史文化的综合表现。城镇也如同人一样是一个具有生命的物质载体。因此，城镇特色风貌也就是城镇精气神的展现。在新型城镇化建设的规划设计中必须引起足够的重视，不但要使各项设施布局合理，为居民创造方便、合理的生产、生活条件，同时亦应使它具有独特的风貌，在给人们提供整洁、文明、舒适居住环境的同时，展现新型城镇化独特风貌的精神魅力，激励人们弘扬中华文明、奋发进取。

本书在阐述了增强文化自信营特色的基础上，阐明了中西建筑文化探差异；分析了传统聚落的风貌营造；较为系统地分章探述了城镇的特色风貌规划、传统聚落的文物保护、城镇绿色建筑的设计、城镇生态景观的设计和城镇的城市设计理念；同时还推介了风貌营造的研究探索典型案例，以便于读者阅读参考。

书中内容丰富、观念新颖，具有通俗易懂和实用性、文化性、可读性强的特点，是一本较为全面、系统地介绍新型城镇化特色风貌营造设计的专业性实用读物。可供从事城镇建设规划设计和管理的建筑师、规划师、园林景观设计师和管理人员工作中参考，也是城镇广大群众的有益读物，还可供大专院校相关专业师生教学参考。还可作为对从事城镇建设的管理人员进行培训的教材。

在本书的编写中，得到很多领导、专家、学者的支持和指导；也参考了很多专家、学者编纂的专著和论文；很多同行也为本书的编著提供了宝贵的资料。张惠芳、骆伟、陈磊、冯惠玲、李松梅、刘蔚、刘静、张志兴、骆毅、黄山、庄耿、王倩等参加资料的整理和编纂工作，借此一并致以衷心的感谢。

限于水平，不足之处敬请批评指正。

骆中钊

于北京什刹海畔滋善轩乡魂建筑研究学社

目 录

（提取码：a1q2）

1 增强文化自信营特色

1.1 千城一面令心碎 敢问风貌路何方

疯狂的"城市化"，大拆大建，千城一面；摩天大楼扎堆，中国摩天大楼之风蔓延到三线城市，甚至小城镇；复古仿古成风，古城保护也面临着千城一面的尴尬；本末倒置，千城一面，使得中国城乡陷入风貌危机。

千城一面，是谁造就了没有灵魂的城乡？又是谁制造了千城一面的怪象呢？

高大全的"政绩观"，建筑的简单"克隆"、建筑抄袭跟风现象严重，互相攀比和标新立异的心态等，严重缺乏文化自信导致了"千城一面"。

无差异化战略，使得中国城乡缺少真正的科学规划，使得城乡文化基因难觅，"千城一面"是对中国文明的糟蹋。

远眺千城一面的中国城乡悲剧，只能说明我们缺乏文化自觉和自信，甚至可以说明我们这一代人缺乏对文化的理解和重视，甚至有人说我们这一代人没有文化。

留住城乡文化，我们需要怎样的城乡建筑？敢问城乡特色风貌路在何方？

疯狂的"城市化"，使得城市不断的拥挤，乡村不断的冷落；城市中旧的棚户区似乎散失了，但是更大规模的棚户区却在城乡交界处不断扩大和增加，城乡两元化没有得到真正的改变，甚至造成耕地荒

废、农村萧条。

城市无休止地扩大和膨胀，城乡缺少真正的科学规划导致了超越现实的"工业化"和"现代化"使得生态环境严重失衡。

雾霾和三暴（沙尘暴、风雪暴、雨暴），使得很多城市严重地丧失了人类居住的适宜性。

这一切悲剧又是怎样产生的呢？深究其因，揠苗助长的"政绩观"和"功利主义"严重泛滥是其表面的原因，而其深层次的原因同样的只能说明我们缺乏文化自觉和自信，说明我们严重的忽略了祖先早已提出的告诫，真是"不听老人言，吃苦在眼前"。

留住地球，留住人类生存的大自然，我们需要怎样的生存环境呢？敢问生态文明路在何方？

1.2 华夏意匠和人天 传统聚落融自然

当人类摆脱野外生存的原始状态，开始有目的地营造有利于人类生存和发展的居住环境，也是人类认识和调谐自然的开始。在历史的发展长河中，经历了顺其自然——改造自然——和谐共生的不同发展阶段，使人类充分认识到只有尊重自然、利用自然、顺应自然、与自然和谐共生，才能使人类获得优良的生存和发展环境，现存的很多优秀传统聚落都展现了具有优良生态特征的环境景观。只是到了近、现代，由于科技的迅猛发展，扩大了对人类能力的过度崇

信。盲目的"现代化"和"工业化"以及"疯狂的城市化"，孤立地解决人类衣、食、住、行问题，导致了人与自然的矛盾，严重地恶化了居住环境。环境问题已成为 21 世纪亟待解决的重大问题，引起了人们的普遍关注。因此，人们才感悟到古代先民营造优良生态环境景观的聪明智慧。乡村优美的田园风光和秀丽的青山碧水，便成为现代城市人的迫切追崇。

优美的传统聚落，有着以民居宅舍为主体的人文景观及其以山水林木和田园风光为主体的自然景观。形成了集山、水、田、人、文、宅为一体的和谐生态环境。

传统聚落民居之所以美，之所以能引起当地人的共鸣，主要还在于传统的聚落民居蕴含着深厚的中华文化的传统。传统聚落民居的美与传统中国画的章法与黑色所形成的美，在形式上是一致的，这种美包括着无形无色虚空的空间美和疏密相间形成的造型美。

传统聚落民居之所以具有魅人的感染力，乃在于宅具有融于自然的环境和人文的意境所形成的意境美，这种美，由于能够引人遐思，而给以人启迪。这些都是颇为值得当代人追寻宜居环境时努力借鉴和弘扬的。

1.2.1 美在环境

传统民居之美包括着山水自然、顺应地势和调谐营造所形成的环境景观之美。

（1）山水自然

营造和谐优美的聚落环境景观就必须把民居与自然山水植被融合在一起，相得益彰，使人们获得心灵上的慰藉，这种"山水情怀"的意境展现中国人欣赏"天地有大美"，以求心灵的解脱所形成对山水环境的自然情结；在中华建筑文化观念熏陶下，通过觅龙、察砂、观水、点穴等步骤对聚落周围山势、水流、生态环境进行全面踏勘，总结出"枕山、水环和面屏"选择最佳基址的三原则；并巧妙地就地取材，使民居宅舍与自然环境融为一体，形成了别具一格的山水自然环境景观之美。

（2）顺应地势

为了适应我国多山的地理特点，传统民居宅舍多顺应地势，依山而建。巧妙利用坡地，只进行少量的局部填挖，尽量保存自然形态；利用建筑本身解决地形高差，或挖填互补、或高脚吊柱、或院内台地、或室内高差等手法，将地形的坡差融合到民居宅舍的空间设计之中。使得传统民居形成了疏密相间、布局灵活、植被映衬的整体景观，展现了诗画意境的山水情趣。

在雨量充沛、水网密布的江南；临水而建的聚落，民居滨水形成倒影，因水生景；溪河架设拱桥与廊桥，富于变化的造型为水乡增添诱人的魅力；而水边泊岸、码头往来的船舶和休息亭廊所形成的建筑景观与植物、水体动态景观交相辉映、使得聚落民居呈现出亲水的无穷活力；再加上四季差异晨昏阴晴所形成的色彩、光线万千变幻，使得民居建筑与山水植物等自然景象所形成的亲和景观，极大地补充、丰富了视觉画面，令人心旷神怡。

（3）调谐营造

在中华建筑文化环境理念引领下的传统民居，当处于水系不利的环境，先民们善于利用开塘、引渠、截水、筑坝等疏圳水系的举措。筑坝以提高水位，引水入村、入户；开塘可人造水面以利生产、生活之所需；引渠可用于灌溉。这些所形成的滚水坝体浪花飞溅、村边池塘微波涟漪，水口园林田坎风光等人水相融，妙趣洋溢。

为了增补山形地势之不足，先民们又采用增植林木以补砂，作为改善环境的根本措施。为了补山形之不足，先民们在村后山坡广植林木，以防风。栽种树木，成为先民的保护生态环境的优先选择，聚落中百年古树，时常成为聚落文化底蕴的标志。

不同农作物所形成的田园风光，也是传统聚落民居景观的重要形成因素。江南四月油茶花盛开，使大地尽染嫩黄；北方麦熟季节，田野一片金黄；西南一带山区的层层梯田和新疆吐鲁番的连绵葡萄架等，都为传统聚落增添乡村气息，也使得传统聚落民居宅舍掩映在绿树和田野的传统聚落美景之中。

1.2.2 美在整体

传统民居之美还体现在建筑群体的整体美。首先是风格的一致性，为达到统一协调创造必要的条件。相似的风格形成和谐的风貌，从而产生秩序感、归属感和认同感。有了统一的前提，也就可以为局部的变化提供可能。其次是在聚落的重要位置布置独特的建筑，使统一的聚落风貌有所变化，形成获取聚落景观独特性的因素。再者就是经营好通道的艺术变化，通过线型通道的艺术变化，使得传统聚落形成丰富多变的街巷景观，使得传统聚落能够各具特色，绽放异彩。

（1）风格统一

建筑风格是由建筑材料、营造方式、生活模式、艺术取向和人们的哲学观念等诸多因素综合决定的，每一因素在不同的民族、不同的地区、不同的聚落都会有着不同的表现。对于同一个地区或聚落，其建筑风格应该是统一的、相似的和相对稳定的，展现出聚落的和谐风貌。传统聚落因地制宜、就地取材，使得建筑材料具有独特的地方性和自然性；传统技艺的传承和"从众"心理的影响，使得传统民居宅舍都能融入传统聚落的整体之中，促成了聚落风貌的统一性，展现了平和安定之美。

传统聚落民居宅舍风格主要取决于民居宅舍融入自然的色彩和包括墙体、屋顶、门窗、主体结构和局部装饰等建筑外观的造型因素。这其中最重要的因素是屋顶形式、墙体材料、建筑高度和色彩运用的统一性。

（2）重点突出

传统聚落以民居宅舍风格统一为前提，努力把聚落中的重要建筑突显出来，使得传统聚落展露出独特的景观效果。这些建筑除了在体量、规模、高度和装饰上均超出一般的民居宅舍外，还特别强调其建造地点均布置在要冲之处，如聚落的中心、路口、村口等居民常到达的场所，以展现其供使用的性质，成为聚落的视觉中心和亮点，在中华建筑文化概念的影响下，传统聚落还经常把重点建筑布置在聚落周边的高地或山坡上，从远处即能看见，成为聚落的地方标志，使得传统聚落形成独具特色的中国乡土景观。

（3）通道变化

通道是指聚落的街、巷、河滨和蹬道等交通道路，包括平原地区的陆巷、山区的山巷、河网地区的水巷。通道是聚落的血脉，借助通道以通达全聚落、认识全聚落、记忆全聚落。通道是聚落历史文化的传承和当地居民生活的缩影，因此通道是聚落独特性的重要载体。传统聚落通道景观的独特性表现出"步移景异"和比较产生差异的两大特点，给人以美感，令人获得富于变化、引人入胜的景观感受。

通道的景观取决于两侧建筑的垂直界面和道路的水平界面两大因素，两大因素之间的尺度比例关系，给人以不同的空间感受，而不同的建筑色彩、造型和高度变化使得通道景观极具多样性。如平原地区传统聚落陆巷大多是平直或略带弯曲，路面简单，其景观变化主要是依靠两侧沿巷住户院门和院墙的变化，不同的聚落都能给人感受到不同的气息和景观感受。山区的街巷，由于增加了地形变化的因素，蹬道、平台、栈道、挡土墙使得路面景观变化万千，而山区大量使用石材和木材的民居宅舍，吊脚楼、干栏房、挑楼、挑台等造型特色形成了独具风采的山乡景观。

水网地区的河滨通道（水巷），利用船舶作为交通工具。由于水元素的介入，因水而设的船、桥、码头、栏杆、廊道和临水民居宅舍的挑台、挑廊、吊脚等，使得水乡景观更具生活气息和诱人的魅力。水巷景观其功能上的合理性和景观上的独特性，成为中国山水园林造园技艺的借鉴题材。

（4）聚族而居

传统聚落的形成和发展，呈现着聚族而居的特点。多为独立民居并以聚族组群布置。另外一种是为了防御侵扰而建造的大型土楼聚族而居，其形式多种多样，有圆形、方形、长方形、椭圆形和五凤楼，一般皆高为三四层，外墙不开窗，顶层为防御而设箭窗。内部有大庭院，可设祠堂及各户辅助用房及水井等。造型变化较多，尤以五凤楼和长方楼的形式更为活泼。最具代表的福建土楼被誉为神奇的山乡民居而列入世界文化遗产名录。

1.2.3 美在民居

在优秀传统的中华建筑文化中，"千尺为势，百尺为形"的理论，对于民居宅舍的造型和群体组织都起着重要的指导作用。"千尺为势"指的是在远处（300m左右）观察聚落整体风貌，主要是看其气势和环境；"百尺为形"即是在近处（30m左右）观察民居宅舍的形态、构图和细部装饰。在近距离内形态是主要的景观因素，而民居宅舍外在形态因素的景观效果即取决于其结构形式、墙体构造、屋顶形式、院落空间和立面造型等诸多因素的不同组合方式所形成的各民族、各地区的独具特色的民居宅舍。

（1）造型丰富

构成民居宅舍造型的独特之处，乃在于其空间、构架、色彩、质感等方面的不同表征。营造了各异的形体特色。其不同之处，源于各地居民的不同生活方式所决定的不同空间组织，而空间要求又决定了采用何种结构形式。民居宅舍的就地取材充分利用地方材料，使得其承重及围护结构形式各富特色，造就了民居宅舍丰富多彩的造型风貌。

院落组织是中国民居建筑的独特所在，院落是由建筑和院墙围合的空间，院落空间与建筑内部空间互相穿插、彼此渗透，成为中国民居宅舍的"天人合一"使用方式而有别于西方建筑。院落的大小、封透、高低、分割与串联等不同的组织方式，给人以不同的感受。院落配以花木、叠石、鱼池和台凳等，在充实院落空间内涵中展现着中国人的自然情结和诗画情趣。

立面造型是民居宅舍整体（或组合体）及其相关部位合宜的比例配置关系以及细部丰富多变和图案装饰配置的综合展现。

木结构坡屋顶的运用，充分展现了华夏意匠的聪明才智，各种坡屋顶、披檐的组织和配置以及封火山墙形成的建筑立面造型的垂直三段中屋顶部分的变化，形成了民居宅舍富于变化的个性所在。

中国民居宅舍以其外观独特、庭院多样、形体均衡、屋顶多变的造型美，成为世界建筑的一朵璀璨的奇葩。

（2）院门多样

中国传统的庭院式民居宅舍是门堂分立的，全宅的数幢建筑是被建筑物和墙垣包围着，形成封闭的院落。院门是院落的入口，也是一座民居宅舍的个性表现最为重要的部分，它是"门第"高低的标志。因此，院门的规格、形式、色彩、装饰便成为人们极为重视的关键所在。北京合院民居的院门有金柱大门、广亮大门、蛮子门、如意门和随墙门；山西中部民居院门分为三间屋宅式大门、单间木柱式大门和砖褪子大门；苏州民居院门有将军门（三开间大门）、大门（单开间大的）、库门（亦称墙门）和板门（店铺可装卸的大板门）；等等。院门的形制可分为：宫室式大门、屋宇式大门、门楼式门和贴墙式门。院门从实用角度分析，仅是一个可开闭的、有防卫功能的出入口，或兼有避雨、遮阳的功能要求。人们为突出门户的标志性含义，对院门创意到加工装饰，形成多变的形式和独特的构图，以达到美感的要求。纵观传统民居宅舍院门的艺术处理，主要集中在门扇及其周围的附件（包括槛框、门头、门枕、门饰等）、门罩（包括贴墙式、出桃式、立柱式等诸种门罩形式）和门口（包括周围的墙壁、山墙、廊心墙等）。不同地区的民居宅舍院门仅就其中的某个部分进行深入的设计加工；采用多样性和个性的手法，从而形成千变万化的造型效果，成为展现各具地方特色风貌的文脉传承。

（3）结构巧妙

在中国传统民居宅舍中占主导地位的是木结构，持续应用了近两千年。中国传统的木结构不仅坚固、稳定、合理，而且有着造型艺术美，这是华夏意匠聪明才智的展现。结构的美表现在其形式的有序性和多变性。结构，为了传力简单明确，方便施工，因此其形式都是有序的，有着极强的统一感。工匠们只能追求在统一中求变化，以显露其个性，结构的变化多表现在节点、端头及附属构件上，既不伤本，又有变化。

木结构的形制包括抬梁式、插梁式、穿斗式和干阑式四大类，每种结构因构造形式的差异，而有着不同的艺术处理，使得中国传统民居宅舍具有结构美的特性。

（4）材料天然

优秀传统民居宅舍本着就地取材的原则，大量的建造材料是包括木、石、土、竹、草、石灰、石膏以及由土加工而成的砖、瓦等天然材料。天然材料的应用不仅实用经济，工匠们还善于掌握材料的特性和质感、形体、颜色的美学价值，运用独特的雕、塑、绘等手工工艺进行艺术加工，使之增加思想表现的内涵，形成建筑装饰艺术。传统民居宅舍材料的美，包括着材料运用的技巧性、材料搭配的对比性、材料加工的精细性、珍稀材料的独特性。

天然材料由于产地不同、地质状况差异，因此在材质、色泽方面也会产生变化。巧妙地利用视觉特征，创造不同的观感，天然材料的运用造就了传统民居融于自然的美感，天然材料也就成为传统民居美的源泉。

（5）装修精美

装修是在主体结构完成之后，所进行的一项保护性、实用性和美观性的工作。传统民居建筑的装修主要表现在外墙和内隔墙两方面。

外墙包括山墙、后檐墙及朝向庭院的前檐墙。传统民居宅舍的前檐墙大部分为木制，具有灵活多变的形制，采光及出入的门窗种类十分多样，是造型艺术处理的重点。

山墙和后檐墙均为在木结构基础上的围护墙，建筑材料都以天然的石、土和经烤制的砖为主。不同的材料运用和搭配、不同砌筑方法和细部处理、不同的颜色选择等都为传统民居宅舍增添了诱人的魅力。

1.3 中华文明蕴真谛 传统文化启睿智

我们伟大的中华民族，以灿烂的文化和悠久的历史著称于世。纵观人类文明发展的进程，举世公认有独立起源的四大古文明，即古巴比伦文明、古埃及文明、古印度文明、古中华文明。随着岁月的流逝，古巴比伦、古埃及、古印度文明不是散失就是中断了，而只有中华文明历经数千年不仅没有散失和中断，时至今日依然充满着勃勃生机。这是值得我们每一个中国人为之自豪的。这种独特的现象，耐人寻味，引起很多专家、学者的关注。究其根源，主要是中华传统文化最具生命力、凝聚力和影响力，在数千年的历史长河中，江山可以易主，朝代可以更替，但唯有文化不能中断，这是一个民族的灵魂，一个民族的精神纽带，一个民族的凝聚之所在。我们应该倍加珍惜和爱护，并努力加以弘扬。

传统民居建筑文化是一部活动的人类生活史，它记载着人类社会发展的历史。研究、运用传统民居文化是一项复杂的动态体系，它涉及历史与现实的社会、经济、文化、历史、自然生态、民族心理特征等多种因素。需要以历史的、发展的、整体的观念进行研究，才能从深层次中提示传统民居的内在特征和生生不息的生命力。研究传统民居的目的，是要继承和发扬我国传统民居中规划布局、空间利用、构架装修以及材料选择等方面的建筑精华及其文化内涵，古为今用，创造有中国特色、地方风貌和时代气息的新建筑。

1.3.1 传统民居建筑文化的继承

我国传统村庄聚落的规划布局，一方面奉行"天人合一""人与自然共存"的传统宇宙观；另一方面，受儒、道、释传统思想的影响，多以"礼"这一特定伦理、精神和文化意识为核心的传统社会观、审美观来作为指导。因此，在聚落建设中，讲究"境态的藏风聚气、形态的礼乐秩序、势态的形势并重、动态的静动互释、心态的厌胜辟邪等"。十分重视与自然环境的协调，强调人与自然融为一体。在处理居住环境与自然环境关系时，注意巧妙地利用自然形成的"天趣"，以适应人们居住、贸易、文化交流、社群交往以及民族的心理和生理需要。重视建筑群体的有机组合和内在理性的逻辑安排，建筑单体形式虽然千篇一律，但群体空间组合则千变万化。加上民居的内院天井和房前屋后种植的花卉林木，与聚落中虽为人作，宛自天开的园林景观组成生态平衡的宜人环境，形成各具特色的古朴典雅、秀丽恬静的村庄聚落。

在传统的民居中，大多都以"天井"为中心，四周围以房间。外围是基本不开窗的高厚墙垣，以避风沙侵袭；主房朝南，各房间面向天井，这个称作"天井"的庭院，既满足采光、日照、通风、晒粮等的需要，又可作为社交的中心，并在其中种植花木、陈列假山盆景、筑池养鱼，引入自然情趣；面对天井有敞厅、檐廊，作为操持家务，进行副业、手工业活动和接待宾客的日常活动场所。天井里姹紫嫣红、绿树成荫、鸟语花香，这种恬静、舒适"天人合一"的居住环境都引起国外有识之士的广泛兴趣。

1.3.2 传统民居建筑文化的发展

传统民居建筑文化要继承、发展，传统民居要延续其生命力，根本的出路在于变革，这就必须顺应时代，立足现实、坚持发展。突出"变革"、"新陈代谢"是一切事物发展的永恒规律。传统村庄聚落，作为人类生活、生产空间的实体，也是随时代的变迁而不断更新发展的动态系统。优秀的传统建筑文化，之所以具有生命力，在于可持续发展，它能随着社会的变革、生产力的提高、技术的进步而不断地创新。因此，传统应包含着变革。通过与现代科学技术相结合的途径，将传统民居按新的居住理念和生产要求

加以变革；只有通过与现代科学技术相结合的途径，在传统民居中注入新的"血液"，使传统形式有所发展而获得新的生命力，才能展现出传统民居文脉的延伸和发展。综观各地民居的发展，它是人们根据具体的地理环境，依据文化的传承、历史的沉淀，形成了较为成熟的模式，具有无限的活力，其中的精髓，值得我们借鉴。

1.3.3 传统民居建筑文化的弘扬

要创造有中国特色、地方风貌和时代气息的新型农村住宅，离不开继承、借鉴和弘扬。在弘扬传统民居建筑文化的实践中，应以整体的观念，分析掌握传统民居聚落整体的、内在的有机规律，切不可持固定、守旧的观念，采取"复古"、"仿古"的方法来简单模仿传统建筑形式，或在建筑上简单地加几个所谓的建筑符号。传统民居建筑的优秀文化是新建筑生长的活土，是充满养分的乳汁。必须从传统民居建筑"形"与"神"的传统精神中吸取营养，寻求"新"与"旧"功能上的结合、地域上的结合、时间上的结合。突出社会、文化、经济、自然环境、时间和技术上的协调发展。才能创造出具有中国特色、地方风貌和时代气息的新型农村住宅。在各界有识之士的大力呼吁下，在各级政府的支持下，我国很多传统的村庄聚落和优秀的传统民居得到保护，学术研究也取得了丰硕的成果。在研究、借鉴传统民居建筑文化，创造有中国特色的新型农村住宅方面也进行了很多可喜的探索。要继承、发展传统民居的优秀建筑文化，还必须在全民中树立保护、继承、弘扬地方文化意识，充分领导社会的整体力量，才能使珍贵的传统民居建筑文化得到弘扬光大，也才能共同营造富有浓郁地方优秀传统文化特色的新型时代建筑。

1.4 特色风貌精气神 乡魂建筑翰墨耘

世情国情的变化，促使我们中国人重新认真地审视中华优秀的传统文化，发现原来传统优秀文化

中的好东西如此丰饶，如此渊源；原来近代以来创业史里前辈们的精神世界如此丰富、如此强大；原来我们对待外来文化的态度如此谦虚、如此包容，而这些都已构成了今天我们中华文化的有机组成部分。这就是文化自觉。对已经接触、对话、学习了上百年的西方文化，不再仰视、而是平视；视角变得平等；心态变得平和，不仅心平气和的"拿进来"，而且精神抖擞的"走出去"，这就是文化自信。文化自觉和自信，是实现繁荣的展现。

历史是根，文化是魂。文化自信关乎精气神，文化自觉是推动文化大发展和大繁荣的重要前提，文化自信是提升民族自信心的重要源泉。

1.4.1 正确引导建筑风貌的创作

建筑风貌作为一种环境景观文化的创作，饱含着丰富的审美因素，人们自然会利用它的美学特征对人的启迪，净化人们的心灵。正如先民们将大地也当做美育题材，运用我国优秀传统——中华建筑文化的"喝形"精辟比喻，创造自然审美形象，教化人们端正品行，去恶从善，提高社会文明。

虽然"喝形"所创造的形象具有丰富的审美内涵，但过于抽象的简化形象却也会带来观赏上的困难和误解，面对自然山水，每个人都会根据自己的知识水平和文化素养做出不同的解读和辨认。对建筑造型艺术和城乡风貌的创作意境，也会有着不同的认知，难能达到家喻户晓、人人明白，而且很有可能在一遍遍的传播中失真，使原始创作意境和形象模糊走样，失去了真正的吸引力。城镇建筑风貌应该是当地历史文化的传承和当地居民生活的缩影，只有在城乡建筑风貌的创作中注入文化内涵，传承当地的历史文化，展现时代精神，才能提高人们的文化自觉和自信，更好的引导人们的审美能力，从而激发人们的自豪感和进取心。

建筑文化作家赵鑫珊先生极力赞美这样的建筑；"一座典雅、高贵和气派的建筑，应像是晨钟暮鼓一样，他日日夜夜、月月年年在提示该城市的广大居民，教他们明白做人的尊严和生命的价值；教他们挺起胸来走路、堂堂正正地做人……，这才是建筑的精神功能。""它们屹立在那里，说着自己无音的语言，比十本教科书和市民手册还管用。""是的，一批卓越的建筑能潜移默化地改变这座城市，使这座城市有自信心。"

北京天安门就是一座具有精神感染力的建筑，它不仅是中华人民共和国成立的标志，也是中华民族崛起的象征，它每时每刻都在发挥着唤起中华民族增强自信的美化教育作用，成为真真正正的"中华魂"。

因此，能否正确地理解和认识建筑的历史性、文化性和现实性，关系到能否正确引导建筑风貌的创作、把握和坚持。

1.4.2 经营好城镇的精、气、神

我国传统的中医养生，强调养精、养气、养神之三宝。城镇的本意是藏风聚气、安身立命的环境，其实质在中华建筑文化的环境理念中也就是讲究城镇环境的精、气、神。

（1）人身三宝"精、气、神"

生命物质起源于精；生命能量有赖于气；生命活力表现为神。

《黄帝内经》虽然没有把"精、气、神"三个字连在一起加以阐述，但"精气"和"精神"的概念却时常出现，这充分说明"精""气""神"三者的密切关系。比如，"阴平阳秘，精神乃至；阴阳离决，精气乃绝。"又如，"呼吸精气，独立守神"。后世道家把它归纳为"精、气、神"，并称"天有三宝，日、月、星；地有三宝，水、火、风；人有三宝，精、气、神"。又说"上药三品，神与气精"。

世界卫生组织提出养生的"四大基石"是合理膳食、心理平衡、适量运动、戒烟戒酒。我们中国人把它归纳为养生的三大法宝，即养精、养气、养神。对于怎样养精、怎样养气和怎样养神，几千年来，积累了极为丰富的养生经验，摸索出多种多样的养生方法，还特别提到了城镇的精、气、神对居住环境养生

的重要作用。

其实，精、气、神三方面在城镇风貌的营造中也不是孤立的，而是相互有着密切的联系。古人云："形神合一、精神合一、神气合一、动静合一。"就是这个意思。传统聚落之所以能够营造出巧夺天工、风貌独特的聚落，就在于都能够把聚落的精、气、神做到三者的相互结合，都能做到《黄帝内经》所总结的"恬淡虚无，真气从之，精神内守"和"呼吸精气，独立守神"。

（2）城镇的精神

城镇的本意是静默养气，安身立命。这就要求城镇的功能首先必须做到阻隔外界、包容自我，使自己的城镇居民的生活、生产与精神气质有所依托。

城镇作为人生四大要素中的居住场所，对人的身心健康影响极大。因此，借鉴中华建筑文化做好布局至关重要。这就要求我们的城镇规划设计和环境景观的城镇特色风貌营造中，都应该因地制宜，根据不同的气候条件努力做到防风、防热、防潮、防燥，选择良好的方位和朝向，以获得适当的日照时间和均匀的风力风向，从而调和四时的阴阳，为广大城镇居民创造有利于生活、生产的宜人环境。

（3）城镇的静默

静与动是一对矛盾的两个不同表现形式，作为一个社会的人首先必须与尘嚣共存，被动地接受喧哗，主动地制造喧哗，而在内心深处，动极而生静，渴望着在时光的流逝中静默，才能产生思想的升华，生命才能得以延续，人生也才能达到极致。城镇要达到阻隔外界，让人们能够在静默中使天地和自我澄明通达，让俗世的烦恼杂念被荡涤一空，在动态中生活、生产，在静态中思考，从而构成完美人生。中华建筑文化理念所讲究的"喜回旋，忌直冲"与造园学中的"曲径通幽"异曲同工。弯曲之妙、回旋之巧，均在于藏风聚气，不仅符合中国人传统的温婉中庸的文化思想，更可以指导人们营造一个温馨的家居环境。

《黄帝内经》指出："气者，人之根本也。"在社会的烦躁生活中，气息为外界干扰，易于涣散。

静默的居所则令人的精神得到凝聚而养成浩然生气，因此现代城镇应特别强调动静、功能、干湿的分区，这与中华建筑文化所强调的思想完全相符合。从城镇的位置能否避开喧嚣，其功能空间的布局是否舒展，能不能让人感到安全祥和、神清气爽，从而获得静默养气和积极奋进的效果，利于人们的身心健康，并以此辨别城镇之优劣。

（4）城镇的气色

传统中医诊察疾病的四大方法是"望、闻、问、切"。把"望"放在首位，即从观察人的神色、形态上观察其健康与否。从城镇的气色，也很容易让人体察到城镇的优劣。清代学者魏青江在《辨宅气色》中说："祯祥妖孽，先见乎气色。屋宇虽旧，气色光明，精彩润泽，其家必定兴发。屋宇虽新，气色暗淡，灰颓寂寞，其家必落。一进厅内，无人，觉闹烘气象似有多人在内嚷哄一般，其家必大发旺。一进厅内，人有似无，觉得寒冷阴森、阴气袭人，其家必渐退败……"这便说明充满生气的住宅给人带来了温馨、安全、健康、舒适的家居环境，可以让人达到养精蓄锐、精气旺盛，从而催人奋进。反之，阴气十足的住宅，即会导致人们难能安居，精神萎靡，造成身体罹患疾病，而难以发现。因此，在家居环境的营造中，必须对住宅的气色给予足够的重视。城镇作为居民居住生息的大居住环境，城镇特色风貌的营造和住宅一样应该充分重视气色的展现，以振奋居民的自豪感，激励广大居民努力奋进。

1.4.3 弘扬传统，深入研究

对于新型城镇化特色风貌营造中的空间格局、文化传承、建筑造型、色彩运用和环境景观的规划设计，应该努力弘扬中华建筑文化，在保护好自然生态和人文生态环境的基础上，充分认识城镇的精、气、神对城镇环境起着极为重要的作用，因地制宜地创造具有民族特色、地域特征和时代气息的独特风貌，努力经营好城镇的精气神，并把它作为一个重要的课题，加以深入分析研究和运用。

2 中西建筑文化探差异

人类修造建筑，目的是在变幻无常的自然界中取得安全、舒适和身心愉悦的栖身之所。自从人类的先祖们用原始的材料搭建棚舍开始，世界建筑文明的历史已经延续了上万年。建筑承载了丰富的历史信息，凝聚了人们的思想情感，体现了人与自然的关系。纵观当今世界各地的城市、房屋和园林，所有这些可以纳入建筑范畴的人工环境，都是人类改造自然、发展自我的有力见证。

俗话说："一方水土养一方人"，同样，不同的水土也会滋养出具有不同地域特色的建筑。

西方建筑文明是以地中海为纽带建立起来的。这一地区幅员辽阔，文化各异，各地区、各国家、各民族之间交流得很频繁，相互影响和融合得很深。古埃及、古巴比伦、古希腊为西方建筑文明奠定了坚实的基础。波斯帝国、马其顿帝国、罗马帝国、拜占庭帝国、奥斯曼帝国，在促进这一地区建筑的交流和整合方面扮演了主要角色。中世纪以后，西欧各民族国家相继崛起，意大利、法兰西、西班牙、德意志各领风骚。18世纪，工业革命首先在英格兰爆发，掀起了一场席卷全世界的变革风暴，开启了人类历史的新篇章。

纵观西方建筑，虽历经古典建筑风格、哥特风格、文艺复兴风格、巴洛克风格、古典主义风格，变化起伏跌宕，但无论法老王的陵墓、希腊诸神的庙宇、罗马的公共建筑、基督教的大教堂，抑或帝王的宫廷，都是以砖石为最基本的建筑材料。西方各个历史时期大多数的标志性建筑都具有惊人的尺度，迥异于普通的平民建筑。

中国的建筑体系迥异于西方。究其原因，一方面是因为东西方相距遥远，彼此虽屡有渗透，但大都限于表层和局部，并未触及本质。更重要的原因在于中国早在两千多年前就已经形成了独立而完备的思想观念体系，这一思想体系博大精深、成熟厚重、独树一帜。在这一体系下形成的建筑，必然呈现出与西方完全不同的面貌。在四大文明古国中，只有中国的建筑体系完整地延续下来，在数千年间未曾出现过断层，可以说是建筑文明史奇迹中的奇迹。这不是历史的偶然，这正是中国建筑的伟大之处。究其原因，一是由于独特的汉字是象形文字（图2-1），二是敬祖。

20世纪以来，东西方建筑之间的隔离状态被打破了，殊途同归成为东西方建筑发展的主流方向，但全球一体化的主旋律中仍不能缺少地方性和多元化的和弦音。

让我们用心去体会和感悟中国建筑的伟大文明史，增强中华文化自信，努力思考和开拓全人类建筑的未来。

图 2-1 甲骨文、现代汉字与中国建筑形态

2.1 中西方建筑宇宙秩序观差异

苍茫而神秘的宇宙令人产生无限的遐想，无论东方人还是西方人，都相信人的命运与浩瀚的宇宙息息相关。

宇宙的神秘魔力在于它的无限大和无限远。在生产力落后的原始社会，出于对自然力的敬畏和不解，宇宙和世界被人为地赋予灵性和意志，这就是灵魂观念和鬼神崇拜。人们敬畏于自己所创造的神灵，并把自己所虚构的神鬼世界和宇宙秩序通过绘画、雕刻、文字、语言等方式描绘表达出来（图 2-2），建筑也是这样一种文化载体。古埃及金字塔与猎户星座具有精准的对位关系，中国秦始皇的宫殿和陵寝与天象图相一致，这些都是人们用建筑表达出的宇宙观念。

图 2-2 汉代画像砖刻的盘古

中西方对于宇宙的认识存在着很大的差异。中国人认为创世主已经死去，神话中的创世巨人盘古在"开天辟地"之后因体力衰竭而死，他的身体变成了山川大地，他的灵魂变成了人类。而西方人认为创世主是永生的，并且始终操控着人类的生活。古埃及神话中，拉神（图 2-3）是最高主神，天地是由拉神创造的，人类是被拉神放逐到大地上的。拉神每天都要乘坐着太阳船巡视大地，他自东方出发，从西方回归，给大地带来日出和日落，拉神愤怒时便会引起洪水暴发，人的一举一动都在拉神的监控之下。希腊和罗马神话认为最高天神宙斯（罗马称为朱庇特）与众神掌握着人间的一切事物，他们具有无穷的法力，会经常下凡来干预人类的活动，人类对众神的不敬最终会招致惩罚。基督教认为世界和人都是由上帝创造的，上帝是唯一的天主，并将永远控制人类。

由此看来，在中西方的宇宙观里，中国注重人与宇宙本体的关系，而西方人则看重人与造物主（上帝）的关系。

图 2-3 古埃及鹰首人身的拉伸像

2.1.1 中国"天人合一"的宇宙观念

神鬼崇拜广泛存在于中国人的观念里。但中国人不认为神鬼是造物主，需要敬畏但不必一味臣服。没有造物主观念的中国人，有着更宏观的宇宙观念，尊崇"和为贵"的中庸思想避免了"天下唯人类独大"的观念。

中国历史上不乏享乐无度、暴殄天物的帝王，比如商纣王，他可能是有史记载的最早的暴君。商纣王的下场很惨，直接导致了商朝的灭亡。对于这个历史教训，历代都十分重视，尤其是举义灭商的周武王。中国的"和"的思想就是从周代诞生的。由"和"的思想出发，中国人总结出治国治世的具体方法，那就是尊崇"礼制"。礼的核心内容是建立尊卑秩序。天下万物都应按照"礼制"安排好各自的位置，这样便理顺了关系，就不会产生变乱。而尊卑秩序应以血缘关系来维系，皇帝是大宗主，血统最为高贵，皇帝的亲戚和功臣其次，然后是一般官员和民众。

地位在皇帝之上的是高不可攀的"天"。这个

"天"不同于埃及的拉神、希腊的宙斯，更不是基督教的上帝。在中国人看来，"天"不是造物主，而是天上的皇帝，因此叫做"昊天上帝"。天与皇帝被安排为"父子"的神圣血缘关系，因此皇帝被称为"天子"，秦始皇还在中国首创了"奉天承运"这个皇帝专用的词汇。当然，无论是"天"还是"天子"，虽然地位独尊，但也必须尊崇宇宙运行的法则。这个宇宙便是"自然"。老子曰："人法地、地法天、天法道、道法自然"。道和自然的地位乃在天之上。自然是最大的、最可敬畏的。在西方神话里，拉神、宙斯、上帝都是有具体的形象的，他们具有和人一样的相貌，但是在中国人的宇宙观里，道和自然都是没有形象的。道和自然是可以感悟的，但又是虚空的。"敬天法道"是中国人最根本的思想观念。

由此可见，中国人的最高追求不是到达天国，而是更关注自然法则和现实生存。孟子的"尽其心者，知其性也，知其性则知天矣"就是这个意思。汉代大儒董仲舒进一步提出了"天人之际，合二为一"的主张。到了宋代儒学的理学一派，更将中国人的这种宇宙观念高度概括为"天人合一"。在中国的建造活动中，"礼制"就是"天人合一"的具体表现。

（1）祭天礼仪

礼制建筑自古是中国建筑的重要类型。《礼记·曲礼》明确记载："君子将营宫室，宗庙为先，厩库为次，居室为后"。周代时国家最高等级的礼制建筑叫明堂，是天子召见诸侯、颁布政令并祭祀祖宗的场所。《周礼·考工记》说："明堂也者，明诸侯之尊卑也。太庙，天子明堂"。《淮南子·主术训》还记载了明堂的其他功能："昔者神农之治天下，甘雨时降，五谷蕃植。春生夏长，秋收冬藏，月省时考，岁终献功，以时尝谷，祀于明堂。明堂之制，有盖而无四方，风雨不能袭，寒暑不能伤，迁延而入之"，也就是说明堂祭祀的内容涵盖了四季、四方、风调雨顺和五谷丰登。《周礼》记载："冬至日祀天

于地上之圜丘"，后来历代的祭祀建制多附会周制，但也不尽相同。比如汉代起初未设明堂，而是用五帝庙主祭天神"泰一"和地神"地祇"，兼祭黄、赤、青、白、黑五方大帝；后来汉武帝在泰山修建了明堂，"以拜祀上帝焉"；到西汉末年汉平帝才在长安南郊模拟古制修建了明堂。汉代以后，逐渐由天坛、地坛、太庙等分化了明堂的功能（图2-4）。

(a)

(b)

图 2-4 明堂复原图

(a) 东汉明堂　(b) 武则天明堂

古人深信，天的喜怒哀乐都在天象中有征兆，这些征兆会引起人间的种种变化，因此必须加以观测。《易经》云："观乎天文，以察时变"，《易·系辞》说："天垂象，见吉凶，圣人象之"。要保持天下风调雨顺，必须对天十分恭敬，祭天礼仪就是传达这种恭敬。北

京天坛建于明代，是现存最完整的皇家祭天建筑群，由圜丘、大祈殿（清代改称祈年殿）、皇穹宇等建筑组成。明代实行天地合祭，与祭祀的内容相呼应，大殿采用三重檐的琉璃攒尖顶，上层青色象征苍天，中层黄色象征大地，下层绿色象征万物生长，颇具神话色彩。明代嘉靖年间，改为天地分祭，在大祈殿南面修建露天的圜丘以祭天，将大祈殿改称祈谷坛，用来祭雨神，而在北京内城的北郊专设地坛用以祭地神，并与之对应修建了城东的日坛和城西的月坛。清乾隆时，对天坛进行了整修，加大了圜丘，并将祈谷坛改称祈年殿，光绪时将其屋面全部改用青色琉璃瓦，使其完全成为象征苍天的建筑，取得了形式与内容的统一。圜丘露天而设，面对空旷的自然环境烘托出庄严的气氛。每年冬至之日的祭天礼仪在此举行，由皇帝亲自主持。祈年殿是祈求风调雨顺的殿堂，坐落在三重圆形汉白玉台基之上，屋顶为三重圆攒尖式。其内部的内环4根柱表示四季，外环12根金柱表示一年十二个月，12根外檐柱表示一天十二个时辰，此双十二之和表示一年二十四个节令，全部柱数28根表示二十八宿。构架上36根短柱表示三十六天罡，72根连檐柱表示七十二地煞。斗换星移的时光流转都作了详尽的表达，使得祈年殿宛如一座"时间的建筑"（图2-5）。

(a)

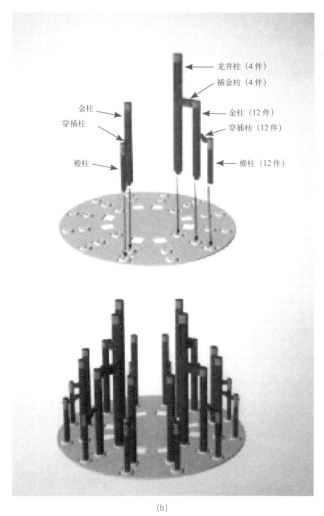

(b)

图 2-5 北京天坛祈年殿外景

(a) 外景　(b) 内部结构模型图

与祭天对应的礼仪是祭地。与"皇天"相对，地也叫"后土"。天地是互补的关系，天为父、地为母，因此祭地的规格与祭天相当。地坛为方形，取自"天圆地方"的观念。

太庙用于祭祀帝王的祖先，《周礼》对此已有详细记载，明确规定了它的位置应在皇宫的左侧。中国自古以左为尊贵，太庙的位置也证明了血缘的崇高地位。北京明清两代的太庙至今保存完好（图2-6）。太庙正殿重建于清代，占地为长方形，由高达 9m 的围墙环绕。主入口在南面，为三座并列的拱门，入拱门后沿中轴线依次为小桥、戟门、广庭、正殿、寝殿和祧庙，在中轴线两侧布置了一系列配殿。太庙的空间序列一如皇宫，充分利用桥、门、院等元

图 2-6 北京紫禁城太庙正殿

素层层推进，用以烘托主体建筑隆重庄严的气氛。同时还在围墙外侧种植了大量苍绿的古柏，将红墙金瓦映衬得肃穆无比。太庙正殿为十一开间重檐庑殿顶，除尺度略逊外，等级与太和殿完全相同，显示出太庙地位的高贵。

祭祀社稷是与中国农业为主的经济生产活动密不可分的。社是土神，稷是农神。社分为五方：东方青色，西方白色，南方红色，北方黑色，中央黄色，是五方国土的象征。明清北京的社稷坛"五色土"建于紫禁城午门外西侧（今中山公园）。

（2）居中为尊

礼制强调方位的重要意义。中国农耕社会依赖于粮食丰收，种植的田和灌溉的井具有特殊的文化意义。周代王城便采用的是"井"字形的格局，宫城位于"井"字的中央。中是前后左右上下各个方位的交点，是最尊贵的方位。商代甲骨文中已有"中商"的记载，表示都城的尊贵地位。《管子·度地篇》说"天子中而处"，《吕氏春秋》也说"择天下之中而立国，择国之中而立宫"，《荀子·大略篇》更明确指出"王者必居天下之中，礼也"。这些都说明了"中"这个方位对于帝王的重要意义。

王城建设中，宫城是天子所居之所，应位于城市的中央。皇帝的宝座要位于宫殿的中央，这些观念都在建设中得到体现。宫殿中的大朝、佛寺中的大雄宝殿、四合院（图2-7）中的正房都是居中而建。而

单体建筑的当中间（明间）在尺度上都比其他开间要宽。如北京紫禁城太和殿，面阔为九间（不包括两侧廊道），进深为五间，皇帝的宝座在纵横轴线的交叉位置，意喻帝王"九五之尊""飞龙在天"。五是阳数（一、三、五、七、九）的中间数字，具有"中"的特殊意义。

中轴对称也是城市和建筑的又一个重要特征。在官式建筑上表现得尤其明显，无论宫殿、坛庙，还是寺院、民居，中轴对称的特征都非常一致。

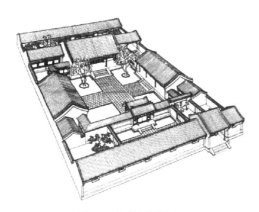

图 2-7 北京四合院图

《周礼·考工记》描述了周王城九里见方、宫城居中、中轴对称的格局。现存的古都长安（今西安）、北京都是遵守了这样的格局。长安城建于隋代，城市格局十分规整。城市轮廓为方形，宫城居于城市中轴线的北端，"前朝后寝、左祖右社"的格局皆出自《周礼》。平民的居住区采取"坊里制"，与宫城严格区分开。北京城是明代在元代大内旧址上修建的。宫城（紫禁城）居于内城中心偏南，它的正面东（左）、西（右）两侧布置着太庙和社稷坛，背后是出于风水观念而堆筑的景山。依照《周礼》"前朝后寝"的原则，以乾清门为界将紫禁城分为前、后两部分（图 2-8），奉天殿（清代改称太和殿）等三大殿为前朝，乾清宫等三殿为后寝。北京城具有中国古代封建城市最为严整的布局和最为壮观的中轴线，这条中轴线穿过永定门（外城正南门）、正阳门（内城正南门）、天安门（皇城正南门）、午门（宫城正南门），经"三大殿"等主

要宫殿直接延伸到景山、鼓楼，而结束于钟楼，长达7.5km。它的两侧对称布置着一系列坛庙、官署和其他建筑，气势宏伟壮观，空间变化起伏跌宕（图 2-9）。

图 2-8 北京紫禁城后寝建筑（中为乾清宫，远景为景山）

图 2-9 北京紫禁城全景图

（3）等级序列

周代的城市和建筑都明确地按照等级制度来安排。周代讲究"宗子维城"的政治部署，从周王到诸侯、大夫，都有属于自己的城邦（相当于国家）。周制规定，城分为三个等级，周王等级最高，拥有王城，是整个国家的首都；诸侯城次之，是诸侯国的都城；第三等级被称为"都"，是宗室和卿大夫领地的中心，凡王城、诸侯城和都之中均建有宗庙，以示血缘的尊贵。而都以下则设有不建宗庙的"邑"，是一般的居民点。这样就形成了一个"王城——诸侯城——都——邑"所构成的严密的等级体系。

城邑规模、形制、数量和分布都不能违制。礼制中详细规定了王城的布局、规模和一些重要建置的方位，对于道路、建筑等还规定了具体的尺寸。《周礼》

规定：国都方圆九里，每面开三座城门，城中有纵横大道各九条，大道的宽度是九辆车宽（按周尺为七丈二尺）。王宫左侧为祖庙，右侧为社稷庙。朝廷在前，集市在后。朝廷和集市的面积各为100亩[1]。环城的道路宽度为七辆车宽，通往周野的道路宽度为五辆车宽；王宫城楼高五丈，王宫角楼高七丈，外城角楼高为九丈（图2-10）。王城的规模是不可逾越的，其他城市的规模必须按照等级递减。城市规模，诸侯城见方为七里，都的见方为五里；城楼的高度，按照"门阿之制，以为都城之制。宫隅之制，以为诸侯之城制"，即都的城墙角楼只能做到五丈高，诸侯城的城墙角楼只能做到七丈高；道路宽度，"环涂以为诸侯经涂，野涂以为都经涂"，即诸侯城的城内南北大道只许为七辆车宽，而都的城内南北大道只许为五辆车宽。由此可见，周代各级城市的建设并不依据其具体的需要，比如防御的重要性、交通的需要、人口规模等因素来建设，而是按照等级制度一刀切。

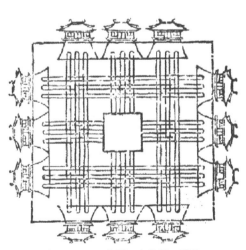

图 2-10 《三礼图》中的周王城图

单体建筑的等级也按数字级差来处理。《周礼》中明确规定："天子之堂九尺，大夫五尺，士三尺"。以"间"为基本空间单元的中国建筑，面阔都为阳数（奇数），依等级高低按九、七、五、三酌减。屋顶也是等级制度的重要体现。屋顶形式有庑殿、歇山、

悬山、硬山之分，庑殿等级最高，用于皇宫中的主殿，歇山次之。屋顶层数重檐为尊，单檐为卑。

按数字级差递减以体现尊卑秩序的做法也体现在建筑细节上。屋顶色彩方面，黄色琉璃为最高等级，其他颜色次之，灰色陶瓦等级最低。在台基方面，须弥座为尊，方形台基等级较低；三重台基地位尊贵，单层台基地位较低。皇宫中大朝建筑的等级最高，因此会使用三重须弥座式石质台基、重檐庑殿式屋顶、面阔和进深为"九五"之数、门钉九行九列、飞檐使用跑兽九只等，如明代北京紫禁城的奉天殿（清代改称太和殿）、太庙正殿、长陵棱恩殿等都是这种形制。清代重修时将太和殿和太庙正殿的面阔均扩大为十一开间，太和殿的飞檐跑兽更增加到十只，这是皇帝亲自授意的越制，从而突出了这两座建筑的至尊地位（图2-11～图2-13）。

图 2-11 飞檐翼角跑兽

图 2-12 北京紫禁城乾清宫内宝座和顺治帝题写的"正大光明"

图 2-13 北京紫禁城太和殿

（4）阴阳调和

阴阳思想萌生于周代，它认为一切事物都有正反两个方面，此消彼长，所谓"福兮祸所依"。中国人受此辩证思维的影响至深，成语里有"塞翁失马、焉知非福"，俗话说"乐极生悲"，讲的都是事物矛盾双方相互转化的辩证关系。老子谓之："道生一，一生二，二生三，三生万物。万物负阴而抱阳"。世间万物的两面性都可以归结为"阴阳"，阴阳之间的关系需要调和，所谓"中气以为和"。因此建筑也要按照阴阳的法则来处理。

相传周文王将前代所传之"易卦"规范化，演绎成六十四卦和三百八十四爻，也就是卦辞和爻辞，

人称《周易》。它以简单的图像和数字，以阴和阳的对立变化，来阐述纷繁复杂的社会现象。所谓"易"，郑玄解释有三义：一是简，二是变易，三是不易。就是讲万物之理有变有不变，现象在不断变化，而一些最基本的原则又是不会变的，这就从客观世界的现象中抽象出了朴素的辩证的宇宙观（图 2-14）。

我国古代宫殿的设置和命名，阶、台、亭、门、楼、堂的布局，甚至连宫门铜钉的数目都与"周易"象数有关。皇宫中布政决策的殿堂称为"太极殿"，取自《周易·系辞》中的"易有太极，是生两仪"。"两仪"指"阴、阳"和"天、地"。天地相交，阴阳相配，于是生化万物。用它做主殿的名称，意味着天子权力之无限。北京紫禁城以"和"命名的"太和、中和、保和"三大殿（图 2-15），取之于《周易·乾·象》所说的"保和大和，乃贞利"，"和"就是阴阳和合滋生万物，和谐则万事吉祥。乾清宫、坤宁宫和交泰殿的命名也取自《周易》："乾，天也"、"坤，地也"。乾清与坤宁是天地清宁、江山永固、国泰民安的意思。《周易·泰·象》说："天地交泰"意为阴阳交合、万物滋荣、子孙昌盛的意思。

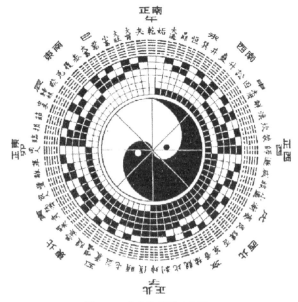

图 2-14 北京紫禁城太和殿

图 2-15 北京紫禁城三大殿之 中和殿（中）保和殿（右）

根据卦理运行以"阳气主导"为命脉的原理，"阳数设计"成为中国古代建筑的一种基本设计手法，从造型到构造做法、从整体到细部以及梁架排列、斗拱

出挑、门窗设置等，都必须按阳数来考虑。明代北京都城，成凸字形，外城为阴，设城门七，少阳之数；内城为阳，设城门九，老阳之数。内主外从，故内九外七。内城南墙，乾阳属性，城门取象于人，故三才

具备。整个城市宛如一个小宇宙的缩影，全城中轴线从永定门—太和殿—鼓楼—钟楼依次为九里、五里、一里，全长共十五里，正合《洛书》中"戴九履一"方位常数为十五的理念（图2-16）。

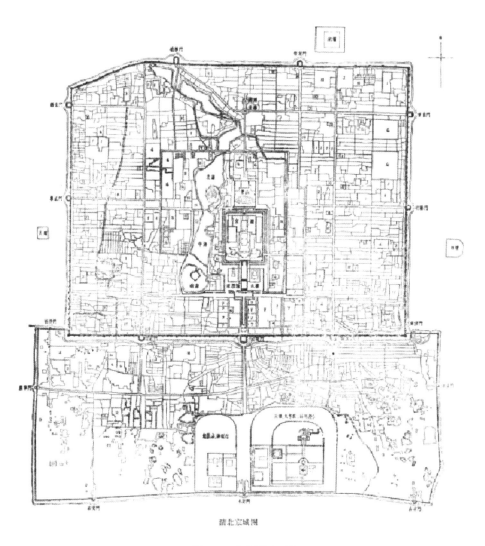

图 2-16 北京城平面图

由阴阳的观点而衍生出"五行"学说，进一步对阴阳调和的观点进行演绎。北京紫禁城在色彩上，宫墙、殿柱用属火的红色，表示光明正大；屋顶用属土的黄色，象征中央，土在《易经》八卦方位中因其性质浑厚适中，利万物生长，故利于四方，象征中央的黄色便成为皇帝的专用色。皇宫东部的屋顶用属木的绿色，表征向上生发，意喻权力未来的继承人，故皇子居东，即"东宫太子"。西方为属金的白色，

金性凉，表示清净，故太后的寝宫在西侧，即"西宫太后"。皇城北部的北一门，墙用属水的黑色。天安门至墙门不栽树，因南方属火，火克木，故不宜加木。

（5）尺度把握

汉唐时代的宫殿建筑，尺度比较巨大，这与汉初萧何主张天子的建筑（图2-17）"非壮丽无以重威"有关，唐代骆宾王有诗句形容"未睹皇居壮，安知天子尊"，也从侧面印证了这一点。宋代以后，皇宫建

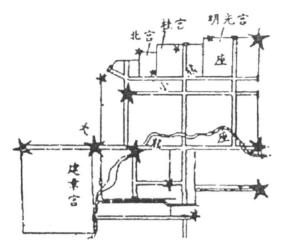

图 2-17 汉长安"斗城"形状（仿效大、小熊星座）

筑体量渐小，《营造法式》中说这是恢复了大禹时代"卑宫室"的好作风（"菲食卑宫，淳风斯复"）。到了明清时期，宫殿建筑已经定格在一个比较适宜的尺度范围，做到了《周易·大壮卦》所提出的"适形而止"。中国帝王一向强调厚葬，但帝王墓葬的形制和规模与宫殿相当，可见即使是帝王的建筑，总体上也都是控制在一定限度以内的。

在建筑尺度的把握上，中国人深受中华建筑文化的影响，以"千尺为势，百尺为形"为原则。《管氏地理指蒙》指出："远为势，近为形；势言其大者，形言其小者"、"势居乎粗，形在乎细"、"势可远观，形可近察"、"形即在势之内，势即在形之中"等，概括了势和形的关系。

"千尺为势，百尺为形"的规定是外部空间尺度的权衡基准，是有关人的行为和知觉心理规律的经验性"外部空间模数"。按照这个模数，单体建筑设计的视觉形象应在 30m（即百尺）左右最佳；群体形象的轮廓起伏的视觉效果应在 300m（千尺）左右为宜。超出这一尺度，建筑单体会显得过于逼人，而建筑群体会过于铺张、有失散乱。对于形与势的关系，古代还提出"以形造势"和"以势制形"，通过合理地安排使两者形成互动。

以北京紫禁城的建筑为例，太和殿地位最高，

连同三层台基在内全高 35.05m，符合百尺的限度，与西方教堂动辄上百米的尺度差距很大。紫禁城所有单体建筑的高度均在太和殿以下，唯一例外的是午门。午门是紫禁城的正门，是征伐凯旋献俘的地方，建筑形象应当具有强烈的震慑感，因此它的高度达到 37.95m。太和殿的平面尺寸也是最大的，通进深为 32.33m，其余各单体建筑进深均在此限之下。紫禁城的建筑大部分通面阔均以"百尺为形"加以控制。只有在中轴线上的午门、太和门、太和殿以及神武门和横轴线上的东华门、西华门、体仁阁、弘义阁等为了体现"居中为尊"，其通面阔超过百尺之度。这是由于这些建筑处在主轴线上，其通面阔则都是按轴线两侧各控制在百尺之内的，如午门正楼通面阔为 2m×30m；太和殿为 2m×30m；体仁阁、弘义阁（图 2-18）即为 2m×23m，等等。对于近观视距的控制，紫禁城中如东、西六宫的绝大多数内庭院，通面阔和通进深都在 35m 限内。对于远观视距的构成，除东华门、西华门距离过大为仅有特例外，其余所有广场、街巷、相邻建筑的间距以及城台、城墙各段落之长，最大的也都在 350m 左右，以"千尺为势"作限定。因此通过"势"和"形"的相互协调关系，紫禁城取得了一系列最佳观赏视角及空间感，保证了近观、远观以及移行其间在"形"与"势"的时空转换中获得最佳的视觉效果。

图 2-18 北京紫禁城弘义阁

2.1.2 西方建筑 "造物弄人" 的宇宙秩序

西方人崇拜造物主，不惜倾尽所能建造通天的阶梯，企望触摸和通达天国。《圣经·旧约》中就记载了巴别塔（图 2-19）的传说，要不是上帝变乱了工匠的语言使这座通天塔半途而废，也许人们早就实现了登天的愿望！

图 2-19 传说中的巴别塔

以农业为本的国家都注重观测天象。通过天象学，可以把握季节交替、河水涨落等自然现象的规律，从而保证生产活动的顺利进行。而古代天象学无不产生其副产品——天象巫术。埃及人相信永生的归宿在天国。埃及法老就笃信通过建筑和咒语便可坐上通往宇宙的飞行船达到永生。埃及人把对天象的精准观测和当时的工程技术结合起来，修建了体量震撼的金字塔。金字塔是法老的墓葬，更是通向天国的阶梯。金字塔上刻写着这样的经文："噢，我的父亲、大王，天窗的入口已为你而开，神祇很高兴同你会面，他请你坐上铁的宝座。天空的众神降临，地上的众神集合到你的身边。他们把手放在你身下，他们为你做了一道梯子。你坐上梯子，升向天空。群星闪烁的天空，大门为你而敞开。噢，王啊，你是伟大的明星，猎户星座从东方的天空中升了起来，你将在恰当的时机获得重生！"

埃及人在大地上勾勒出巨大的天象图，借尼罗河代表天上的银河，而吉萨高地上三座巨大的金字

塔按照猎户星座中三颗明星的方式排列（图 2-20）。金字塔中安放法老棺椁的墓室中开出两条长长的灵魂通道直指苍穹，那正是法老升天的门户。古王国时期的法老们为了登天，曾修筑了大大小小 100 余座金字塔。其中最大的胡夫法老金字塔底边长 230m，总高度 150m，由 230 万块平均重量为 2 吨半的花岗岩石块砌筑，总重量达到了惊人的 575 万吨。这些耗费巨大的陵墓表达了法老祈求永生的虔诚。

图 2-20 埃及开罗附近尼罗河西岸吉萨高地上的金字塔群

中王国时期的埃及法老热衷于为拉神建造庙宇。这些神庙由巨石建造，呈院落式布局，有明确的中轴线指向供奉木制圣舟的"圣所"。通往圣所要穿过多重院落和巨大的神殿。神殿当中巨柱密布，光线昏暗，气氛恐怖。柱子高达 21m，相当于今天的六、七层楼。直径大约 2.5m，五个人合抱不过来。柱子的间距很小，使人感到压抑。柱子上刻满的咒语，在斑驳光线的投射下呈现出神秘的光斑。神庙使用柱梁体系，由于石材不能承受很大的剪力，因此为保证跨度，每根石梁竟重达 65 吨。在金字塔被废弃之后，法老们将他们的木乃伊隐藏于山谷中，而巨大的神庙寄托了法老登天永生的新的希望。

雅典称霸时期的希腊经历了西方历史上难得的和平时期，文明高度发达，尤其是民主政治令人称道。正是由于有这样的制度，才使得人性得以最大程度的发扬。不过古希腊人仍然相信世间一切荣耀的根源都

是神的安排。在希腊神话中，奥林匹斯山顶直插云霄，是众神们的家园。宙斯作为山神和人类之父主宰着那里的一切。天神们的样貌都和凡人一样，但他们的美丽与魅力无可匹敌。

希腊人从数学研究中找到了美的秘密。公元前6世纪，作为数学和几何学大师的毕达哥拉斯从音乐和声学中发现了音乐与数学之间的关系，即音程与数的关系。由此得出了"万物皆数"的结论，他的学说奠定了古希腊以理性的态度分析客观事物的基本世界观体系，对希腊艺术和美学的影响十分深远。毕达哥拉斯发现音程与琴弦的长度有关，他认为数是宇宙秩序的控制者，掌握了数的结构就能够控制世界。他指出艺术创作的局部必须服从整体，局部与局部、局部与整体之间都必须具有和谐的比例关系。柏拉图发扬了毕达哥拉斯的理论，认为几何图形具有深刻的审美价值。柏拉图将30°和45°两种直角三角形视为最基本的元素，由它们拼合出四种立体图形：四面体（三角锥）、六面体（立方体）、八面体和二十面体，而第五种立体图形是十二面体，是以五边形为基本元素的。这种分析方法被用来观察整个世界，也包括人本身。亚里士多德归纳了希腊艺术的美学基础，他说："美是由度量和秩序所组成的"。因此，希腊人在雕塑创作中坚持以完美的比例来塑造人的形象，比如身高应该是头长的七倍，身体每个部位之间也有对应的比例关系。希腊人推崇强健和匀称的体魄，崇尚体育运动，通过塑造完美的身体达到精神境界的崇高。希腊的建筑也套用了这一法则，体现出和谐的整体性和完美的比例。完美比例的基础就是"柱式"。柱式即柱子各部件之间的尺寸关系、比例和法式，它决定了一座建筑的总体感觉。希腊人创造出两种最基本的柱式：象征男性阳刚气质的多立克柱式和体现女性柔美特征的爱奥尼柱式。后来还演化出象征华丽少女之美的科林斯柱式。

多立克柱式没有柱础，柱身直接落地；柱身周圈开凿贯通上下的半圆槽，棱线锋利；柱顶为碗状柱头，以方形压檐板覆盖，最上方是檐部；底径与柱高的比例约为1：6，整体感觉比较粗壮有力。爱奥尼柱式有线脚考究的柱础，富有弹性；柱身雕凿出细密柔和的平口槽，数量通常是24道，加强了柱子细高的感觉；柱头是一对华丽纤巧的圆形大涡卷，并配以细致的箍颈线脚；底径与柱高的比例约为1：9，恰似一位优雅的女性婀娜而立。这两种柱式把希腊神庙分为两类，多立克神庙庄重宏伟，爱奥尼神庙轻巧端庄（图2-21）。

图2-21 古希腊的三种柱式多立克（左）、爱奥尼（中）、科林斯（右）

希腊人虔诚地把他们的艺术创造进献给神，神庙是希腊建筑最高成就的代表。在数量众多的神庙中，最受人们景仰的经典之作就是雅典卫城建筑群。雅典卫城的主体建筑帕提农神庙就是多立克式，而它旁边的伊瑞克提翁神庙采取的是爱奥尼式。两者运用对比的手法把希腊建筑的性格特色演绎到完美的境界。

在西方建筑发展史中，只有雅典时期的希腊建筑是不追求超大尺度的，帕提农神庙也尽可能地达到了使人亲切的尺度。神庙高约20m，与北京太和殿高度差不多。由于是石造，需要担负更大的自重，因此柱径很大，达到1.9m，比太和殿的檐柱径粗了将近3倍。

雅典时期过去之后，那种征服者好大喜功的心态就流露到建筑上了。希腊后期马其顿帝国就凭借国力和技术、特别是无止尽的征服欲望建造了突破和谐性的巨大建筑。亚历山大大帝在以弗斯建造的大帕提农神庙的体量足有雅典帕提农神庙的 2 倍，柱高达到 20m，柱径为 3m，建筑总高据推测超过 40m。这座神庙虽然还是按照希腊建筑的比例来建造的，但由于过于巨大，已经脱离了希腊神庙的典雅性格，反而更像是笨重的埃及神庙，这种"以大为能"的建筑充分宣扬了亚历山大传奇般的征伐武功，与和谐人体美学已经南辕北辙。

后来罗马人的建筑更为巨大无度。罗马人没有信仰，他们从希腊那里照搬过来的神话故事只是用做消遣。罗马人把战神和酒神搬进了巨大的万神庙，以此来为他们的征服和享乐做注脚。罗马很强大，同时也很动荡。从一代征服者奥古斯都创建罗马帝国开始，几乎没有一个皇帝得到善终。公元 312 年，罗马人也不得不求助于曾经被他们残忍绞杀的基督教来拯救自己的信仰了。那一年君士坦丁大帝亲自受洗皈依基督教，从此西方人的价值体系完全纳入了基督教的轨道。

在基督教的教义中，天主是唯一的主神，世界由天主创造，人类也不例外。在基督教的世界里，世界的一切原动力被上帝控制着。宇宙成为上帝创造的，因此上帝具有了凌驾于自然和人之上的唯一主宰地位。《圣经》中描述了上帝创造世界的过程，他用七天的时间创造了天地和世间万物，最后一天他创造了人类，并赋予人类掌管世间万物的权力。在基督教的宇宙秩序里，世界位于最低层，受到人和上帝的双重掌控。建筑也不再是人与神和谐的统一体，而完全倒向神性的一方。中世纪哥特式教堂笔直地指向天国。人们甚至不在乎建筑的美观和完整性，一味地把它堆砌得更高大。哥特教堂最先出现在 12 世纪末的法国，之后传遍了西欧。哥特教堂在水平和垂直

两个方向都特别强调空间的指向性。平面形制是"拉丁十字"式的，长厅沿东西向布置，圣坛被布置在长厅的东端，指向圣城耶路撒冷。主入口位于长厅的西端，与圣坛相对。建筑结构为柱网加骨架券式，沿长厅布置数排列柱。建筑的入口两侧竖立高高的钟塔，成为城市的标志。内部空间水平指向性明确，中厅列柱庄严，光线暗淡，圣坛装饰华丽，开敞明亮，形成视觉焦点。中厅的列柱采用又细又高的束柱形式，柱头弱化，流畅地与屋顶相连接，使中厅显得高远，反衬出人的渺小。两侧窗户镶嵌着以基督教故事为题材的彩色玻璃画，光泽跳动，显示出特有的幻境感觉，再辅以宗教音乐，便紧紧地抓住了人的意念和精神。马克思这样描述了哥特教堂给人的感受："以宛若天然生成的体量物质地影响人的精神。精神在物质的重量下感到压抑，而压抑之感正是崇拜的起点"。

巴黎圣母院（图 2-22、图 2-23）是法兰西早期哥特式教堂的典型代表，钟楼为平顶，建筑总高约 60m。德国的科隆大教堂则完全是另一种样子，它的钟楼被塑造成一对高达 150m 的尖塔，直刺天宇，形象夺目。德国乌尔姆主教堂创下了钟楼尖塔的最高纪录，达到 161m。而大多数哥特教堂不在意建筑形象的完整性，法国沙特尔主教堂就是一例。它的两座位置对称的钟塔在形式上竟完全不一致。建造较早的南侧塔楼是木制的，高约 105m，而 400 多年后重建的北塔是砖石的，比南塔高出近 10m。相比于对称性，建造者们更享受建造过程中奉献天主的愉悦，努力追求接近天国。

文艺复兴时期，在思想领域出现的 "人性与神性"的斗争直接反映在建筑上。无论那些张扬人性的建筑，还是维护神性的建筑都以巨大著称。伟大的建筑师伯鲁涅列斯基综合了古罗马、拜占庭以及哥特建筑的建造技术，解决了佛罗伦萨圣玛利亚主教堂悬留了 120 年的屋顶问题，在教堂上部加建了一个跨度 42m、总高 50 多米的八边形穹顶，以一己之力开创

了一个新时代。这座雄伟的教堂不但统率全城，而且超越了自然，甚至超过了上帝。正如市政府的公告书中所说的，是一座"足以使托斯卡纳其他任何教堂都相形见绌的、具有无与伦比之华美和尊荣的圣殿"。史学界一致公认它是文艺复兴人文精神的报春花。伯鲁涅列斯基成为了佛罗伦萨的城市英雄，出于崇敬，人们将他安葬于主教堂的地下，并致墓志铭道："建成神异之圣殿穹窿显名于世，造就奇巧之机械发明垂范后人。唯此得天独厚、品行高洁之士，遽尔与世长辞。国人感戴，葬公于此。"

图 2-22 巴黎圣母院的彩色玻璃镶嵌图案（右）

图 2-23 巴黎圣母院西立面（左）

由伯拉孟特、拉斐尔、米开朗基罗等艺术巨匠先后主持建造的梵蒂冈圣彼得教堂（图 2-24）是世界上最大的天主教堂，也是历史上最高的穹顶式建筑。其总高度达到了 138m，表现了盛期文艺复兴建筑宏伟、雄大的主题。同时这又是一座充满矛盾的建筑，它的重建过程变故不断，先后经历了二十名教皇和十三位建筑师，整整耗费了 120 年的时间。这实际上是一场人性与神性的旷日持久的对峙，大多数建筑师致力于发扬人性，建造不朽的穹顶，而教皇则关心用"拉丁十字式"建筑形制维持刻板守旧的宗教制度。最终以米开朗基罗为代表的人文主义者们实现了大穹顶，而教会在米开朗基罗去世之后破坏了集中式的建筑格局，拆毁了门廊，加建了近百米长的长厅，得到了他们想要的"拉丁十字式"平面。长厅的门廊高达 50m，遮挡了穹顶，而且自身比例严重失调。天主教会后来又在教堂前面建造了巴洛克式的广场和大环廊，加强了教堂外部空间的水平指向性，更进一步强化了长厅的主体地位。

图 2-24 梵蒂冈圣彼得大教堂

随着生产和技术的进步，到了后来的拿破仑帝国时代，建造高大、震撼、夺目的建筑完全不在话下。拿破仑模仿古罗马修建了歌功颂德的大凯旋门、万神庙等建筑，其体量比罗马更加宏大。这种所谓"帝国式建筑"好像宣告了人类对世界的彻底征服。

20 世纪以来，西方建筑在新的材料与技术的支持下继续进行着宏大建筑的建造。那些技术至上主义、摩天楼学派、"机器美学"和"高技派"的宣扬者们，对技术的歌颂和崇拜一度到了无以复加的地步。而环境已经承受不了这种过度地建造，无论是宗教还是资本的力量，最终都不可能征服环境，也不可避免地会为破坏环境付出惨重代价。

2.2 中西方建筑的环境意识差异

在中国人传统的宇宙观里，天与人是一致的，天、人和自然三者的关系是被综合考虑的；而西方人的观念里，只注重神和人的关系，自然的地位在神和人之下。这种对宇宙秩序的认识差异，使得中西方形成了不同的环境观。中国人对环境有一种敬畏的心理，发自内心地去善待环境；西方人对环境抱着斗争的态度，总是试图征服环境。

2.2.1 中国建筑"自然而然"的环境观

（1）中华建筑文化的影响

中华建筑文化是中国环境观的集中体现。中华建筑文化，笼统而言涵盖了古代的风卯、堪舆、形法、地理、卜宅等内容，是在营建城市、房屋、陵墓、园林时，对地质水文、生态气候、环境景观等山川地理环境因素进行考察，采取择吉避凶对策的一门实用学术。中华建筑文化反映出中国古代最基本的环境观，它对于江山社稷是一件大事。

1）"天道人伦"是中华建筑文化的根本观念

中华建筑文化把自然环境看做是和人一样的生命活体。早在战国时期的著述《管子·水地篇》中就有关于"地气"有如人的脉络相通这样的论点。《皇帝宅经》言："宅以形势为身体，以泉水为血脉，以土地为皮肉，以草木为毛发，以舍屋为衣服，以门户为冠带，若得如斯，是事俨雅，乃为上吉"。《青

囊海角经》："夫石为山之骨，土为山之肉，水为山之血脉，草木为山之皮毛，皆血脉之贯通也"。自然既然是活体，就应该具有人的生命特征和社会特征。北宋郭熙《林泉高致》中论山："大山堂堂，为众山之主，所以分布以次，为远近大小之宗主也"，"主峰已定，方作以次近者、远者、小者、大者。以其一境之主于此，故曰主峰，如君臣上下也"。这是绘画理论对山的主从关系的安排，实际上也谈出了中国古代环境学的核心思想，那就是"天道人伦"。中国人的宇宙观念里尊崇"道法自然"，人、天、道和自然四个层级中人的地位最低微。但中国人同时认为，天、道、自然的一切法则都必须由人来具体体现，如《管氏地理指蒙》所说"天道必赖于人成"。此外，"天时不如地利，地利不如人和"（《荀子》）、"天道远，人道迩"（《左传》）等论述也与其类似。总而言之，就是"人与天地并列为三，非天地无以见生成，天地非人无以赞化育"，也就是说"人伦"等同于"天道"，房屋就是体现人伦秩序的最佳场所。《黄帝宅经》总结为"夫宅者，乃是阴阳之枢纽，人伦之楷模"。这样看来，中华建筑文化的环境观是中国社会的礼制、宗法和人伦的必然产物。

2）在大环境的选择方面趋利避害

山和水是古代农业社会生活中最重要的因素，对于生活、生产、交通运输、军事防卫等都有重大意义。中华建筑文化的选址最为重视的是察看山形和水态。清代《阳宅十书》指出："人之居处宜以大山河为主，其来脉气最大，关系人祸最为切要。"山形地势首先要符合来龙去脉，顺应龙脉的走向。龙脉就是连绵的山脉。中国地理多山，中华建筑文化认为，昆仑山是龙脉的源头，自西向东生发出三条龙脉，北龙从阴山、贺兰山入山西，起太原，渡海而止。中龙由岷山入关中，至泰山入海。南龙由云贵、湖南至福建、浙江入海。在龙脉之下，还分化出干龙、支龙等。

水域是万物生机之源泉，没有水，人就不能生存。

水有江河湖海，有积聚，有分散；水有脉络，有干流、有支流；水有走势，有滔滔千里，有曲转回环；水有动有静，有急流奔涌，有缓缓漫流；水有转化，有蒸发升腾的气雾，有冰霜雨雪。中华建筑文化把水的诸多特性和"气"联系在一起，给水增加了一层神秘的特征。明代《水龙经》中指出："气者，水之母；水者，气之止。气行则水随，而水止则气止，子母同情，水气相逐也"。因此，"察地中之气趋东趋西，即其水或去或来而知之矣。行龙必水辅，气止必有水界"。

3）中华建筑文化观念中选址的理想模式

古都北京、南京等城市，都是中华建筑文化观念中不可多得的理想环境，它们都符合中华建筑文化环境的理想模式。《朱子语类》中认为北京的大环境"冀都山脉从云发来，前则黄河环绕，泰山耸左为龙，华山耸右为虎，嵩为前案，淮南诸山为第二案，江南五岭为第三案，故古今建都之地莫过于冀，所谓无风以散之，有水以界之"。六朝故都南京，濒临长江，四周是山，有虎踞龙盘之势。其四边有秦淮河入江，沿江多山矶，从西南往东北有石头山、马鞍山、幕府

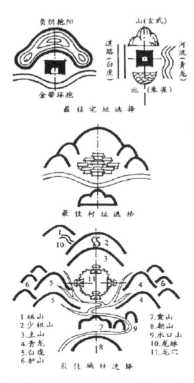

图 2-25 理想中华建筑文化环境示意图

山；东有钟山；西有富贵山；南有白鹭洲和长命洲形成夹江。明代高启有赞曰："钟山如龙独西上，欲破巨浪乘长风。江山相雄不相让，形胜争夸天下壮。"（图 2-25，图 2-26）

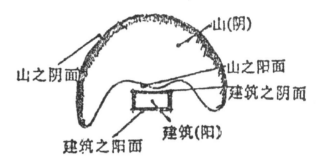

图 2-26 负阴抱阳示意图

作为具体的城市、村落或者住房，就要选择具有很好的脉象的地方。基址背后要有主山，主山应厚实，有龙脉连接少祖山、祖山；基址两侧要有左右砂山（称为左辅、右弼），砂山以外还要有护山；基地之前要有弯曲的水流或月牙形的池塘湖面；水的对面要有案山作为对景，整个基址的轴线以坐北朝南为最佳；基址地势平坦并有一定的坡度这样的背山面水的格局是最理想的。从实用的角度理解，这样的格局具有比较良好的局部小气候，背山可以屏挡冬天北方的寒流，面水可以迎接夏日南来的凉风；近水方便生活、灌溉、养殖及交通；植被可以保持水土、调节气候；另外，这样相对封闭的环境也有利于安全防卫。

4）中华建筑文化观念在阳宅相法中的运用

住宅是直接影响人的生理和心理健康的需求。孟子云："居移气，养移体，大哉居乎！"意思就是说：攫取有营养的食物，可使一个人身体健康，而居所却足以改变一个人的气质。《黄帝宅经》中指出："《子夏》云：人因宅而立，宅因人而存，人宅相扶，感通天地。""《三元经》云：地善即苗茂，宅吉则人荣。"

《阳宅十书》说："卜其兆宅者，卜其地之美恶也，地之美者，则神灵安，子孙昌盛，若培植其根而枝叶茂。择之不精，地之不吉，则必有水泉、蝼蚁、

地风之属，以贼其内，使其形神不安，而子孙亦有死类绝灭之忧。"《管氏地理指蒙》论穴云："欲其高而不危，欲其低而不没，欲其显而不张扬暴露，欲其静而不幽囚哑噎，欲其奇而不怪，欲其巧而不劣"。《吕氏春秋·重己》指出："室大则多阴，台高则多阳，多阴则蹶，多阳则痿，此阴阳不适之患也"。清代吴鼒在《阳宅撮要》指出："凡阳宅须地基方正，间架整齐，东盈西缩，定损丁财。"

（2）深蕴自然情结的展现

大山之美，平地兀立，不连岗自高，不托势悠远，故谓伟岸而雄奇。

水之大美，石门中开，水转绕山走，山回水中行，堪称曼妙而幽静。

时光穿越千年、万年、亿万年，穿越亘古……地老天荒，沧海桑田，深型造势，水退山现，既蕴含着虚幻也蕴含着历史，使得一幅幅美轮美奂的山水画卷令人陶醉，给人以启迪，陶冶了人们的情操。在中华建筑文化理论熏陶下，形成了我国崇尚自然的独特山水文化，使得中华建筑文化中的山水理念也深深地影响着我国的美学和诗画等文化创作以及造园理论。

1）山水美学

圣人孔子提出"智者乐水，仁者乐山。"那么，智者何以乐水？汉代韩婴在《韩诗外传》卷三中指出："夫水者缘理而行，不遗小间，似有智者；动之而下，似有礼者；蹈深不疑，似有勇者；障防而清，似知命者；历险致远，卒成不毁，似有德者。天地以成，群物以生，国家以平，品物以正，此智者所以乐于水也。"

而仁者何以乐山？《尚书·大传》指出："夫山者，岿然高耸……草木生焉，鸟兽蕃焉，财用殖焉；生财用而无私为，四方皆伐焉，每无私予焉；出云雨以通天地之间，阴阳和合，雨露之泽，万物以成，百姓以飨，此仁者之所以乐于山也。"

可见，孔子所说的"智者乐水，仁者乐山"，是智者、仁者从形成优美环境景观中的自然山水那里，看到与"智者""仁者"相似的性情和品性，从而生成优美的心理感受。它在先秦、秦汉时期就已经十分流行。

这种对优美自然环境的赞誉和追崇，使中华建筑文化得到了丰富和发展，中华建筑文化在中国的社会生活中产生了最为现实的影响，使得人们更加尊重自然，重视人和自然的和谐统一，从而形成了中国人独特的"天人合一"宇宙观，为世人所瞩目。

2）山水诗词

中国古代山水诗的创作极为兴盛。山水诗以它特有的表现手法，使现实中的人能超越时空的局限，去探求理想中的山水模式，探求人与山水的关系。诗中的环境理念与通常的环境理念相比，在意象层次上跨越了一大步。如果说通常的环境景观是基于现实生活的，那么诗中的环境理念则更富有理想的色彩。因此，诗中的环境理念更能体现古代中国人对理想环境这一主题的执着追求。

古代山水诗词是中国优秀传统文化的一面镜子，从中可以窥见中华建筑文化景观理念中的选择吉地的四条基本原则：一是依山，二是傍水，三是依山傍水，四是山青水绕。古人在诗文中都有极为引人入胜的抒发。

3）山水国画

中国古代山水画与山水诗一样，在表现"物境"（形）的同时，着意于"意境"（神）的表现。中华建筑文化学讲究山势高大、来脉悠远、层峦叠嶂、山水回环有情等。这些都颇受古代文人墨客的重视。古人认为，好的山水应该有好的理想环境，同样，好的理想环境也必然会有好的山水，即"地美则山美"。因此，古代山水画的构图常以中华建筑文化学的龙势、生气等为神韵，如山脉的急缓、山水的迂直，村落、民居的位置，以及云蒸霞蔚的山林气氛等，均参照中华建筑文化理念来处理。中国古代山水画不仅在绘画理论上受到中华建筑文化理念的影响，而且在山水环境景观上也深受中华建筑文化学思想的影响。虽然山水画的主观意图是达到某种"意境"，但它的客观效果却表达了人们对中华建筑文化理念的理想环境的追求。山水画不仅追求山脉的龙势神韵，而且追求环境结构上的靠山、朝山、护卫之山的完整，追求山林拥翠、溪水长流、曲径通幽的优雅情趣。仔细品味中国古代山水画，不难发现，其构图特点通常是：高山流水、烟村人家。由此可见，中国古代山水画与中华建筑文化学理念有着极为密切的关系。它所表现出来的"意境"既有着现实的基础，又充满浪漫的情调。

4）山水园林

中华建筑文化体现了一种环境美学，而将这种美学升华的是山水园林。

中国的山水园林也经历了由生产型向娱乐型的发展过程，经过提炼自然、升华自然、山水为本逐渐成为文人艺术作品的主导思想。文人不但写景，而且通过对景的描述，融进了人的情怀，表达方式便越来越趋向抽象概括、委婉含蓄。这些文学作品为山水园林的兴起发出了先声，为山水园林的发展奠定了基础。

中国山水园林便以其虽由人作，宛自天开、巧于因借、精于体宜寄情于景、托物言志等独特的造园立意，以及在宏观层次上，园林艺术强调总体设计和对环境气氛的统一把握，在微观层次上它又注重细节的经营，强调以一景一物发人深省，引发情感等匠心独运的技艺。使得无论水池潭沼、山石草木、建筑小品、诗画楹联，都是园林艺术的构成要素，从而获得巧夺天工、诗情画意的造园艺术。此外，山水园林中还有两个颇为耐人寻味的特点。

5）山林隐居

历史上，山林居士是中国古代一个特殊的文化阶层。隐士们追求在一种怡然自得的山水环境中修心养性（图2-27）。

隐士们为何选择好的山水环境作为居所，郭熙

图2-27 意地栖居

在《林泉高致》中的阐述称："君子所以爱夫山水者，其有安在？丘园素养，所常处也；泉石啸傲，所常乐也；渔樵隐逸，所常适也；猿鹤长鸣，所常亲也。"这种阐释反映了人与自然的亲切愉悦关系，这种关系还能反照出人生与世间的种种纷争喧嚣，从而使隐居者获得心灵的解脱和净化。"显然，这些隐居地的形局都很讲究，其共同之点都是追求幽闲、宁静、安乐的理想环境。

总之，古代山林居士的隐居环境除了在意象层次上比普通民居有更高追求外，多数隐居地在空间结构上与中华建筑文化学的环境格局基本相同。

当今，人们处于和平盛世，虽然无古代山林居士寻求隐居之需，但缺乏生态保护和环境保护意识的过度工业化、现代化发展所造成的环境污染以及居住环境质量下降所造成的危机感，使得长期处在钢筋混凝土高楼丛林包围之中，饱受热浪煎熬、吸满尘土的城市人纷纷追崇回归自然，寻找返璞归真、净化心灵、陶冶情操的幽闲地。为此，古代山林居士隐居地的理想空间环境便可引为借鉴。

（3）巧夺天工的造园技艺

中华建筑文化体现了一种环境美学，而将这种美学升华的是山水园林。

1）山水园林的历史演进

中国早期的园林也经历了由生产型向娱乐型的发展过程，西晋大富豪石崇曾经附庸风雅地攒集了

《金谷诗集》，建过金谷园，但这座园林不是真正的山水园林，而是以猎奇著称的庄园。使中国园林真正发生质变的是东晋时期那些政坛失意、寄隐山林的士人。当时中国北方被外族政权掌控，大量文人士族随着东晋朝廷溃败到江南。国家的衰落，使这些士人的政治抱负没有施展的舞台，他们不得不退隐于山林，寻找精神的寄托。既然不能"达则兼济天下"，就只能"穷则独善其身"。大自然的秀丽景色陶冶了文人的情怀，使他们的心性有了抒发的渠道。产生了一大批讴歌自然的山水诗、山水画和山水散文。陶渊明作为这一时期最重要的文学代表人物，其山水美学思想影响深远，得到了李白、杜甫、白居易、苏轼、陆游等唐宋文学大家的一致推崇。"世外桃源"的典故就出自陶渊明的《桃花源记》。这篇散文以优美文字略带悬念地描绘了一个自在超脱、祥和富足的小村落，让东晋时期身处乱世的人们对这里产生由衷的向往。文中以一个渔夫的视角描绘了探访桃花源的情景："缘溪行，忘路之远近。忽逢桃花林，夹岸数百步，中无杂树，芳草鲜美，落英缤纷，渔人甚异之；复前行，欲穷其林。林尽水源，便得一山，山有良田美池桑竹之属，阡陌交通，鸡犬相闻"。这样的行进路线和景致的变化，让我们仿佛看到了后来的文人山水园林的基本格局。前有溪水引人入胜，中有桃林做隔景处理，然后是"山重水复"之后的"柳暗花明"，一个如画的世界豁然呈现（图2-28）。

提炼自然、升华自然、山水为本逐渐成为文人艺术作品的主导思想。文人不但写景，而且通过对景的描述，融进了人的情怀，表达方式便越来越趋向抽象概括、委婉含蓄。这些文学作品为山水园林的兴起发出了先声，名篇佳句俯拾皆是："千岩竞秀，万壑争流，草木蒙笼其上，若云兴霞蔚"（顾恺之）"池塘生春草，园柳变鸣禽"（谢灵运）、"弱川驰文鲂，闲谷矫鸣鸥"（陶渊明）、"白云停阴冈，丹萜曜阳林"。石泉漱琼瑶，纤鳞或沉浮。非必丝与竹，山水有清音。

图 2-28 桃花源式的村落

何事待啸歌？灌木自悲吟"（左思），更不用说陶渊明影响至远的"采菊东篱下，悠然见南山"了。

唐代诗人深受东晋文学的熏染，用文字来塑造空间的功力已达完美，诗情与画意密不可分。比如杜甫的《绝句》："两个黄鹂鸣翠柳，一行白鹭上青天。窗含西岭千秋雪，门泊东吴万里船"，短短二十八个字，看似信手拈来，实则情怀高远。诗画相融，动静合宜，既言传出客观的景，又意喻了主观的情，让人回味无穷。有着"山水诗人"美誉的王维真正开创了山水园林。王维的诗句特别具有画面感，能在人的头脑中激发出绘画般的构图、线条、色彩乃至意境。象"大漠孤烟直，长河落日圆"就是语言、画面、情感的完美结合。王维的晚年专注于建设自己的山庄别墅——位于唐长安附近的山岭中的"辋川别业"（图2-29）。这里山形起伏、碧波荡漾、林木繁茂、鸟语花香，经过王维对自然山水景致的充分挖掘，营造出二十多个如画的景区。他的诗文《鹿柴》系列就是专门对这座园林的情境进行概括描述、画龙点睛的。像"空山不见人，但闻人语响；返影入深林，复照青苔上"，"独坐幽篁里，弹琴复长啸；深林人不知，明月来相照"等，都是情景交融、意境深远的名句。"辋川别业"将山水画、山水诗文和山水园林三者的意境有机地塑造为一个整体，开启了文人园林"诗情画意"的先河。

山水园林的普遍兴盛在明代。人们热衷于在城市居所之中修建具有山林意境的宅园，使造园成为一

图 2-29 画王维诗意画轴

时之风。十七世纪中国出现了一位著名的造园家——计成，他将造园理论加以总结并在实践中进行发挥，使山水园林真正发扬光大。清代康熙、乾隆皇帝喜爱文学艺术，特别是乾隆皇帝以文采见长。他一生创作了上万首古诗，同时也对山水园林艺术深深的着迷。他六下江南探访美景，并在北京、承德仿建了一批富有江南情调的山水园林，使皇家园林和文人园林的手法得到融合、相映成辉。

2）山水园林的主要特征

山水园林的主要特征反映在以下三个方面：

a. 虽由人作，宛自天开

与西方造园艺术强调对称规整、突出人工痕迹的做法不同，中国传统园林崇尚表现自然美。表现自然美的目的，在于通过人的审美体验，达到心灵的平和。这也是从一个侧面表达了中国人自古而来的"天人合一"的基本思想。比如，在叠山理水的具体处理

当中最忌模仿堆砌外观形状，"不徒以形似为能"、"得形似易，得神难"。强调提炼自然景色的精妙之处，加以人工的剪裁、加工、抽象和整理达到神似。同时又不能过分简约，使自然的造型尽失，必须达到一种形式与神韵之间的微妙平衡，"虽由人作，宛自天开"，"形真而圆，神和而全"。

当然，对自然美形神兼备地描摹，最终目的还是在于让园景含蓄地流露出园主的情趣。这就必须把握住自然风景人性化的一面，并与人的品格气质相对照，将自然景观赋予人的品格，才能实现所谓"情景交融"。故此山水美学家的另一杰出贡献在于开发了自然景致人格化的因素，将自然风光拟人化，用写意的手法将这些精练的、典型的审美体验固定下来，使不同个人的情感都可以在这些审美体验中找到归宿。

b. 巧于因借，精于体宜

"景"是园林的灵魂，无论是山水花木，还是建筑书画，都必须组成一定的"景"才有生命力。造"景"的主要方法就是"因借"，造"景"的精髓在于"体宜"。在这里，"因"就是因势利导、因地制宜；"借"就是借用；"体"就是得体、恰到好处；"宜"就是适宜、有度。

景致营造的好坏直接决定了园林的成败。所以，建园伊始，首先要考虑的就是如何立意，所谓"七分主人，三分匠"，主人的品格情趣起决定作用。规划景观，要注重动态美的塑造。景致固定呆板，则毫无生气。要使景物与人的活动流线密切结合，对人的感官始终保持新鲜的刺激，所谓"移步换景"、"步移景异"。在一座园林当中，景致不是唯一的。在不同的区域划分出不同的景致，叫做"分景"。古典园林的精妙之处就在于不但要有丰富的景致，而且还要使这些景致形成良好的搭配关系，该露则露，该遮则遮，该掩则掩。景分近景、远景，为加强景致的纵深感，就必须将远处的景物尽可能的吸纳进来，有时候常

常将园外别处的景物"拿"来用，这叫"借景"（图
2-30）。借景是造园最重要的手法之一，好的园林都
可归为"巧于因借"。借景有远借、近借之分，远借
像苏州拙政园借虎丘塔、北京颐和园借玉泉山、陶渊
明的"采菊东篱下，悠然见南山"等；近借则是将临
近的景致纳入到自己的视野内，为园中增色，"一枝
红杏出墙来"、"绿杨宜作两家春"。借景往往是相
互的，故又引出"对景"一说，即两边的景物互相映衬，
互为借景。像苏州留园的涵碧山房与可亭、苏州拙政
园中的远香堂与雪香云蔚亭都是互为对景的佳例（图
2-31）。另外，为增加景致的层次，往往用"隔景"
的办法。隔景将景致用隔扇、漏窗、矮墙、栅栏以及
植物等相隔开，取得半遮半露的艺术效果的手法。这
恰如"犹抱琵琶半遮面"一般，使景致增添了朦胧美。
与隔景相似的还有"框景"，前面提到的杜甫诗"窗
含西岭千秋雪，门泊东吴万里船"正是用门窗将生

图 2-32 苏州沧浪亭小景

活画面定格下来的绝好实例。在传统园林中，隔景、
框景之法随处可见（图 2-32）。

当然，好的景致需要借来增色，不利的因素则
应排除在视线之外。故而在借景的同时，也必须注
意"障景"。"极目所至，俗则屏之，佳则收之"，
就是这个道理。

c. 寄情于景、托物言志

古典园林营造的目的并不是单纯地描摹自然美，
而是要借助"景"的塑造，达到抒发情怀的效果。所
以造景一定要有意境，否则就会流于纯形式的造作。
这种意境取得是全方位的，既有山水花木等硬件要
素，也不能少了书画楹联等点题之作。

景致所能激发出的意境也有不同的层次，因人、
因时而异也会产生不同的效果。一般而言，能给人美
好的视觉感受只是园景的最基本层次，所谓"物境"；
那种能在景致之中运用象征、比喻、比附等手法将
人的品德情操、理想志趣、愿望憧憬或者生活哲理、
信念等蕴涵进去，并能为人体会的园景，才算达到高
的层次，可称为"情景"或"意境"。这种高度的情
景交融，在古典园林中有许多范例。

对于园林的创作者来说，寄情于景、托物言志，
是最高的追求和目的，只有这样，才能做到其园如人，
使园主与园林达到高度统一，从而也通过园林这一媒
介，使园主的心绪与外界自然和宇宙达到和谐。

图 2-30 承德避暑山庄借景手法

图 2-31 苏州拙政园曲桥、荷风四面亭（左）、见山楼（右）

3）山水园林的艺术构成

在宏观层次上，园林艺术强调总体设计和对环境气氛的统一把握，在微观层次上它又注重细节的经营，强调以一景一物发人深省，引发情感。所以，无论水池潭沼、山石草木、建筑空间、诗画楹联，都是园林艺术的构成要素。

a. 山水

山水是园林的基本要素，是人工自然的直接体现。在中国，不论大江南北，不分大园小圃，山水都是园中必不可少的构成内容。构筑山脉奇峰的意象，描摹河渠池沼的韵味，为园林景致的塑造搭出了基本的平台。在勾勒自然面貌的同时，还应注重提取和表现出山水的人文气质，做到"不以山水为忘"，"托自然以图志"。

在园林中造山的办法有堆土和叠石。山石，俗称"假山"（图2-33）。在形式上虽是对自然山石的模仿，但绝不能局限于形态的追求。叠山讲究形神兼备，以少许石头便能将自然景象概括出来。"峦峰秀而古""蹊径盘且长""峭壁贵于直立，悬崖使其后坚"。因此，山则"重岩复岭"，谷则"深溪堑壑""绝岭悬坡"，路则"崎岖石路，似雍而通，峥嵘涧道，盘纡复直"，高、低、曲、直、阻、通，以及路边叠

石的峥嵘嶙峋，都要讲究章法，总体感觉是追求山林野趣之意味。除神态精准外，还须将园主的思想品格、意趣追求融会进去，才可称为上品。要追求"片山有致，寸石生情"。独立的叠石往往是园林中的点题之作，用以点明不同的园景并引发不同的情绪，堪称绝妙。郭熙（宋·画家）有诗描述四时的叠石："春山艳冶而如笑，夏山苍翠而如滴，秋山明净而如妆，冬山惨淡而如睡"（《林泉高致》）。有的园林是以叠石出名的。这些奇石具有高度的形式美感，其造型清瘦挺峻，不以体积取胜，而要求线条清晰，褶皱明显，上大下小，有飞舞飘荡的动感。恰似站于广川之上的墨客侠士，袖带当风，气度非凡。通常所说的"透、露、瘦、皱"大致就是这类奇石的形式特征。实例如上海豫园园中的"玉玲珑"、苏州留园冠云楼前的"冠云峰"、北京颐和园乐寿堂前的"青芝岫"等（图2-34）。

图2-34 北京紫禁城宁寿宫花园一角

水面与山石一样，是园林中必不可少的构成要素。水面不在大小，关键是将自然景致的意味表达出来。水与山相比，属于"活性元素"，利用不同的形态处理，既可表现博大壮阔，又能流露含蓄柔情。郭熙指出："水，活物也，其形欲深静，欲柔滑，欲汪洋，欲回环，欲肥腻，欲喷薄，……"，描述了水体可以塑造的多种情态。理水讲究聚分有致，既要有湖面池泽，也不可忽略小河渠沟，还可结合地势落差巧妙安排瀑布落水。在感觉上，应充分展示水体的活性，强调源头深远，尽端无限，注意利用曲流，"泉水纡徐

图2-33 北京紫禁城宁寿宫花园一角

如浪峭"。较大园林的水池，则通过"曲沼环堂"的处理，使有限水面不能一眼望尽。突出水体的自然之美是理水的重要原则，绝对不能出现死水淤流的情况。

b. 花木

花木是构成自然景致的必不可少的要素。花木随四季而变化，最显自然界循环变化的本质，发人思考。花木色泽丰富，形体优美，是塑造园林自然灵性的绝好素材，故最为造园者所推崇。花木绿化讲究与环境结合，平地是"高林巨树"，绿化成为景色的主角；山崖处"悬葛垂萝"，绿化作为山石的点缀；脚下则是"烟花露草，散满阶墀"，使花草从台阶的缝隙里钻出头来，尽显野趣，十分别致。

园景以花木为主题的非常多，从楹联题名便可看出，如古木交柯、万壑松风、青风绿屿、梨花伴月、曲水荷香、金莲映日等等。园中的建筑也经常因花木景致而得名，像苏州拙政园中的枇杷园、玉兰堂、远香堂、海棠春坞，网师园中的小山丛桂轩、看松读画轩、竹外一枝轩，沧浪亭中的翠玲珑等，以题名与景致呼应，借以调动游人访客的观景情绪（图 2-35）。

图 2-35 北京紫禁城颐和轩院落

花木还可塑造动态景致。如与风结合可以有疾风劲草，与雨结合可有雨打芭蕉、残荷听雨，与光结合可有竹影映墙、月动影移。有诗云"风篁类长笛，流水当琴鸣"，描写的就是园主在水边倾听风来竹和的大自然的奏鸣曲。在这些景致当中，人们可以充分领略到花木的动态和天籁之声，与观赏者的心绪相

结合，便产生了思想深处的沟通，带有了借景抒怀、托物言志的意味。

因花木的香气而成景的也不胜枚举。闻木樨香（留园）、远香益清（拙政园）、闻妙香室（沧浪亭）等。"花气袭人知骤暖"（陆游）、"灯影照无睡，心清闻妙香"（杜甫），园中有了花木，就显得生气盎然了。

除了植物配制而外，园林中也很注重动物的选择，利用不同的动物强调不同的主题和意境。

c. 建筑

园林中的建筑有景观（客体）与观景（主体）的双重作用，其选址讲究"庭起半丘半壑，听以目达心想"。园林建筑种类极多，楼榭亭台，馆堂塔斋，造型多样，组合灵活。或依山傍水，或凭崖跨壑，或舒缓绵延，或挺拔高耸，不拘一格，以与景致的有机结合为原则。

皇家园林中的建筑规模较大，有明确的主从关系，布局上比较强调中轴对称，标志性建筑较为突出，如颐和园佛香阁、北海白塔都起到统率全园的作用（图 2-36）。私家园林建筑较小，布局不求规整严格，轴线曲折，不易觉察，布局活泼自然，建筑物之间多以对景关系互相衬托，一统全局的标志性建筑不明显。

图 2-36 北京北海白塔

苏州拙政园，面积近 5 万 m^2，在私家园林中应算规模较大的。园子中部为一大片水面，约占全园面积的三分之一，全园的造景便以此为核心展开。水面

的南岸上是主体建筑的远香堂，由于周围环境俱佳，故四面皆用透空隔扇，以纳景色。人在其中，犹如观赏连轴的长卷，可想心情会多么舒畅。水面之中，堆土成岛，将水面自然划分出不甚规则的几块，与远香堂相对的岛上建"雪香云蔚"亭，形成对景。另外在岛的南端凸出而成一小半岛，中间建"荷风四面"亭，这一名称很好地点明了"微波摇曳、荷风拂面"的温馨景致。水面设计也十分自由流畅，并引出一条沟渠蜿蜒南下，直达园子的尽端，并在此处建水阁"小沧浪"作为结束。但"小沧浪"并不截断水面，而是架于空中，使水体自由流过，加强水体在空间上的连续性和活泼感。"小沧浪"的北面还架设了一道略呈拱形的风雨桥"小飞虹"，在增加空间层次方面起到了绝妙的作用。"小沧浪"与"荷风四面"以"小飞虹"作为取景框而互相对应（图2-37），特别是自小沧浪向北望去，不但有近景小飞虹、中景荷风四面，还有远景见山楼，景致妙不可言。如此的例子在拙政园中比比皆是，在其中人们可以充分领略到江南园林诗情画意、浪漫高雅的艺术追求。

图2-37 苏州拙政园"小飞虹"桥

以地域而论，北方的园林建筑较为朴拙大度，色彩较浓重，明暗对比较强烈；南方园林建筑显得小巧玲珑，用色较淡雅，明暗对比不甚强烈。

d. 书画

自文人山水园产生之初，诗画与园林就结成了密不可分的有机整体，这使得传统园林本身就是绝妙的形象诗文、立体书画。造园名家计成、文学家曹雪芹都曾以"天然图画"来比喻园林，这是因为古典园林追求的意境与诗情画意完全吻合。现代教育家叶圣陶一语说中关键："（古典园林的）设计者和匠师们的一致追求是：务必使游览者无论站在哪个点上，眼前总是一幅完美的图画"（《拙政诸园寄深眷》）。

在古典园林当中，善以书画楹联等来点明景致的主题，用书画为园景画龙点睛，使书画的意趣与园林空间气氛相得益彰。置身于传统园林当中，书画楹联随处可见，俯拾皆是，佳作不胜枚举。"秋月春风常得句，山容水态自成图"，点明了书画与园林完美的结合关系。"网师"是渔翁的意思，取此名有表明园主隐逸清高之意，好似"孤舟蓑笠翁，独钓寒江雪"，与世无争。

4）禅学思想

禅，是一个非常具有东方智慧的词，很难用确切的语言表示其全部含义。其大概的涵义就是用心灵感悟到玄机和意境。禅，不是简单的大道理，而是一种境界。禅的概念来自于佛教禅宗，但是禅的意境又不局限于佛教。对于禅的实质，禅宗祖师伽叶尊者"拈花微笑"的故事让人觉得玄机重重，深不可测，而六祖惠能的"本来无一物，何处惹尘埃？"又显得过于超脱，令寻常人抓不住要领。

那么"禅"到底是什么？人们又如何通过建筑实体和空间来塑造"禅"、领悟"禅"？

佛教在两汉之际传入中原之后，最初是和世间方术混杂在一起的。魏晋时期，佛教得到了很大的发展。南北朝时期无论北方各外族政权，还是南方偏安的汉族政权，都对佛教大力扶持。唐代禅宗开始兴盛，许多僧人道士都和当时的文人有很密切的交往，他们常常结伴游迹于名山大川之中，参禅谈玄，吟诗作赋，相互影响很深（图2-38）。

图 2-38 敦煌壁画中"西方净土变"描绘的佛教净土园林

寺观选址于名山大川已经占有了先天的风景之利，但宗教在中国一向重视参与世俗生活，故而除山林寺观外，更注重对地处城市及市郊的寺观的建设，通过寺观园林来吸引信徒香客，不但用于参禅悟道，还充当城市公园的角色，供那些没有宗教信仰的人们前来游玩，在社会生活中起着相当重要的作用。

如北魏洛阳宝光寺就是一处游玩的场所，每逢假日，游人如云，"雷车接轸，羽盖成荫。或置酒林泉，题诗花圃，折藕浮瓜，以为兴适。"其景象好像今天城市里的公园；再如景乐寺，这是一座尼庵，其中常设女乐，"歌声绕梁，舞袖徐转，丝管嘹亮，谐妙如神。得往观者，以为至天堂。"普通百姓都可进去游玩赏乐，并"召诸音乐，逞伎寺内。奇禽怪兽，舞忭殿庭。飞空幻惑，世所未睹，异端奇术，总萃其中。剥驴投井，植枣种槐，须臾之间皆得食。士女观之，目乱精迷。"寺院兼而有公园和游乐场的作用，在这里表现得再充分不过了。此外正如林语堂先生所描述的，由于封建礼教对妇女的约束，使她们抛头露面参加社会活动的

唯一机会就是到寺观去"进香"，所以中国古代许多爱情剧都是以寺观作为背景也就可以理解了。

寺观园林在造园思想上注重把宗教教义纳入景致当中，其总体构思是模拟经书中勾画的宗教世界的格局，把园林中的一山一石、一草一木都赋予深刻的典故，与佛教事迹相联系，使人充分领会宗教的内涵，将教义潜移默化地融入人们的头脑。

这里强调营造幽静的气氛以利于修行，强调与自然界的融合以利于感悟，如北魏洛阳景明寺，据《洛阳伽蓝记》描述，"青林垂影，绿水为文。……房檐之外，皆是山池，……葭蒲菱藕，水物生焉。或黄甲紫鳞，出没于繁藻，或青凫白雁，浮沈于绿水。"山水交映，鸟语花香，景致极佳；而景明寺中的园林则显得格外清静幽深。"多饶奇果。春鸟秋蝉，鸣声相续。……禅阁虚静，隐室凝邃，嘉树夹牖，芳杜匝阶，虽云朝市，想同岩谷。"这里的园林专为打坐参禅而设计出相应的环境气氛，使人如在深谷幽林中一般。

寺观园林在风格上大体因地区不同而各带有明显的地方特色。而因位置不同，也可看出城市寺观园林与郊野寺观园林也各有特点，城市寺观园林多是自成一区，附属于寺观一侧，状似私家园林，如北京白云观后园、江南苏州戒幢寺西园等；郊野寺观园林则因大多地处风景名胜，故更多地将自然景致纳入到园林范围中来，特别重视利用山区地形起伏精心布置峰回路转的前导空间烘托气氛，将寺观作为整个园林的高潮部分结束，这种依托自然的园林，可算作园林中最大的手笔了，实例如宁波鄞县天童寺、四川灌县二王庙等。

在造园手法上，寺庙园林与当时的士大夫私园情趣一致，从审美观到造园手法，基本上没有分别。

日本受中国文化影响颇深，禅就是从中国传去的。禅趣的集中代表是日本的写意园林，又称"枯山水"。这种写意园林盛行于公元 14 世纪到 17 世纪，

利用"一山一石写天下之大景"的手法，在咫尺天地中营造大自然的气象万千。这种园林的造景材料与中国山水园相似，也采用石材和植物，但不同的是更强调人工痕迹。与中国山水园"宛自天开"的追求不同，枯山水一看就是明显的人工造园。其山是几片寸石，其"水"是层层的白砂，其植被是精心布植的苔藓。用一个静态的"枯"景塑造出大自然的意境。可谓把来自中国的禅意发挥到了极致。

在枯山水中，注重孤石本身的造型和纹理，用形态稳重的石块比拟山峦，用少许石块的并置象征峡谷和沟壑，石块的造型避免类似，在大小、形状、种类各方面务求通过对比达成一致。水的塑造更为写意，以大面积的白砂象征湖海，以耙梳出来的平行曲线象征波涛汹涌，以回环的纹路象征惊涛拍岸和急流旋涡，在凝滞中透露出激荡，好像表面安详的人在内心深处翻滚着复杂的世界。在植物配置方面，为了和"枯"的格调相统一，特意屏弃了繁花和茂树，仅以苔藓、薇蕨类朴素低矮的植被塑造静寂的生机，即使采用树木，也精心控制其数量和树形，犹如盆景一般。

日本的枯山水是禅僧的思考和发明，在这里人们不仅可以体会到淡泊致远的情调，更能领悟到一种深邃的世界观。正是因为一个"枯"字，把世界凝固成一个静止的永恒，一切风花雪月、生老病死、兴衰起伏的世间万象，在这里都静止了，只有永恒是不变的。这里没有繁花，所以没有枯荣；这里没有流水，所以永不干涸。一切现世的矛盾和烦恼在这片宁静的咫尺天地中获得了解脱，这既是逃避，也是智慧，更是禅意。

枯山水的著名实例如龙安寺石庭和大仙院庭院。

通过中国文人山水园和日本的枯山水，我们可以领略不同禅机的意境，也大概可以触摸到禅的实质。说到底，禅这种处世的态度，对抚慰人们的心灵是非常有效的，人们通过禅想和坐禅，可以领悟到心

灵宁静所带来的大智慧，可以把尘世的烦恼化解于内心的博大之中。

2.2.2 西方具有"几何特征"的环境观念

西方人长期以来把自然环境看成是开发和改造的对象，是在"人—神"系统下的副产品。

（1）西方园林的历史演进

与中国早期的园林一样，西方早期的园林也有生产型和观赏型。巴比伦空中花园就是典型的例子（图2-39）。巴比伦王可以像埃及法老建造金字塔那样在酷热的沙漠修建一座奇迹般的阶梯形大花园，不惜修建复杂的供水系统，以使花园四季常青。居推测其底边为275m×183m的矩形，顶部是52m×17m的神殿，总高度约30m。这是一座奇异的"绿色"金字塔。花园共分为四层，是一座立体的大假山。为了灌溉这座花园，特别设计了从幼发拉底河到巴比伦城的地下输水道，把河水直接引入花园。距一位游历过巴比伦城的罗马作家描述，空中花园里面绿荫浓密，柏树和棕榈成林，遍植奇花异草，空气中充满了芳香，使人忘却了这里四周的干旱和不毛。空中花园的确是古代世界的奇观，但移天换地的手法也是和环境对立的，"人定胜天"意义的建造活动虽令人叹为观止，但终不免倾全国之力满足了宫廷的需求，是昙花一现的建造，不能保持长久。

图2-39 与"空中花园"形制类似的巴比伦月神塔庙

古罗马时期的贵族也修建了很多享乐型的庭院，最著名的是哈德良皇帝的离宫。这位皇帝将帝国各处

自己所喜爱的建筑都搬到这座离宫中，修建了宫殿、庙宇、剧场、图书馆、浴场、敞廊、亭榭、鱼池等，好像是乾隆皇帝把江南美景都搬进避暑山庄一样。但是哈德良离宫没有避暑山庄那样的意境，其重点是放在建造一些造型奇巧的建筑上，庭院只是建筑的附属品。这种情况的根本原因还是西方的环境观造成的，只强调园林的功能性，把审美层面与建筑美学混为一谈，缺少对园林自然美的塑造和组织。许多罗马贵族也在自己家里修建宅园，用于休憩和展示艺术品，特别是从希腊掠夺来的艺术品。罗马的状况就像中国商代，国力强大，但精神空虚。罗马出现了很多暴君并做出许多荒唐之举，商纣王曾修筑"酒池肉林"玩裸奔淫乐，罗马有过之而无不及（图2-40）。在城市里，他们以厮杀游戏为娱乐手段，残忍地观看人与人、兽与兽以及人与兽的生死搏斗。他们从周边各地运来狮、虎、熊、狼等猛兽用于杀戮，有时候一次庆典或节日要杀死数千头猛兽，殊不知这些活动都是对自然生态的巨大破坏。罗马只有建造成就，而没有环境观念，更没有出现象中国那样成体系的文人写意园林和宗教园林。

图2-40 古罗马的斗兽杀戮场面

中世纪西方建造技术出现重大变化，园林的发展也陷于停顿。中世纪城市中很少种植树木，狭窄的道路两侧没有行道树，城市与自然几乎隔绝。各地的城堡也呈现孤立的状态，隔绝于自然环境。城堡里没有花园，只以动物标本作为装饰。教堂和修道院的庭院中的园子是内向型的，除了草坪，其他植物很少，

只有一眼清泉，一片肃穆，便于修士们进行清心寡欲的修行。这些园子也与世俗生活相隔绝，没有游赏的功能。

到了文艺复兴时期，随着城市生活的活跃，花园的艺术氛围才得到加强，并出现了几何造型的园林，有专门的造园师进行设计。西方园林继续在休憩花园方面发展，花园作为建筑的附属物，被按照建筑的附属进行设计和布置。文艺复兴以后的造园理论认为园林是建筑和自然环境之间的过渡，因此要体现这种中间性质，兼有人工和自然两者的特性，因此需要以自然因素（比如植物）为基础，进行修剪来体现人工痕迹。因此植物被安排成几何形布局，形状也要剪裁成大自然中所没有的几何形。这其实还是深深地受到古希腊哲学和美学的影响。也有人认为这种审美倾向是由整齐耕种的农田转化而来的。无论如何，西方缺少一个用心体会大自然山川美学的阶段，因此造园艺术缺乏自然美的特征是不争的事实。

黑格尔就在自己的巨著《美学》中赞扬了这种几何化、规整化的园林格局，他认为园林本身没有独立的意义，只是一个爽朗愉快的环境，"建筑艺术和它的可诉诸知解力的线索，秩序安排，整齐一律的平衡对称，用建筑的方式来安排自然事物就可以发挥作用。树木是栽成有规律的行列，形成林荫大道，修剪得很整齐，围墙也是用修剪整齐的篱笆来造成的，这样就把大自然改造成为一座露天的广厦"。

这种几何形园林的集大成者是十七世纪法国的古典主义宫廷园林。法国的造园艺术主要受意大利文艺复兴花园的影响，几经发展演变，形成了特有的风格。十七世纪，中国出了一个造园家计成，写了一本著名的造园名著《园冶》，而十七世纪的法国也出了一个造园家勒瑙特。

勒瑙特出身于造园世家，从祖父辈就开始为宫廷设计花园。他从小学习园艺和美术，深受古典主义思想的熏陶。在画家勒布伦的推荐下，勒瑙特有

机会为上流社会大臣设计庭园。他的设计引起了国王路易十四的注意，就委派他去设计凡尔赛的花园。这个机遇使勒瑙特一举成名，成为了最有成就的法国造园家。

图2-41 法国巴黎凡尔赛宫

凡尔赛园林从1662年开始到1688年建成，花了26年的时间。园林位于宫殿的西侧，规模和尺度都非常大，其中轴线延伸约3km，近处为花园，远处为林园，再远处的田野延展约8km，直达天际。在宫殿的大镜廊可以俯瞰花园并眺望远景。从中央的阿波罗之车喷泉向西开凿了一个臂长超过1km的十字形人工水池，尺度很大（图2-41）。中国古典园林讲究对大的园林进行分景处理，以便组织。凡尔赛园林也对景致有划分，不同的是这种划分的前提仍是保持一览无余而取得层次感。具体做法是近处景物尺度要小、布置要相对密集，远处尺度渐渐变大，布置相对疏松，加强透视的进深感。景物人工修饰的痕迹明显，构图采用几何题材，尽量采用对称的手法。这些与中国园林"虽由人作，宛自天开"的原则也

是不一样的。凡尔赛园林注重运用典故，整个园林都是围绕着罗马神话太阳神阿波罗的题材来建造的，借以比喻"太阳王"路易十四。

西方缺少像中国一样的文人士大夫阶层，因此没有出现向大自然发现审美情趣的艺术倾向，西方也没有中国一样的禅学宗教派别，因此西方基督教建筑中也没有出现意境园林。

（2）西方园林的基本特点

以法国为代表的西方园林与中国园林迥然不同。西方园林的造园艺术，深受数理主义美学思想的影响：完全排斥自然，力求体现出严谨的理性，一丝不苟地按照纯粹的几何结构和数学关系发展，追求园林布局的图案化。"大自然必须失去它们天然的形状和性格，强迫自然接受对称的法则"，成为西方造园艺术的基本信条。正如西蒙德所说："西方人对自然作战，东方人以自身适应自然，并以自然适应自身"。西方园林的基本风格是：

1）建筑统率园林

在典型的西方园林里，总是有一座体积庞大的建筑物（或城堡兼宫殿，或城堡兼宅邸），矗立于园林中十分突出的中轴线的起点上。整座园林以此建筑物为基准，构成整座园林的主轴。园林的主轴线，只不过是城堡建筑轴线的延伸。园林整体布局服从建筑的构图原则，在园林的主轴线上，伸出几条副轴，布置宽阔的林荫道、花坛、河渠、水池、喷泉、雕塑等。

2）整体布局体现严格的几何图案

在园林内辟建笔直的通路，在纵横道路交叉上形成小广场，呈点状分布水池、喷泉、雕塑或其他类型的建筑小品，水面被限制在整整齐齐的石砌池子里，其池子被砌成圆形、方形、长方形或椭圆形，池中布设人物雕塑和喷泉。园林树木严格整形修剪成锥体、球体、圆柱体，草坪、花圃则勾画成菱形、矩形、圆形等图案，一丝不苟地按几何图形修剪、栽植，绝不允许自然生长形状，被誉之为刺绣花圃、绿色雕刻。

3）布局大面积草坪

园林中布局大面积草坪被视为室内地毯的延伸，故有室外地毯的美誉。

4）追求整体对称性和一览无余

园林布局无层次，只有把游览视点提高，才能领略造园艺术的整体美。欧洲美学思想的奠基人亚里士多德认为，美要靠体积与安排，他在《西方美学家论美和美感》一书中说："一个非常小的东西不能美，因为我们的观察处于不可感知的时间内，以致模糊不清；一个非常大的东西不能美，例如一个千里长的活东西，也不能美，因为不能一览而尽，看不到它的整一性。"他的这种美学时空观念，在西方造园中得到了充分的体现。西方园林中的建筑、水池、草坪、花坛，无一不讲究整体性，无一不讲究一览而尽，并以几何形的组合达到数的和谐。西方这种造园意趣，被德国大哲学家黑格尔正确地概括为"露天的广厦"："它们照例接近高大的宫殿，树木是栽成有规律的行列，形成林荫大道，修剪得很整齐，围墙也是修剪整齐的篱笆来造成的，这样，就把大自然改造成为一座露天的广厦。"尤其是法国园林，是"最彻底地运用建筑原则于园林艺术"的典型。

5）追求形似与写实

被恩格斯称赞为欧洲文艺复兴时期的艺术巨人之一的达芬奇，认为艺术的真谛和全部价值就在于将自然真实地表演出来，事物的美"完全建立在各部之间神圣的比例关系上"。因此，西方人的审美情趣追求形似与写实，截然不同于中国人的审美情趣。

综上所言，西方园林艺术提出"完整、和谐、鲜明"三要素，体现出严谨的理性，完全排斥了自然。这些构园特点，主要体现在法国古典主义造园艺术上。

2.2.3 中西园林艺术特点比较

（1）中西园林艺术风格不同的哲学渊源

西方园林艺术风格之所以与中国园林艺术风格迥别，归根结底是由于两大地区人们所信奉的哲学观念不同，从而直接影响着对园林艺术的不同审美要求。如西方人信奉"天人对立，改造自然"的哲学观，在线条中崇奉直线，认为直线代表着人的意志，能以一种最小的代价和最直接的方式获取最大的效益，因而视直线和几何形为美，西方园林好似一篇天人分立、征服自然的宣言书；中国人信奉"天人合一，顺应自然"的哲学观，在线条中崇奉曲线，认为自然界是没有直线的，只有曲线才能反映自然界的不规则性，因而视曲线为美，视直线为丑。中国园林好似一首天人合一，顺应自然的颂赞诗。

此外，中西方园林艺术风格的迥然不同，还与当时中西方的社会政治实情不同有着密切的关系。法国路易十四派到中国来的第一批耶稣会传教士之一的李明（Louis Le Comte，1665 ~ 1728 年），通过实地考察和对比后发现：中国的城市布局是方正整齐的，而园林布局是曲曲折折的；而法国则相反，其城市布局是曲曲折折的，其园林布局是方正整齐的。李明虽然敏锐地发现了中法两国城市布局对立的事实，但并没有解释形成这一现象的原因。其实，这正是两国社会政治实情不同所致。中国当时实行的是中央集权的封建君主专制制度，为了反映无所不在的君权统治，所以其城市布局总是方正整齐的，它是封建专制制度下的一种产物；而"性爱山泉，颇乐闲旷"的中国士大夫，为了逃避窒息一切生机的封建专制罗网，追求君权不及的自然隐逸生活，于是园林作为代表这种生活理想的象征，总是布局得曲曲折折的，是当时国家封建分裂割据的产物；而方正整齐布局的园林，则形成于封建社会晚期。当时新兴的资产阶级和国王一起，力图摆脱几百年的封建分裂和混乱，企求建立统一的、集中的、秩序严谨的君主专制政体，为表达他们的这种强烈愿望，反映在园林的构建上，便被布局得方方正正。

（2）中西方园林艺术风格差异

中国园林艺术风格与西方园林艺术风格迥异比较见表2-1。

表2-1 中西方园林艺术特点的比较

类别	西方园林艺术风格	中国园林艺术风格
布局	几何形规则式布局	生态形自由式布局
建筑	建筑统率园林	园林统率建筑
道路	轴线笔直式林荫大道	迂回曲折，曲径通幽
树木	整形对植、列植	自然形孤植、散植
花卉	图案花坛，重色彩	盆栽花坛，重姿态
水景	动态水景：喷泉瀑布	静态水景：溪池滴泉
空间	大草坪铺展	假山起伏
雕塑	石雕具象（人物、动物）	大型整体太湖巨石
取景	对景：视线限定	借景：移步换景
景态	旷景：开敞袒露	奥景：幽闭深藏
风格	骑士的浪漫蒂克	文人的诗情画意

2.3 中西方建筑的建造技巧差异

人类最初的建筑受技术和材料所限，大多就地取材、较为简单粗糙，中西方建筑差别不大。早期建筑主要依赖于便于加工的木材、泥材和现成的石材（石板或石块）。随着建造技术的进步，当人类有能力建造大型建筑的时候，由于宇宙秩序、环境意识方面认识不同，最终导致了中西方建筑形态出现巨大的不同。中国主流的建筑以木材为主要的结构体系，高等级建筑与一般的房屋具有高度的一致性，而西方建筑以砖石为主要的结构体系，标志性建筑与一般的房屋区别明显。

2.3.1 中国建筑"以木为本"

中国"阴阳调和"的宇宙观念认为，木材是具有生气的材料，适宜用做房屋的主要结构材料。在五行中，木象征生命，承天之雨露，向阳而生，受地之养育，入阴而长，是天地阴阳的枢纽，因此也是最理想的建筑材料。这种认识历代沿袭，遂使木结构体系建筑延续数千年，成为世界建筑史中的一个独特的体系。

（1）木结构

中国传统建筑的主要发展方向是木构结构（图2-42），这一点与欧洲很早就转向砖石建筑的探索方向很不相同。木材相对于石材而言有一些弱点，比如坚固性和耐久性较差、尺寸受树木本身的限制等。但中国的能工巧匠们充分发挥了木材柔性好的优势，以柔克刚，建立了与木材相适应的建筑结构体系。不但建造了大规模的建筑单体，而且其中还有一些"长寿"的建筑保留至今。数千年来，中国人学会了在木结构当中发现美，并有意识地欣赏和提炼，使之长存。

单体建筑是中国传统建筑艺术形式的基本单元，具有较为独立的审美地位。从外观形式上，可分为屋顶、屋身和台基三部分，最惹人注目的当然是独特而硕大的屋顶。除了三段式的大轮廓而外，单体建筑上还有更多中间层次和细部，比如屋身实际上是由柱梁、墙体、门窗等几部分组成的，柱头上部还有一组组斗拱，屋檐之下则跳动排列着一支支飞椽。屋顶上的细部同样丰富多彩，屋脊线脚丰富，瓦垄节奏明快，而瓦当勾头、仙人走兽更是充分使用动植物题材，活灵活现，生动可爱。仅仅一座单体建筑，以其优美的造型和丰富的细节，同样带给人们无尽的艺术享受。

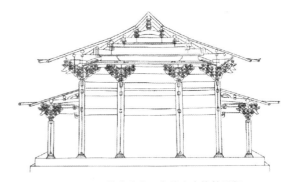

图2-42 《营造法式》中的大木构件图版

木结构的成就主要表现在柱梁、榫卯、斗拱三方面。

柱梁也称梁架，是中国传统建筑最主要的结构骨架。柱、梁、枋、檩构成单体建筑的主要骨架。中国古代的匠师们很好地利用了这些结构构件之间的相互关系，对其形式逻辑中所蕴藏的美感予以充分地展露和表现。柱是单体建筑的最重要的承重构件，它的截面形式非常多样，有圆形、方形、六角形、八角形、梅花形、凹楞形等。柱身常有收分、卷杀等特殊做法，以避免形式的呆板。梁安放于柱头的上端，用于承托上部的荷载，并向下传递到柱子。考究的梁被作成月梁形式，梁身被制成中间微微隆起的形状，有如一轮新月。梁身侧面也处理成弧形的"琴面"，处理的动作不大，但艺术效果非常明显。梁的截面在建筑正面是看得到的，古代的能工巧匠们在梁头部位或处理成多样的形式（如卷云、麻叶头等），或用专门的彩画装饰之，梁头彩画是独具特色的中国古建筑"彩画作"的重要组成部分。枋是在柱子之间起联系和稳定作用的水平向的穿插构件，檩是架在梁头位置的沿建筑面阔方向的水平构件，它的作用是直接固定椽子。在檩与枋之间通常都使用垫板，使檩、垫、枋成为一种固定的构件组合方式。柱梁体系突出优点是结构所占的面积很小，建筑内部空间开敞贯通，便于各种不同用途的室内布局。这种结构方式中，墙不参与承重，只起围护作用，因而可以非常灵活的设置。民间把这种特点形象地称为"墙倒而屋不塌"。在坚固性方面，这种结构采用了榫卯柔性连接，具有极大的韧性，有利于抗震。除了结构作用外，梁架也是建筑艺术处理的重点部位，凡是外露的部位都有其独特而细致的艺术处理手段（图2-43）。

图2-43 中国古建筑木结构

榫卯泛指中国传统建筑木构件之间的联结形式。榫，即是构件的凸起部分；卯，即是构件的凹进部位。在距今六、七千年前河姆渡遗址中，就发现了大量带有榫卯的木构件。榫卯技术甚至影响到了中国的砖石结构建筑，比如在汉代许多墓室中采用的企口砖，实际上是用加工木构件的方法来对待砖材了。

斗拱是中国传统建筑中最奇特和最引人注目的结构。它应用于柱头与屋顶之间，由一系列不同形状的木块交叉层叠而构成的，其中包括斗、升、拱、翘、昂等。斗和升的外观差不多，都呈方形。其上半部分沿水平向开有"十字形"或"一字形"的槽，而下半部分则逐渐收缩，呈"斗"状。依在斗拱中部位的不同，分为坐斗、十八斗、三才升、槽升子等。坐斗正面的槽口宽度在清代被称作"斗口"，是整个建筑尺寸的衡量标准。拱的外观呈长条状，横置于斗或升的槽内。其作用是承托升、翘或正心枋等构件。翘与拱的形状相似，也呈长条状。它是沿建筑进深方向向内或向外出挑的构件。昂的形式很特别，为斜置的长条形，露出的端部（称为昂嘴）呈刀锋状，非常显眼。它像杠杆一样使斗拱内外两侧的构件重量取得平衡。元代以后在斗拱中逐渐不再使用昂，但往往将一些构件的出头部位做成昂嘴形式，取其装饰的作用。斗拱在结构上起到支撑屋顶并将屋檐向外悬挑的作用。它的美体现在自身的轻盈细小与屋顶的坚实厚重形成了鲜明的对比，构成"四两拨千斤"的巧妙形态，使人叹为观止。现在已知最早的斗拱形象是在周代的铜器上。当时它的形式较为简陋，仅在柱头上端设置横木一类的简单构件，但其基本特征已初步形成。汉代墓阙、画像砖、明器及壁画中可见到大量此类斗拱的形象。至唐代，斗拱的形制基本固定，特别是柱头上的斗拱形制已相当完善，只是在补间铺作（即柱子之间额枋上的斗拱）还保留着两汉及南北朝以来的人字拱等较古老的作法。宋代是斗拱发展的成熟期，柱头、转角及补间的斗拱在形制上得到了统一，结构作用明显，力学逻辑也很清晰，并成为了官式建筑衡量建筑用材的尺度标准。在与宋同期的辽、金少数民族政权统治地区，建筑较多地学习了中原地区的做法，在斗拱中亦较多地保留了唐、宋的特点。元、明、清时期的斗拱则明显地向小巧甚至繁琐发展，这一方面表明了建筑技术的成熟造成斗拱结构作用的下降，另一方面也反映出斗拱在意识形态领域中地位的上升，斗拱愈发显现出文化方面的作用。斗拱的独特形象被统治阶级所控制和利用，规定皇家建筑可以使用最高等级的斗拱，而普通人家的住屋则严禁使用斗拱。斗拱这一独特的艺术形象自从被纳入到封建礼制轨道，就逐渐地丧失了自身的生命力。

中国传统文化总的价值取向是讲究人要顺从自然、依附自然的，反映在建筑上也不例外。中国传统建筑在布局上，显露出与自然相亲合的思想。除了军事建筑和佛塔以外，极少有直指苍天的高大建筑物。现在我们能见到的最为雄伟的宫殿建筑—北京故宫太和殿，连同三层基座在内总高也不过 30 几米，与欧洲教堂建筑动辄上百米相比是矮得多了。但中国古代建筑并不失其威严，甚至比欧洲建筑更显壮丽，其原因就是中国传统建筑有自己独特的组群方式。中国古建筑无论是皇宫，还是民宅，在平面布局上都可归结为"间"。"间"，就是四根柱子所围出的一块空间，单体建筑都是由若干这样的"间"组合而成的。几栋单体建筑可以组成"院"，若干"院"又可以组成完整的建筑群。无论是高贵的紫禁城，还是普通的四合院，实际上都是由"间—栋—院—群"等基本元素逐级组合而构成的。建筑群的组合原则是多样的。按照严格的等级制度强调中轴对称，可以得到宫殿、坛庙、陵墓和四合院；而按照不拘一格的原则却可以得到"步移景异""宛若天成"的文人私园；当然，还有融两者于一体的皇家园林、寺观园林。总之，中国传统建筑把简单的元素和丰富的原则巧妙地揉合在一起，构成了极为独特的建筑体系。这一体系的主

要精髓就在于单体建筑因群体而存在，群体因单体的参与而显出力量，这种不可分割的整体感给人以高度的美的享受（图2-44、图2-45）。

图 2-44 山西五台县南禅寺正殿（唐）起翘很大的飞檐翼角

图 2-45 上海龙华寺塔

中国传统建筑在神蕴方面与书法艺术最为接近，与其他的艺术门类也有相通的地方。所以，在特定的建筑环境中，往往需要容纳其他的艺术手段来烘托环境气氛的整体美。建筑艺术的结构美恰似书法之笔画。书法中的笔画强调"笔触"，笔画之间互相穿插

搭配、自由奔放，绝不藏头收脚、缩作一团。而建筑艺术则讲究结构构件的直率自然，无论柱梁枋檩、斗拱飞椽，该出头则出头，绝无半点遮掩。木结构与墙的关系也是相互搭交，你中有我、我中有你，关系极其自然生动。建筑艺术的整体美恰似书法结构。书法讲究"间架"，强调笔画互为依托，"凡作一字，上下有承接，左右有呼应，打叠一片，方为尽善尽美"（清·朱和羹：《临池心解》），"作字者必有主笔，为馀笔所拱向。主笔有差，则馀笔皆败，故善书者必争此一笔"（清·刘熙载：《艺概》）。而建筑艺术则强调轴线，无论是整齐威严的皇家建筑、自由流畅的园林建筑，还是普通的居住建筑，都有一条看不见却感觉得出的轴线穿插在其中。没有了轴线，建筑群就会散了架。建筑艺术和书法艺术的内在气质就更为相通了。书法艺术的气韵生动，避直就曲，在建筑上处处可以得到反映。最明显的就是大屋顶，中国传统建筑的屋顶由屋脊曲线、屋面曲线和檐口曲线组成，屋顶体量虽大，但绝不显笨重呆滞，相反却往往给人以翼然凌空、飘然欲飞的轻盈感。除此而外，中国传统建筑还利用大量的细部做法，如收分、侧脚、卷杀、升起等来追求建筑生动的态势，就像书法艺术对字的每一笔画都精心考虑一样。

（2）台基、踏道（踏跺）、栏杆（勾阑）

台基是单体建筑的主要构成部分，是建筑基础露出地面的部分。踏道是从室外地面登上台基的坡道或台阶（称为"踏跺"）。栏杆是台基边缘和踏道两侧的护栏和扶手。

台基可分为普通台基和须弥座（图 2-46）。普通台基施用于一般性的建筑，比较低矮，踏道也很简朴。须弥座是一种线脚非常复杂的台基，其样式来自于印度的佛教建筑，在中国已知最早的实例出现在北朝石窟中（如云冈第六窟北魏石塔的基座）。须弥座多用于等级较高的建筑上。最高等级的皇家建筑往往使用多层的须弥座，如北京故宫的太和殿，就使用了

高达 8m 多的三层须弥座。与须弥座相配合使用的踏道也很高级。必须使用垂带踏跺，在皇家建筑中往往还在踏跺中间设辇道。须弥座上的栏杆也是高级样式的，用石材雕造，寻杖、栏板、望柱等构件一应俱全，线脚细致，雕刻复杂，在栏杆的结束处设抱鼓石。

图 2-46 须弥座台基

（3）屋顶

1）屋顶形式

中国传统建筑的屋顶形式十分丰富，分为庑殿、歇山、悬山、硬山、攒尖等。

庑殿顶从外观上看是由一条正脊、四条垂脊和四个屋面组成的，形式比较简单，但等级却最高贵。通常情况下，只有皇家建筑群中的主要建筑才能使用，比如北京故宫的太和殿。

歇山顶常被叫做"九脊殿"，它的上半部是一个两坡屋面，有正脊一条、垂脊四条；下半部分的屋面为四坡形式，有戗脊四条。歇山顶与庑殿顶相比，形式更生动、轮廓更优美，但在等级序列中只能排在次席，可能是在造型上它不及庑殿显得那么威严。歇山顶多用在皇家建筑群的次要建筑上，也用在大型宗教建筑群的主要建筑上。实例如北京故宫的保和殿。

攒尖顶没有正脊，屋顶上的多条垂脊的上端都集中收拢在一处，称为"宝顶"。攒尖顶根据屋面数量的不同而有不多见、四角攒尖、六角攒尖、八角攒尖、圆攒尖等许多种。攒尖外观简洁、大方，构图集中统一。用于大体量建筑，则尽显庄重典雅，如北京

故宫中和殿、天坛祈年殿；用于小体量建筑则显得轻盈、活泼，如各种亭子。

悬山顶是一种两坡顶形式，它的特点是屋脊从两侧山墙向外悬挑一段距离，外观因而变得生动起来。悬山顶比较普遍地用于各类建筑上，等级较低。

硬山是最简单的两坡顶，屋顶在山墙处不悬挑，只做些线脚用以结束。与悬山一样，也有带正脊和"卷棚"等多种形式。广泛用于各种普通建筑上。

除了上述庑殿、歇山、攒尖、悬山、硬山等形式外，在中国广大的土地上，还有着许多其他形式的屋顶，如单坡、平顶、囤顶、拱顶、盝顶、穹隆顶等。加上许多变形处理，如盔顶、扇面顶等，屋顶形式就显得丰富无比了。

屋顶除了造型不同外，还有丰富的组合形式。相同或不同屋顶并置、穿插、重叠在一起，使建筑屋顶的轮廓线变得更为生动，如十字脊、抱厦、勾连搭、重檐等。

2）屋顶装饰

中国屋顶的很大一部分魅力来自于其独特的装饰体系。这种装饰体系的题材直接来自于中国传统的文化观念中的吉祥物，以动物题材为主，也有些植物花纹和文字等。

在正脊的两端的兽状装饰叫螭吻。在汉代的建筑上已见到螭吻的雏形，其形象为鱼状或龙状，早期多突出尾部，而明、清时逐渐以突出头部为主流。螭吻好望喜吞，用于木构建筑的顶上，有避雷、防火等含义。在垂脊、戗脊的端部也都有兽状装饰，分别叫垂兽和戗兽，它们要稍小于螭吻，也不像螭吻那样张开大嘴咬住屋脊，而是扬着头，嘴部微张，露出獠牙，爪向身后方伸出，毛发也呈后飘之势，显出跃跃欲向前扑状，这种姿势与它们处在脊的前端部的位置正好相配。

在屋角处常有一排前后排列成纵队的人物和动物形象的装饰物，俗称仙人走兽（图2-47）。从前

图 2-47 吻兽

往后依次为仙人、龙、凤、狮、天马、海马、狻猊、押鱼、獬豸、斗牛和行什。仙人走兽是从瓦钉盖帽演化而来的。为了固定屋面上的盖瓦，必须用瓦钉将盖瓦钉在泥灰当中。为了防止瓦钉锈蚀及雨水渗透，还需要在瓦钉之上再用陶制的钉帽扣住。钉帽这样的小构件，在中国传统建筑当中同样没有被忽略。工匠们将其精心构思而设计成富有活力和感情的小人小兽，表现出古代劳动人民天才的艺术热情和想象力的。

仙人走兽的数量也很讲究，在琉璃活中，一般除了前面的仙人外，后面的走兽必须用单数，而在黑活中，走兽为一狮数马，狮马总数为单数，隐喻着天、阳性等概念。另外，与屋顶形式一样，仙人走兽数量的采用必须符合封建等级规定。一般老百姓的住屋是绝对不许使用仙人走兽的。富贵人家、官府、宗教建筑等一般只用三兽或五兽，而皇家建筑可用七兽、九兽，在极特殊的建筑上也有使用十兽的例子，如北京故宫太和殿就用了从龙开始，至行什共十兽。

由于中国传统建筑以木结构为主体，而木材最易因雨水侵蚀而腐朽，因此在屋顶上使用了泥灰作为保护层，而在泥灰之上又不可避免地铺上瓦件用以保护。对于瓦件的设计和施工，充分反映出中国工匠们的审美水平。瓦大致分为仰瓦和盖瓦两种。仰瓦中间略向下弯曲，两边向上翘，直接按垄铺在泥灰层上，而盖瓦与仰瓦正相反，中间拱起，两边向下弯，用它扣在仰瓦的接缝处，起到防止渗水的保护作用。从外

观上看，一垄垄盖瓦和仰瓦会产生出波浪起伏的节奏感和韵律感，使静止的屋顶带有一种动势，变得生动起来。在建筑檐口的第一块瓦上也作了特殊的处理，盖瓦的头部被做成圆状，称为勾头，仰瓦的头部被做成钟乳尖状，称为滴水。勾头和滴水上都浮雕出吉祥纹样，交错排列在檐口，与下面的椽头、梁头及斗拱等形成良好的呼应。

屋顶的瓦件本是出于保护和排水的目的，但这种实用功能经过长期的实践而达到美的境界。就连顺当沟而下的雨水，似乎也沾染上了屋顶的灵气，伴着屋顶曲线欢快地加速向下，最终在檐口划出一道道美妙的弧线而飞向空中。在雨过初晴的时候，积留在屋顶的雨水仍会缓缓地流淌下来，在建筑的檐口顺着钟乳尖状的滴水头有节奏地滴将下来，叭嗒叭哒地敲击在地面，发出自然界美妙的乐音。五台山菩萨顶的文殊殿又称滴水大殿，就是因为屋面上有凹陷，可存积许多雨水，在晴朗的日子里，这些雨水仍会不断流淌下来，造成凭空滴水的感觉，成为一道奇观，也可看成是"无心插柳"的艺术之作吧。

3）屋顶色彩

屋顶的色彩主要取决于屋面瓦的色彩。瓦件一般分为普通的灰瓦和彩色的琉璃瓦，灰瓦呈灰黑色，广泛使用在各种地方性的建筑中，而琉璃瓦有黄、绿、蓝等多种颜色，用于皇家建筑和特殊的地方建筑上。

以北京城为例，故宫建筑全部为金黄色琉璃瓦屋顶，在北京城的核心，十分壮观；而它周围的大片四合院建筑则一律为灰瓦屋顶，形成了故宫的背景和陪衬，更加突出了故宫的高贵。

再以颐和园为例，颐和园是皇家园林（图2-48），所以在万寿山上的建筑都使用了琉璃瓦屋顶，但是除中轴线上的一组建筑为金黄色外，其他建筑都使用绿色琉璃瓦，这样就使得万寿山上的建筑形成了明显的主从关系，绿顶的建筑作为背景衬托出了黄顶建筑。

图2-48 颐和园万寿山

4）装修

中国传统建筑的装修十分考究，对于每一个可能的细节，都给以装饰处理。

a.门窗

门的做法非常讲究，主要反映在门的形式、比例和镂花上。用在单体建筑上的门一般都做得轻盈精巧，称为隔扇。隔扇的比例倾向于瘦高，上部通常为镂空部位，可作成步步锦、菱角花、冰裂纹等图案；下部常采用木板封实，称为裙板。裙板上常用吉祥纹样装饰。隔扇经常采用很多扇并列的形式，排列起来颇像中国画或书法的条幅，长长地一直垂挂到地，轻盈潇洒。特别是在南方的私园当中，经常利用门框去取景，更加强了隔扇如画的感觉（图2-49）。

支摘窗由上部的支窗和下部的摘窗两部分组成，支窗可以打开并用支杆撑起，而摘窗可摘下，达到通风换气的目的。窗的镂空花纹与隔扇门是相匹配的。

漏窗多用于园林建筑当中，它开在实墙面上，形状各异，一般有方形、圆形、椭圆形、菱形、五边形、八边形等几何形，还有桃形、石榴形、树叶形、蝙蝠形等动植物形状及茶壶、花瓶、扇面、旗帜等用具形状，总之题材非常丰富，不拘一格。

图 2-49 隔扇门

花罩是室内装修的重要组成部分。它的形式有点像隔扇门但没有门扇，起到了门的划分空间的作用，却又使空间在视觉上呈连续状态，划而不分，隔而不死。花罩分为落地罩、几腿罩、栏杆罩等多种。主要由横批和罩腿两部分组成，横批是紧贴天花而设的木隔断，上面一般都像窗洞一样作镂空处理，图案很丰富；罩腿起支撑横批的作用，形式也很多，直接落地的叫落地罩，呈雀替状不落地的叫几腿罩，做成栏杆状的叫栏杆罩等等，此外还有像月亮门一样的圆光罩和八角罩等。

b. 天花

室内屋顶（即天花）的装修也是建筑重点处理的部位，这主要包括吊顶和藻井两部分。

吊顶的目的是遮挡屋顶木构架的混乱状态，使室内空间整齐简洁。在唐代以前，建筑多不做吊顶，屋顶梁架充分暴露并采用月梁等精心雕琢的艺术形式。后来的建筑用料逐渐粗糙，对梁架结构的修饰逐渐被采用简便的吊顶装饰所替代。吊顶大致有两种做法，一种是细密的格栅，呈镂空状；另一种则以间距较大的木格为骨架，中间施以木板封死，在木架和木板上施以彩画或彩色贴纸以作装饰。这后一种天花吊顶的做法在宋代以后比较流行。

藻井是室内屋顶的高级装修作法，它只用于等级很高的建筑当中。藻井用在建筑室内中央，形状有方形、圆形、八边形等，它是由一系列短梁相互搭接并向上层层内收构成的，有的藻井中还使用了斗拱，可见其等级的高贵。藻井之下的室内空间往往被一种威严的气氛笼罩着，故而多布置宝座、佛像等重要的内容。实例可见北京故宫太和殿、北京天坛祈年殿等。

5）《营造法式》和《工程做法则例》——解开中国木建筑的"秘密"

中国古建筑由于以木材为结构材料，易损毁，因此唐代之前的建筑实例遗存不多，即便是盛世唐朝，至今也不过能见到有一、两座实实在在的建筑遗构。文献方面，虽出现过《鲁班经》《木经》等建造著作，可惜都遗失不存。而建筑设计在古代也是被从业者所垄断的，其要诀只通过师徒之间传承，不是一门公开的学问。唐代柳宗元就描述了当时的建筑师—"梓人"在施工现场指挥工匠的情景。在梓人的调度下，工匠们分工明确、井然有序的工作，梓人"量栋宇之任，视木之能举，挥其杖曰：斧！彼执斧者奔而右；顾而指曰：锯！彼执锯者趋而左"。对建筑的整体把握，完全依靠梓人的现场判断。"皆视其色，俟其言，莫敢自断者。其不胜任者，怒而退之，亦莫敢愠焉"。而梓人在建造完成后，有权在房屋正梁上落款（"既成，书于上栋"），其他工匠则没有这个权力（"凡执用之工不在列"）。柳宗元甚为惊奇，慨叹梓人在建造中地位的重要性（"余环视大骇，然后知其术之工大矣"）。很明显，梓人控制了建筑设计的某些关键环节。

要解开中国古建筑的秘密，的确并不容易。1919年，朱启钤在南京发现宋代官书《营造法式》的抄本，引起了极大的兴趣，遂成立营造学社拟对其进行研究（1930年正式命名为"中国营造学社"），并邀请了梁思成和刘敦桢分别主持法式和文献的研究。《营造法式》由于成书年代久远，在实践中早已失传，因此读起来有如天书，不知其所云。所幸的是，当时又发现了清代编修的官书《工程做法则例》，其文字内容可与身边大量存在的明清时期的建筑相对照。学者们便以该书为突破口，通过对建筑实例进行测绘、访问老工匠，再对照书中记述，逐渐搞清了清式建筑的秘密。在这个基础上，广泛普查尚存于世的唐、宋、辽、金古建筑，反复比对，终于一步步把《营造法式》这本谁也读不懂的天书，翻译了出来，一部浩瀚博大的建筑巨著终于得以呈现在世人面前。

《营造法式》颁行于宋徽宗崇宁二年（公元1103年），编修者是时任将作监丞（相当于建设部长）的李诫。李诫不是科举出身，而是一个实干家，曾多次主持完成国家重大工程。这部《营造法式》不是建筑设计的理论书籍，其本来目的是为防止当时各地在建筑工程中虚报冒估、偷工减料、侵吞国家财富所做的工料估算准则，李诫称之为"关防功料，最为要切，内外皆合通行"。由于李诫本人对于建造和施工非常熟悉，因而将这部著作编写的非常有条理，大到制度规则，小到建筑构件，均做了详细规定并辅以图样，这样不但使对建造定额的控制落实到了实处，避免了混乱和空泛，而且还把建筑设计的基本原则、尺寸权衡、构造做法和艺术方面的内容都做了清楚的交代，从而使它具有了设计理论著作的性质。

《营造法式》全书分为释名（名词解释）、各作制度（建筑的做法、权衡）、功限（用料和工时计算）、料例（实例列举）和图样五个部分，共34卷（图2-50），另外还有"看详"（总体规定）和目录各一卷。该书为我们揭示了中国古建筑建造的最基本的秘诀，就是以"材契"为建筑用材的基本单位来控制建筑的整体尺度，所有的建筑构件都和"材契"有关系。因此，控制了"材契"，也就把握住了问题的关键。所谓"材契"（图2-51），是一套建筑的尺度单位，材本身也是建筑构件的名称，可分为十五份，厚为十份。契的尺寸为材的五分之三，也就是六份。凡高为"一材一契"的构件，即二十一份，被称为"足材"。所以，所有建筑构件的尺度最终都是由"材、

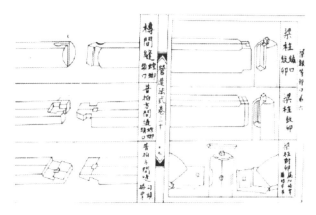

图 2-50 《营造法式》图版中榫卯图样

大木作制度圖樣一

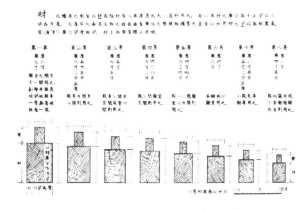

图 2-51 标志宋代建筑等级的"材"制度

契、份"来度量。材的大小共分为八个等级，施用于不同等级的建筑。"凡屋宇之高深，名物之长短，曲直举折之势，规矩绳墨之宜，皆以所用材之分，以为制度焉"。比如柱子的直径从"一材一契"到"三材"不等。由于建筑各个构件之间的比例关系是一致的，因此，"三材"的建筑的实际尺度大约是"一材一契"建筑的两倍多，不同等级建筑的体量差异也就通过最基本的尺度单位的不同而显现了出来。在细部构造方面也有详细的记述，如对于柱子的做法就有梭柱、角柱生起、侧脚等。梭柱是指柱子的上段三分之一不做成直线，而是以卷杀的方式逐渐内收，使柱子的轮廓呈现柔和的美感。升起指外檐柱不等高，自当心间向两侧逐渐抬高的做法，可以使建筑有两端微翘的轻盈感。侧脚是指建筑外围的柱子略向内倾斜的做法，使建筑有向重心汇聚的稳定感。这些细微的处理方

式，虽然只是小小的变化，但却可以校正人的视觉差，增加建筑造型的美感。这些做法都是古代的工匠们通过长期的实践总结出来的，与古希腊建筑的视差校正法有着异曲同工的效果，已带有美学方面的考虑。

在屋顶的处理方面，详细记述了形成抛物线状坡屋面的"举折"之法。中国古建筑的坡屋顶，屋面呈现出柔和的抛物线，这条曲线自屋脊向檐口逐渐趋缓。这样的曲线，需要在构造做法上予以保证，这就是"举折"。它的意思是屋架相邻檩子之间的落差不同，由屋脊至檐口落差逐渐减小，使屋顶在每个檩子处都有一定的"折"，不是平顺的圆弧，而是渐缓的抛物线状。从技术上讲，这种抛物线更有利于屋内采光及雨水排放。从美学上讲则有轻柔飞舞的飘逸感。

自宋代至清代，几经朝代更替和战乱动荡，建筑工匠秘而不宣的手艺也多失传，清代建筑的具体做法已经和宋代有很大的差别，许多构件的名称、术语（行话）和口诀也发生了变化。比如清式的梁，宋代称为栿；清代的檩，宋代称为槫；清代的额枋，宋代称为阑额；清代的屋顶形式庑殿、歇山、攒尖，在宋代分别叫做四阿、九脊殿和斗尖；清式的屋顶曲线用"举架"法、宋式称"举折"，凡此等等，称谓差别很大。好在历代中国古建筑都是遵守基本模数的，因此找到了基本的权衡单位并弄清这个基本单位与建筑各部分构件的关系，就成了问题的关键。

清式建筑的基本度量单位是"斗口"，也就是一个坐斗的正面开口宽度。这个斗口的宽度，恰恰是宋代"材"的尺寸。斗口分为十一个等级，对应于不同等级的建筑。斗口和檐柱的直径也有明确的对应关系，一般的檐柱直径为 6 斗口。柱径也很重要，是除斗口之外另一个衡量建筑等级和尺度的重要的尺度单位。

与《营造法式》相比，《工程做法则例》前 27 卷对不同类型建筑的详细记述是其最大的特点。《营造法式》只提供了设计和计算用的一般规则和比例，

对于工程经验较少的人来说，不容易做到举一反三。《工程做法则例》共有 71 卷，前 27 卷列举了 27 种不同类型建筑的建造规则，如大殿、城楼、住宅、仓库、凉亭等，对每种建筑的每个构件都有具体的尺寸规定。之后的 13 卷专门记述了各种斗拱的尺寸和安装方法。还有 7 卷是门、窗、隔扇、屏风等小木作做法和砖、瓦、石等做法的规定。最后 24 卷是用料和工时的计算方法。

通过两代建筑学者的努力，终于揭开了《营造法式》和《工程做法则例》这两部著作的神秘面纱，同时也为后人探求中国古建筑的奥秘打开了方便之门，因此梁思成先生把它们并称为中国古建筑的"两部文法课本"。

中国古建筑体现出的是一种非常朴素的感性的美，既符合自然科学的基本规律，又融入了社会秩序和审美表达。当然这个建筑体系也存在着一些明显的缺陷。比如由于缺乏准确的结构承载计算，因此用料方面多凭经验和感觉，从而导致构件偏大，造成木料的浪费；再比如地基偏浅，易因季节变化而出现沉降，影响建筑的稳定性；还有就是抬梁式的结构形式较为繁琐，使得整体结构始终不能很好地克服"头重脚轻"的问题。当然，任何建筑体系都不可能是十全十美的。中国古建筑永远是一个宝库，启迪着我们今天和未来的实践。

2.3.2 西方建筑"以石为本"

古埃及人建造金字塔采用的是堆砌和叠涩技术。最著名的建造探索是有着金字塔之王美誉的斯奈弗鲁法老，他是古埃及第四王朝的第一代国王，也是一个狂热的金字塔建设者，在他在位的 35 年间，先后建造了三座金字塔，开创古埃及的金字塔时代（图2-52）。每一位登基的法老，并不能确定自己可以长寿，因此陵寝必须尽快开工并完成。斯奈夫鲁最初想修建一座超过以往的最大的阶梯状金字塔，但当这座高达

(a)

(b)

(c)

图 2-52 斯奈夫鲁建造的三座金字塔

(a) 阶梯金字塔 (b) 弯曲金字塔 (c) 红色金字塔

八级的金字塔接近完工时，法老的身体依然很硬朗，于是工程就继续了下去。建设的意图是，在原有的金字塔外面再包裹一层更大的金字塔外壳，由于各台阶被逐步填充，这座金字塔已经呈现了方锥状的轮廓。

不幸的是，添加的石料缺少牢固的支撑，最终发生了可怕的坍塌，留下了一座三阶梯状的巨大废墟，这座台阶状金字塔只好被废弃。斯奈夫鲁没有停歇，马上决定另选地址为给自己建造一座四方锥状的金字塔，第二次建设的金字塔雄心勃勃，预计具有前所未有的超大体量，而且最重要的是在金字塔中心预先设计了墓室。这座金字塔在修建到一半的时候遇到了技术难题，当墓室完成之后，由于上部石材压力巨大，墓室发生了变形和摇摆。作为不得已的应对措施，只好减小墓室上部的体量，这就造成了金字塔的四个棱边不能按照预计的角度继续向上伸延，最终这座金字塔的外形呈现"弯折"的样子，显得有些不伦不类。斯奈夫鲁对此并不满意，于是最终决定再建一座更完美的金字塔。这是一项冒险的决定，工匠们必须和时间赛跑，因为年迈的法老已经来日无多。新的金字塔不允许再出现任何闪失，这一次斯奈夫鲁笑到了最后，非常欣慰地看到了自己的金字塔圆满地竣工并安息于此。这是一座底边长达到220m、高度为105m的庞然大物，表面的花岗岩发出幽幽的暗红色彩，被后人称作"红色金字塔"或"闪亮金字塔"，它开创了金字塔的新形制。红色金字塔解决了四个棱边压力集中的难题，还利用减压舱解决了内部墓室的抗压力问题，造型和墓室的协调方面做得很好。考古发现证明，古埃及人是凭借一次次艰苦的实验最终建造起伟大的金字塔的，他们从来没有借助于神力，更不是依靠外星人的帮助。

但金字塔毕竟耗费巨大，虽然坚固也难逃盗掘。中王国时期的法老王们开始利用在神庙中的巫术仪式来实现永生的愿望。这种采取石柱梁的神庙具有可观的巨大尺度，与金字塔相比还是节省了许多石材，并且取得了可以利用的内部空间。古埃及的建筑成就令地中海周边地区十分敬仰，古希腊神庙明显地参照了古埃及神庙，但建筑尺度得到了更好的控制，体量比古埃及神庙小得多，因此没有特别的技术难题，只是由于石材的抗剪切破坏能力较差，因此建筑的跨度受到较大的限制。

希腊之后，罗马帝国凭借其强大的国力辽阔的疆土把地中海周边的建造技术整合在一起，在修建宏大体量建筑方面取得了很大进展。万神庙（图 2-53）是体现古罗马建筑技术和空间成就的重要实例。其主体为圆形，承重墙厚达 6m，顶部是古代世界跨度最大的穹顶，直径达到 42.3m，这个纪录一直保持了两千多年。内部空间十分杰出，由于全部光线均是从穹窿顶部直径 9m 的圆洞泻下，好像冥冥中那是一条天国的通道，气氛肃穆而神秘。穹隆的天花以混凝土纵横肋骨交叉形成逐渐收小的藻井，渐行渐远，指向天国。每个藻井内部刻画出五重凹格，不但减轻了结构本身的重量，而且使细节更加耐看。在光线的漫射下，增加了光影的变化，使天棚更具有韵律感。万神庙的穹顶上最初覆盖着一层镀金铜皮，曾经熠熠生辉，后来被教皇全部拆走。教会还撬走了其内部的许多铜板装饰，移作他用，象梵蒂冈圣彼得大教堂中三十多米高的铜亭就是用这里的铜板铸造的。尽管遭到过很多破坏，但万神庙至今依然完好地矗立着。文艺复兴时的许多艺术家和建筑师都曾经在这里采风，研究古罗马的建筑技术和艺术成就。伯鲁涅列斯基在设计佛罗伦萨圣玛丽亚主教堂的穹顶之前，就从万神庙获益良多。万神庙自建成之日起就是罗马城的一个主要标志，西欧流传着这样一句谚语："到罗马不去看万神庙，他来到时候是头蠢驴，走的时候还是一头蠢驴"。

拱券、筒拱、交叉拱等技术在罗马应用得更为广泛。大斗兽场、大浴场等都是凭借着这些技术建造起来的。古罗马建设了很多斗兽场，这种圆形或椭圆形的竞技场很象今天的体育场，它脱胎于希腊的半圆形剧场。希腊剧场受建筑技术的限制，是依照山势修建的，观众席沿着山坡层层升起，表演舞台建于山坡之下，视线和音质效果都不错。但在没有山坡的地方，则因技术条件的限制不能修建剧场。罗马人凭

图 2-53 罗马万神庙

图 2-54 罗马大斗兽场

借着先进的建筑技术，可以在城市里没有坡地的地方自由地修建剧场或其他类似的观演建筑，观众席不再受地势的限制，完全以拱券支撑。在罗马城内，至少有三座斗兽场，而落成于公元 82 年的大斗兽场（图 2-54），是其中规模最大的一座。这座斗兽场位于罗马城的中心，平面呈椭圆形，长轴约 188m 长，短轴为 156m。中央是表演区，外围是层层高起的看台。表演区的地面是木板制的，木板上铺撒着沙土，防止角斗士脚底打滑，同时也用来吸血。木板下面是以混凝土墙分隔而成的小间地下室，用于关押猛兽和角斗士，在表演的时候根据需要打开地面的盖板，把猛兽和角斗士放出表演区进行格斗。斗兽场的排水系统也十分完备，因此还可以通过输水道将水引入，在表演区形成湖泊，用来表演海战场面。周围的观众

席分为五个区，前排为贵宾荣誉席，依次往后为骑士区、富人区、普通观众区和妇女区。最顶部的柱廊里是站立的水手，他们像控制船帆一样负责操纵观众区上部可收放的篷盖。当篷盖打开时，整个斗兽场几乎都能被遮住，可以遮阴挡雨。大斗兽场的坐席约有 6 万个，周圈共有 80 条放射状廊道排列期间，外围是环形回廊，交通和疏散十分方便。同今天的观众一样，当时的人们也是凭票券对号入座。

从外观看，斗兽场共分为 80 个开间，每开间都采用四层高的券柱式构图，底层为多立克柱式，第二层为爱奥尼柱式，三层为科林斯柱式，四层为半壁柱，也是科林斯式。自下而上的柱式是从厚实简约向轻巧华丽过渡，在整体一致的情况下产生微妙变化。下面三层的券洞都是通敞的，底层为入口，二、三层的每个券洞中都安置一尊雕像，顶层的柱间是实墙面，并间隔开设小的方形窗洞，最顶部是精致的挑檐。整个建筑立面节奏明快，形象完整统一，雄伟壮观。

观众的秩序是井然的，但表演区中的厮杀却是残酷的。除了皇帝特许之外，大多数格斗都要决出生死，必以一方被杀死作为结束。当角斗士受到重创倒地时，还有专人上去用烙铁烧他检验其是否装死。荣誉席比表演区高出 5m，以防止角斗士对观众形成威胁。当大角斗场落成时，曾经举行了长达 100 天的连续斗兽表演，数千头猛兽倒在血泊中，角斗士也伤亡惨重。为了使格斗更加激烈，罗马人甚至专门开办了角斗学校，对参加厮杀的奴隶进行训练。著名的斯巴达克起义就是角斗场上的奴隶们奋起反抗的壮歌。

大斗兽场是罗马城的地标，在后来的岁月中也遭到了很大的破坏，并一度成为罗马城建设的石料来源地，被拆除了很大部分，直到 1749 年，才因为传说有基督徒在此殉道而得到教会的正式保护。现在的大斗兽场的形象是不完整的，一大半墙体已经坍塌，但我们仍然可以领略到它的昔日的壮观。正如狄更斯所言："这是人们可以想象的最具震撼力的、最庄严

图 2-55 古罗马大浴场遗迹

的、最隆重的、最恢宏的、最崇高的形象，又是最令人悲痛的形象。它能感动每一个看到它的人"。

古罗马的娱乐活动是一个完整的系统，当数万观众从杀戮观演中尽兴而归时，亢奋的状态还要在城市的其他娱乐场所持续很久才会消退。大浴场就是罗马人享乐的另一个重要场所（图 2-55）。洗澡是人类文明的重要体现，清洁和卫生是人类健康发展的重要保证。罗马人喜欢洗浴本是一种好的习惯，但是当洗浴变成享乐时，它的作用也常常是消极的。与斗兽场的规模相匹配，古罗马浴场的数量众多，仅在罗马城内就有大型浴场 10 多座，小型浴场以千计。浴场的主要功能是健身和洗浴，大型浴场往往包括演讲厅、音乐厅、交谊厅、棋牌室、图书馆、画廊、商店、餐馆乃至妓院，功能十分复杂。由于门票很便宜，人们可以从早到晚待在浴场里，有人为了谈生意，有人为了搞政治，还有更多的人是为了消磨时光，社会各色人等都喜欢在浴场里进行活动。古罗马历史学家塔西陀这样描述罗马人的生活："他们白天睡觉，夜晚办事情、寻欢作乐。懒怠是罗马人的爱好，别人要以勤奋劳作才能达到的一切，罗马人却以骄奢淫逸的欢乐来完成"。

在罗马帝国时期，富人和城市流民几乎天天都要洗浴，大型浴场都是皇帝亲自督造的，也以皇帝的名字命名，如著名的卡拉卡拉浴场和戴克利先浴场。

浴场布局是中轴对称的，中央是串联排列的浴池，分别是冷水浴池、大温水浴厅、小温水浴厅和热水浴厅。在轴线两侧设有运动场、按摩厅、抹油膏厅和蒸汽浴厅，各有门厅以供出入。锅炉房和服务人员的通道都设在地下室。另外还附带有蓄水库，水源是通过高架输水道从城外的山区引来的。戴克利先浴场可供3000人同时洗浴，是古罗马浴场中规模最大的一座。

浴场内部装修华丽，墙面用大理石贴砌，地面布满镶嵌画，壁龛中陈列着精致的雕像。浴场的空间和结构都十分壮观，象卡拉卡拉浴场中央热水浴大厅的穹顶直径达到35m，除了万神庙之外，很少有建筑能与之相比。而中央轴线上的十字拱结构迄今仍巍然屹立，使大浴场废墟呈现出与大斗兽场相类似的力量感和历史沧桑感。

奢华的浴场生活在罗马帝国中后期走到了尽头，当蛮族进攻罗马时，首先切断的就是进城的输水道，罗马帝国的气数就像这些享乐用水一样也枯竭了。大浴场废弃了，并且被入侵者野蛮地瓜分和掠夺，大理石被剥掉，柱子被拆卸，装饰和雕像被搬走，留下的只是混凝土浇筑的躯壳。英国历史学家吉本一针见血地指出，奢华的浴场生活正是罗马帝国衰亡的重要原因之一。

东罗马帝国在君士坦丁堡修建的圣索菲亚教堂也是砖石建筑成就的一个重要代表（图2-56）。这座建筑运用了拜占庭地区的传统技术——帆拱，实现了在大型建筑中用巨大的圆形穹窿覆盖方形平面的创造。帆拱是拜占庭地区传统建筑的结构方式之一，用以支撑方形平面上的穹窿。它的具体做法是，在方形平面四角的立柱顶端沿平面四边发券，再在券上以方形平面的对角线为直径砌筑穹窿，这个穹窿只砌到四个券顶为止，这样就形成了一个水平的圆形洞口。请注意，这是一个伟大的洞口！在这个洞口之上，就可以砌筑圆形的穹窿或者墙体，解决了在方形平面上覆盖圆形顶盖的问题。罗马帝国定都拜占庭之后所修

图 2-56 君士坦丁堡圣索菲亚教堂

建的圣索菲亚教堂就是充分利用了帆拱技术，使它成为不同于希腊式神庙和罗马万神庙的新型集中式纪念性建筑。圣索菲亚教堂，建于公元532～537年，是拜占廷最重要的宫廷教堂。平面为长方形巴西利卡，主轴方位为东南与西北向，东南端为半圆形空间，朝向圣城耶路撒冷的方向，用以安置圣坛，入口在西北端。中部以巨大的穹窿覆盖，穹窿被圆形鼓座承托，形象非常突出。鼓座与巴西利卡之间以帆拱作为过渡。为了平衡穹窿和鼓座的巨大侧推力，在主轴方向的两端分别以半圆穹顶予以推挤以达平衡，而在另外两个方向则砌筑了四段巨大的扶壁，顶住帆拱下的柱子。与万神庙相比，圣索菲亚教堂中央穹顶的形象更加突出，达到了统帅全局的作用，不足的是起平衡作用的那些扶壁、半圆穹顶等显得比较繁琐，教堂整体形象略显臃肿，不够纯粹。鼓座上周圈设置了40个窗洞，自然光线由此投射进到教堂内部，在眩光的作用下好像使穹顶悬浮在半空中一般，让人叹为观止。这种处理方式到了文艺复兴时期已经成为一种非常重要的设计手法。

西罗马帝国灭亡之后，西欧陷入了300年的混战，许多建筑技术从此失传。到了中世纪，高卢地区出现了尖券、飞扶壁等技术，使得哥特教堂独树一帜。而文艺复兴时期的建筑巨匠通过对古希腊、古罗马建筑的研究，将失传千年的技术又找了回来，并且进行了新的创造，出现了佛罗伦萨圣玛利亚主教堂这样伟

大的建筑。自文艺复兴之后，砖石建筑在技术上就没有再出现什么新的内容。

砖石建筑由于材料比较坚固，所以比木结构建筑更耐久和不朽，留存于世的遗迹很多。但砖石建筑耗费巨大、建造周期长，并不适用于普通房屋，西方大量的普通房屋也是木结构。

2.4 走向"天人和谐"的当代建筑

近代工业革命大潮袭来之时，环境遭到了极大的破坏。18世纪的英国为了加大羊毛纺织工业生产，用大量乡村和自然土地饲养羊群，导致生态环境急剧恶化。城市的发展则更加无序，由于人口爆炸性的集中，出现了大量脏乱的贫民窟，流行病肆虐，无法遏制。城市变得既不利于生活，也不利于生产。著名作家托马斯·莫尔在《乌托邦》里写道："绵羊本来是很驯服的，所欲无多，现在它们却变得很贪婪和凶狠，甚至要把人吃掉，它们要踏平我们的田野、住宅和城市"。这种情况也蔓延到其他新兴资本主义国家。19世纪中叶，以巴黎城市改造为标志，开始对城市环境进行整治，来缓和城市与环境的矛盾，其中一大重要举措就是引入绿化。但这并未从根本上改变由社会矛盾引发的环境问题。很多有识之士积极投身于城市规划领域，探求解决方案。欧文提出了"新协和村"构想、霍华德提出了"花园城市"方案，但这些设想落到实处的并不多。加上两次世界大战对整个世界的毁灭性破坏，真正开始系统地解决城市规划和环境整治问题一直拖到了二十世纪五十年代。

在建筑方面，工业革命以来出现的新材料和新技术为建筑的发展提供了新的平台。钢铁材料自18世纪中期就已经应用于桥梁等大型工程中，为建筑师提供了很大的启发。1850年，在伦敦建成了完全使用生铁框架结构和玻璃外墙大型展览馆——"水晶宫"。虽然这只是为举办第一届世界博览会而建造的

临时性建筑，但仍然引起了巨大的轰动，赞誉声不断。在1889年的巴黎世界博览会上，钢铁结构的艾菲尔铁塔（高度328m）和机械馆（跨度115m）又双双打破了世界建筑高度和跨度的纪录（图2-57~图2-61）。

图2-57 1880年的欧洲铁桥

图2-58 伦敦水晶宫　　　　图2-59 芝加哥蒙娜诺克大楼

图2-60 巴黎世界博览会机械馆

钢铁和钢筋混凝土使建筑摆脱了拱券和穹隆的约束，实现了历史性的飞跃。新型高层商业建筑大量出现，成为了时代的新标志，同时也宣告了金钱资本的力量超越了君权和神权，成为建筑背后一只看不见的手。19世纪后期，随着铁和钢产量的剧增，使钢铁框架结构建筑得到了迅猛的发展。芝加哥、纽约等城市的商业摩天楼像雨后春笋般层出不穷。1908年，纽约陆续建造了44层、50层和57层的大楼，把建筑高度定格在234m，连续创造了世界最高建筑的纪

图 2-61 巴黎埃菲尔铁塔

录。1931 年，纽约建造了具有划时代意义的世界第一高楼——帝国州大厦（简称帝国大厦），楼层达到了 102 层，高度达到了 380m。20 世纪 70 年代，加拿大多伦多国家电视塔（1974 年）达到了 548m，成为世界最高的构筑物。而世界第一高楼的争夺也进入了白热化，纽约世界贸易中心双塔和芝加哥西尔斯大厦相继开工建造，两者的层数都是 110 层，世界贸易中心双塔于 1973 年竣工，高度为 411m，而西尔斯大厦在 1974 年竣工，高度为 443m，它们都超越了帝国大厦保持了 40 年的世界最高楼的纪录，而西尔斯大厦也从纽约手里为芝加哥夺回了阔别 70 年的"世界第一高楼"的桂冠。

高层建筑得到投资业主青睐的一个重要原因是它形象突出，引人注目。在那个时代建一栋高层建筑可以在很长时间内吸引人们的眼球，使业主获得免费的广告宣传。如果可能，业主都希望自己的大楼成为世界最高，哪怕这个纪录只能维持不长的时间。纽

约的沃尔华斯大厦揭幕时，美国总统亲临剪彩仪式，路人无不仰望赞叹，称其为当代的"商业大教堂"。老板十分满意的评价说，这座大楼就是"不花一分钱的广告牌"。这个靠零售小商品起家的公司一跃成为美国数一数二的大公司。作为城市而言，也乐于看到摩天楼的出现，因为在工业时代摩天楼体现了城市的活力和实力。芝加哥和纽约的摩天楼竞赛在实际上也是两座城市的较量。就像中世纪西欧城市修建大教堂一样，摩天楼为城市甚至是国家增光。以帝国大厦为例，它不但提升了纽约市的形象，也提高了整个美国的形象，成为美国屹立于世界的纪念碑。从这个意义上说，帝国大厦赢得的不仅是与芝加哥之间的竞争，更赢得了美国和世界的竞争。20 世纪的美国，崛起于世界强国之林，成为了世界向往的地方。自由女神像、曼哈顿、帝国大厦，是自由、开拓和希望的象征，这就是摩天楼的精神力量。

第二次世界大战之后，摩天楼再次得到了高速发展。在新的技术条件和现代主义的创作方针下，新一代摩天楼更高、更雄伟、更有气势。这时候摩天楼已经遍布世界各地，不但商业建筑采用摩天楼，住宅建筑也大量高层化。著名建筑师密斯设计的纽约湖滨公寓成为高层住宅的代表，得到了广泛的赞誉，甚至有人惊叹"这难道不是密斯的天才发明了闪电！"

但是高层建筑所存在的问题也日益暴露出来，它使人流和物流大量集中，给城市交通带来巨大压力，严重的日照遮挡和楼间阵风使城市小环境恶化，玻璃和金属外墙产生强烈的光污染；造价高，施工难度大，能耗巨大，管理和维护费用高；内部空间单调，给人带来压抑感和焦躁感；在应对火灾、地震、狂风等灾害和安全疏散方面也存在着诸多隐患。此外，由于摩天楼目标明显，防卫困难，会出现突发的意外事故。1945 年纽约帝国大厦就曾遭到一架迷途的 B-52 重型轰炸机的碰撞，所幸结构无恙；2001 年，纽约世界贸易中心双塔被恐怖分子所劫持的两架波音 767

大型客机分别撞击后，双双因火灾而倒塌，震惊了全世界；2006 年，美国的反恐部门摧毁了一个图谋袭击芝加哥西尔斯大厦的七人武装团伙。摩天楼的安全防卫的确是一道难题。

　　因此，欧美国家自 80 年代之后的摩天楼建设就已经开始降温。相反倒是亚洲经济快速发展的新兴城市对摩天楼日益表现出痴迷。从东亚、东南亚一直到西亚，竞相修建摩天楼。香港、台北、汉城、吉隆坡、上海、北京，成为摩天楼建设比较密集的城市。目前已落成的世界最高的摩天楼前 10 名中，亚洲占了 7 座。而被石油财富胀满荷包的阿拉伯石油大亨正在有着"人工天堂"之称的迪拜市 — 阿拉伯联合酋长国的第一大城市建造了一座 169 层、高达 828m 的"迪拜大厦"，这座大厦包括一家豪华旅馆和 700 套高级私人公寓，目前已完工并投入使用。有舆论渲染说迪拜大厦为海湾地区夺回失去了 120 多年的世界最高建筑的荣誉（1889 年埃菲尔铁塔超过埃及吉萨地区的胡夫大金字塔成为世界最高建筑）。在一轮又一轮的世界之巅的竞赛中，城市新形象让人兴奋，但亚洲城市是否能避免欧美摩天楼所存在的各种缺陷，堆积资本纪念碑对于未来城市的发展是否还有意义，这些都值得深思（图 2-62 ～ 图 2-65）。

图 2-63 台北 101 大厦

图 2-64 纽约世界贸易中心

图 2-62 纽约帝国大厦

图 2-65 迪拜大厦

建筑除了在高度方面取得很大发展，在跨度方面也有很多新成就。20世纪50年代以来出现的网架、壳体、悬索、张拉膜、充气等结构方式为建筑取得大空间提供了巨大的帮助（图2-66～图2-73）。

图 2-66 台北士林官邸演出舞台

图 2-67 蒙特利尔世界博览会联邦德国馆

图 2-68 柏林音乐厅

图 2-69 北京中日友好中心

图 2-70 巴黎国家工业技术展览馆

图 2-71 罗马小体育馆

图 2-72 2000 年艾登绿色建筑计划

图 2-73 蒙特利尔世界博览会美国馆

图 2-74 上海金茂大厦

图 2-75 上海金茂大厦屋顶

征"。正因为大屋顶的美学和精神价值得到了中国人的广泛认同，因此直到近代中国建筑技术体系转型之后，在重要的国家建筑或公共建筑上，大屋顶的形象还作为文化符号存在着。推崇和使用大屋顶的原因是复杂的，有的用它来振奋国人，有的拿它来拯救文化，有的用它来麻痹人民，有的用它来企求复辟，不一而足。除了大屋顶之外，也有用相对简化和折中的手法来表现"民族形式"的尝试，如民族传统装饰派（图2-74、图 2-75）。

这样一个具有高度适应性的建筑体系，在体系内已经十分完美。但历史证明，这个体系最大的问题来自于技术层面：一是坚固耐久性问题，二是建筑材料的资源问题。杜牧曾用"蜀山兀，阿房出"来形容秦代宫殿的建造场景，那弥山跨谷、周回四百余里的庞大宫殿建筑群，可想要消耗了多少木材！木建筑往往不能保存很长久，不是毁于战火和人为破坏，就是毁于雷击天灾。北魏洛阳永宁寺，史书记载"去地一千尺，去京师百里已遥见之"，据推测大约有300m 高，是中国现存最高的木楼阁塔——山西应县佛宫寺释迦塔（图 2-76），高度（67m）的四倍半。这样宏伟的建筑存世不过短短 18 年便毁于雷火。据《洛阳伽蓝记》记载，永宁寺塔的大火足足烧了三个

我们再回头看一下中国建筑的情况。以硕大屋顶为特征的中国古建筑，《诗经》赞美为"如鸟斯革，如翚斯飞"，曲线飞扬、举重若轻、充满美感。近代建筑学家林徽因以非常简明的言语评价了中国古建筑的屋顶："屋顶全部的曲线及轮廓，上部巍然高耸，檐部如翼轻展，使本来极无趣、极笨拙的实际部分，成为整座建筑物美丽的冠冕，是别系建筑所没有的特

图 2-76 中国古代木阁楼高塔——山西应县佛宫寺释迦塔

月才熄灭（"火经三月不灭"），僧人们没有办法扑灭大火，只能"赴火而死"；百姓束手无策，"悲哀之声震动京邑"，场面十分惨烈！而火灾现场直到一年之后还在冒青烟（"有火入地寻柱周年犹有烟气"），虽然写得有些夸张，但也可推测该塔规模十分巨大。像永宁寺塔这样的悲剧后来也一直没有间断过，连清代紫禁城太和殿也至少被大火烧毁过两次。中国封建社会后期，大规模的宫殿建设无不采用"搬家法"，金灭北宋时，就把汴梁（今开封）的大量建筑拆运到中都（今北京）建设宫殿。清入关后，干脆全盘继承了明代紫禁城。明代宫殿尚有整棵的楠木作为立柱，到清代重建时已经找不到这样大的木材了，只能用小木料拼装的办法仿制整棵柱子。木结构建材的匮乏已经危及到了皇家建筑的建造！可见即便中国古建筑

是世界上"最长寿"的体系，也不得不面临着变革。

纵观上下七千年的建筑发展历程，不由得感慨万千！当建筑发展历程中一点一滴的进步汇集成滚滚的历史洪流时，我们由衷地敬佩那些知名或不知名的大师和工匠们，是他们为建筑文明留下了无数的闪光点。人们生生不息地进行建筑的目的是什么？其实就是为了"安其居、乐其业"，整个人类都在寻求与自己生活的地球和谐相处。世界各地条件不一、差别很大，建筑不可能完全一致，因此各地的人们应当本着着眼于"此时此地"，用因地制宜的态度，走属于自己的可持续发展之路。

我们必须认真思考这样一些问题：当代的建设是否真正做到了让人人能够安居乐业？是否为子孙后代留下了继续发展的空间和资源？面对人口、资源、环境方面的种种压力，当今在建筑方面是否采取了有效的对策？

在科幻作品里，人类或其他外星生命可以生活在一个由巨大覆盖结构保护的人工环境中，那里面空气新鲜、环境优美，人民安居乐业；一旦出现了来自敌人的攻击和破坏时，人民会奋起抵抗，保卫自己的环境。中国神话里很早就有女娲补天的故事。"天"其实就是人类地球环境的大外壳，天如果被戳了个洞，神话中的女娲可以出来补上。但如果我们的环境真的出现了缺口，有什么力量能将其补上呢？人类也许可以修建更大跨度的建筑，覆盖整个城市甚至整个国家，但是有什么建筑能把自然界全都覆盖进去吗？回答是否定的。人类不可能像科幻电影里那样生活在漂移的飞船中从这个星球迁移到另一个星球，人类的"桃花源"就在这地球上。

时代的发展，未来世界将愈发联结成一个紧密相关的整体，中国的当代建筑也将与世界连成一体。中西方都必须放弃已有的种种成见和心理负担，相互借鉴和融合，共铸未来世界的建筑。可以预见的是，这种未来世界的建筑也绝不会是整齐划一的，它必定

图 2-77 梁思成 1932 年设计的北京仁立公司立面是中国民族传统装饰派风格

由丰富多彩的不同形式所组成，并且会不断发出新的枝条（图 2-77）。

在当代中国高层建筑中，上海金茂大厦为我们提供了有益的启示。美国 SOM 建筑事务所赢得了上海金茂大厦的设计方案，关键就在于他们大胆地融入了中国古代宝塔的造型元素，不仅借用了宝塔的外观，还借鉴了中国传统佛教文化的理念，将金茂大厦外立面设计成 13 节，这种造型体现了佛塔的最高境界，是一座中西建筑艺术巧妙结合的杰作。

在技术层面，未来建筑将更注重高强度、高效率、高科技、低能耗、低污染。材料方面会注重诸如化学合成材料等新型建材。施工更高效，预制装配程度进一步提高。从具体的执行过程看，将更强调因地制宜。将利用信息技术，更加注意全社会的建筑教育，不是技术垄断，而是开放设计。建筑师更多地充当协调者的角色。社会必须协同进步，建筑不可能是唯一的角色，全社会将在共同的价值观中前进。比如，建筑要解决能耗问题，汽车同样要解决能耗问题，各种产品之间的关系应当是协同一致的。

在观念层面，建筑的未来必将关注以下三大主题：

"和而不同"：个性与共性同时存在，以共同利益为基础，通过"和谐共生"的理念建立新的秩序。

"天人合一"：保持可持续发展的方式，和自然和谐相处，有所索取，有所归还，克制无所节制的奢华享乐欲望。

"以人为本"：个体的存在价值得到充分尊重，在平等的观念下，为所有人提供针对性的服务。

当代世界的建筑已经殊途同归，人类未来的建筑必将五彩纷呈。

3 巧夺天工的聚落风貌

3.1 中华建筑文化的环境勘察

勘察环境首先要搞清"来龙去脉",顺应龙脉的走向。《考工记》云:"天下之势,两山之间必有川矣,大川之上必有途矣。"《禹贡》把中国山脉划分为四列九山,中华建筑文化把延绵的山脉称为龙脉。龙脉源于西北的昆仑山,向东南延伸出三条龙脉:

(1)北龙从阴山、贺兰山入山西,起太原,渡海而止。

(2)中龙由岷山入关中,至泰山入海。

(3)南龙由云南、贵州入湖南至福建、浙江入海。

《朱子语类》论北京大环境云:"冀都山脉从云发来,前则黄河环绕,泰山耸左为龙,华山耸右为虎,嵩为前案,淮南诸山为第二案,江南五岭为第三案,故古今建都之地莫过于冀,所谓无风以散之,有水以界之。"中华建筑文化要求理想环境的勘察,应从大环境观察小环境,大处着眼,小处着手。

3.1.1 中华建筑文化理想环境观的产生

我国独特的有机宇宙哲学观,不仅认为人是自然的组成部分,自然界与人是平等的,而且认为天地运动往往直接与人有关,人与自然是密不可分的有机整体。中国优秀传统文化重要组成部分的儒家和道家都力求把生命和宇宙融为一体。道家从静入,认为凡物皆有其自然本性,"顺其自然"就可以达到极乐世界;儒家从动入,强调自然界和人的生命融为一体。孔子称"生生之谓易",即强调生活就是宇宙,宇宙就是生活,只要领略了大自然的妙处,也就领略了生命的意义。

这种"天人合一""万物一体"的有机宇宙哲学观念,长期影响着中国人的意识形态和生活方式,造就了中华民族崇尚自然的风尚。由此而形成的阴阳中华建筑文化观念、原型与构成,也是中国人理想环境观的总结和发展。

中国人对生存环境的独特见解和要求,在山水诗和山水画的作品中,展现了许多对理想环境的描述。作为艺术,它们必然会在实际原型的基础上加以升华,使其变为一种理想的观念,从而对选择实际的理想生存环境产生影响。

《诗经·小雅》写到了王宫所处的环境:"秩秩斯干,幽幽南山",描述出靠近涧水,面对青山的理想环境,显示了先哲在选址时对水源和景观方面的注重。从河南安阳市商朝宫室遗迹位置可以看出早期聚落的选址模式和环境特征。"这里洹水自西北折而东南,又转而向东去。小屯村位于洹水南岸的河湾处,是商朝宫室的所在地。"展示了聚落靠山面水的格局,使河流环绕在聚落的前面(见图3-1)。

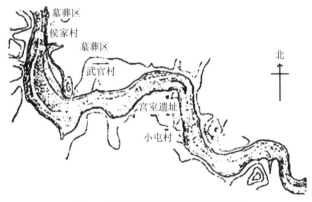

图3-1 河南安阳商宫室遗址的平面图

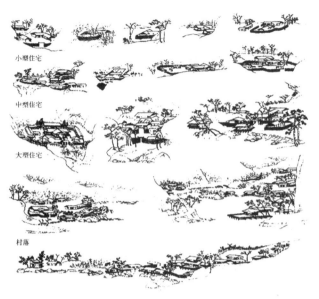

图3-2 宋代王希孟《千里江山画卷》中表现的聚落环境

中国人崇尚自然的有机宇宙观，使得中国人的审美观极具浪漫性。唐代诗人杜甫诗曰："卷帘唯白水，隐几亦青山。"表现了诗人网罗天地、饮吸山川的空间意识和胸怀。与自然相结合的思想创造了优美的文学传统，也塑造出"文人"生活方式，而这种"文人"生活方式逐渐成为中国人所追崇的典型生活方式，恬淡抒情产生了另一种生活意境。在聚居形态上，表现为宅舍与庭院的融合；在屋宇选址时，多喜欢与山水树木相接近，所谓"居山水间者为上，村居次之，郊居又次之"。

晋代陶渊明在《桃花源记》中描绘了一种理想的居住环境："林尽水源，便得一山，山有小口，仿佛若有光，便舍船从口入，初极狭，才通人，复行数十步，豁然开朗，土地平旷，屋舍俨然……。"这里描绘的聚居环境是由群山围合的要塞，一种出入口很小、利于防卫的形态。唐代孟浩然在《过故人庄》诗中，也展示了一派聚落环境景观："绿树村边合，青山郭外斜。"写出了自然环境对聚落的保护性及聚落的对景观。此外，历史上许多绘画作品也都表现出聚落周围的环境景观：面临水面，周围有山林树木围合（图3-2）。可以说，中华建筑文化山水理念与中国的山水诗、山水画作品中所描绘的环境景观是相关的，是从文化意境上对理想环境选择的一种理论总结和概括。

3.1.2 中华建筑文化理想环境的基本格局

（1）地理五诀

龙、穴、砂、水、向，其按自然环境景观要素即可归纳为龙、穴、砂、水四大类，其主要的活动内容即是"觅龙、察砂、观水、点穴"。

1）**龙**。要求穴位后部的山势应层叠深远，有源有脉，不是孤峰独立，要群峰如屏如帐，中高侧低成月牙状向穴位拱抱。

2）**砂**。指的是砂山，包括青龙、白虎和朝案山。要求来龙左右必须有起伏顿挫连绵的小型山冈，至少一重或两重，形成对穴位环抱辅弼之势，称为护砂、龙虎砂、蝉翼砂山。"龙无砂随即孤，穴无砂护则塞"，表明了砂在中华建筑文化格局中的重要作用。

砂山的作用实际上为顺导径流雨水，隔绝左右景象的干扰，实现内敛向心，使得穴位景观独立纯净。

3）**水**。"风水之法，保水为上。"有片水面则地区小气候必然佳妙。佳穴附近的水流要曲折流动，又不能急流陡泻。并要求"来宜曲水向我，去宜盘旋顾意"。

4）**明堂**。指穴区四至之地。

5）**近案、远朝**。后龙和案山、朝山使得前后构图相呼应，从而气势连贯，使得自然山川形势，表现出有目的情态。

（2）四神相应

1）东方—青龙（木）、水流（青）；

2）南方—朱雀（火）、充满阳光的旷野（红）；

3）西方—白虎（金）、交通街（白）；

4）北方—玄武（水）、山的守卫（黑）。

（3）三纲五常

《地理五诀》云："人有三纲五常，四美十恶，地理亦然。"这也是中华建筑文化大地有机生命观的一种体现。

1）三纲

a.人之三纲：古时，中国传统的三纲为：君为臣纲；父为子纲；夫为妻纲。

b.地理之三纲：中华建筑文化的三纲为：龙脉为贫贱富贵之纲；明堂为砂水美恶之纲；水口为生旺死绝之纲。

2）五常

a.人之五常：在儒教影响下，中国传统文化遵循的人之五常：仁、义、礼、智、信。

b.地理之五常：中华建筑文化所倡导的地理之五常即为：龙要真；穴要的；砂要秀；水要抱；向要吉。

（4）理想环境的格局要素

1）负阴抱阳，背山面水。这是中华建筑文化理念中宅舍与聚落基址选择的基本原则和基本格局。

所谓负阴抱阳，即基址后面有主峰来龙山，左右有次峰或岗阜的左辅右弼山，山上要保持丰茂的植被；宅舍前面有月牙形的池塘或聚落前有弯曲的水流；水的对面还应有作为对景的案山；轴线方向最好是坐北朝南。只要符合这种格局，轴线的方向有时也是可以根据环境条件加以改变的，见图 3-3 是宅舍、聚落的最佳格局。基址正好处于这个山水环抱的中央，地势平坦而具有一定的坡度。像这样，就形成了一个背山面水基址的基本格局。

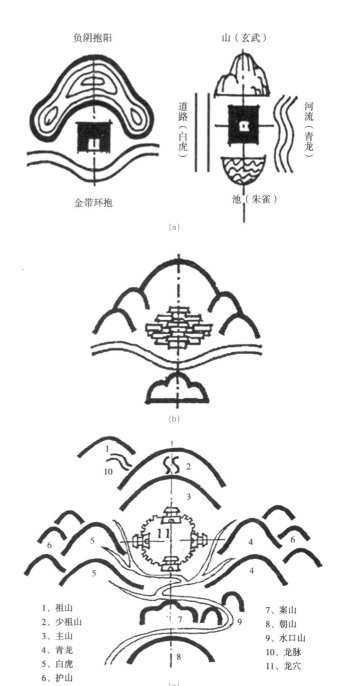

图 3-3 宅舍、聚落的最佳格局

(a) 最佳住址选择 (b) 最佳村址选择 (c) 最佳城址选择

（资料来源：《天津大学学报 1989 增刊》）

2）理想环境的中华建筑文化格局。理想的中华建筑文化格局应具备以下的地形山势，其各个山名及相应位置，图 3-3a 是最佳宅址选择图；图 3-3b 是最佳村址选择图；图 3-3c 是最佳城址选择。

a. 祖山：基址背后山脉的起始山；

b. 少祖山：祖山之前的山；

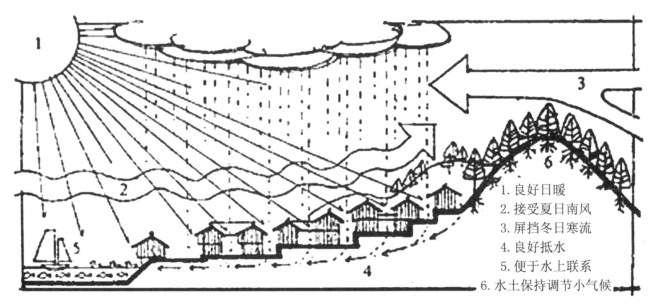

图 3-4 聚落选址与环境景观和生态环境的关系
（资料来源：《天津大学学报 1989 增刊》）

图中标注：

1. 良好日暖
2. 接受夏日南风
3. 屏挡冬日寒流
4. 良好抵水
5. 便于水上联系
6. 水土保持调节小气候

　　c. 主山：少祖山之前、基址之后的主峰，又称来龙山；

　　d. 青龙：基址之左的次峰或岗阜，亦称左辅、左肩或左臂；

　　e. 白虎：基址之右的次峰或岗阜，亦称右弼、右肩或右臂；

　　f. 护山：青龙及白虎外侧的山；

　　g. 案山：基址之前隔水的近山；

　　h. 朝山：基址之前隔水及案山的远山；

　　i. 水口山：水流去处的左右两山，隔水呈对峙状，往往处于聚落的入口，一般成对的称为狮山、象山或龟山、蛇山；

　　j. 龙脉：连接祖山、少祖山及主山的脉络山；

　　k. 龙穴：即基址的最佳选点，在主山之前，山水环抱之中央，被人认为万物精华的"气"的凝结点，故为最适于居住的福地。

　　3）理想环境格局的特点。具备上述条件的自然环境和较为封闭的空间，有利于形成良好的环境景观和良好的生态环境的局部小气候。背山可以屏挡冬天北来的寒风；面水可以迎接夏日南来的凉风；朝阳可以争取良好的日照，近水可以取得方便的水运交通及生活、灌溉用水，且可适于水中养殖；缓坡可以避免淹涝之灾；植被可以保持水土，调整小气候，果林或经济林还可取得经济效益和部分的燃料能源。总之，好的基址容易在农、林、牧、副、渔的多种经营中形成良性的环境景观和生态循环，自然能够成就一处吉祥福地（图 3-4）。

　　（5）理想环境格局的空间构成

　　中国人自古以来在选择及组织聚居环境方面就有采用封闭空间的传统，为了加强封闭性，还往往采取多重封闭的办法。如四合院就是一个围合的封闭空间；多进庭院住宅又加强了封闭的层次。里坊又用围墙把许多庭院住宅封闭起来。作为城市也是一样，从城市中央的衙署院（或都城的宫城）到内城再到廓城，也是环环相套的多重封闭空间（图 3-5）。而在村镇或城市聚落的外围，按照中华建筑文化格局，基址后方是以主山为屏障，山势向左右延伸到青龙、白虎山，呈左右肩臂环抱之势，遂将后方及左右方围合；基址前方有案山遮挡，连同左右余脉，亦将前方封闭，剩下水流的缺口，又有水口山把守，这就形成了第一

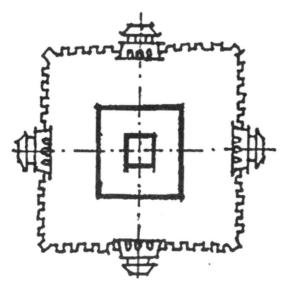

图 3-5 中华建筑文化规划设计思想的多层次空间封闭结构

图 3-6 中华建筑文化聚落格局的封闭式空间构成
（资料来源：《天津大学学报 1989 增刊》）

道封闭圈。如果在这道圈外还有主山后的少祖山及祖山，青龙、白虎山之侧的护山，案山之外的朝山，这就形成了第二道封闭圈。因此，中华建筑文化格局就是在封闭的人为建筑环境之外的层层天然封闭环境（图 3-6）。

3.1.3 中华建筑文化理想环境的勘察原则

（1）觅龙

觅龙就是寻找"曲折起伏、气象万千"的环境景观。觅龙也就是找"靠山"。好的龙脉应是"地脉之行止起伏曰龙。""龙者何？山之脉也……土乃龙之肉，石乃龙之骨，草乃龙之毛。"

1）寻祖宗父母

祖宗山指山脉的出处，即群山之起源；父母山即山脉入首处。序列为父母—少宗—少祖—太宗—太祖，注重审气脉，辨生气，分阴阳。

a. 审气脉：山脊的起伏轮廓线为脉的外形。

初观其势：审脉时先粗观是否曲屈起伏。

细察其形：细察山的分脊、合脊处是否有轮有晕，起伏有晕者则脉有生气，吉；否则为死气，凶。

b. 分阴阳：山分阴阳，向阳为阳，背阳为阴。而对于山和住宅来说，山为阴，宅为阳。

c. 辨生气。

（a）气是万物的本源。

太极即气，一气积而生两仪，一生三而五行具，土得之于气，水得之于气，人得之于气，气威而应，万物莫不得于气。

（b）怎样辨别生气。

明代蒋平阶在《水龙经》中指出：识别生气的关键是望水。并称："气者，水之母，水者，气之止。气行则水随，而水止则气止，子母同情，水气相逐也。夫溢于地外而有迹者为水，行于地中而无形者为气。表里同用，此造化之妙用。故察地中之气势趋东趋西，即其水或去或来而知之矣。行龙必水辅，气止必有水界。"这说明了水与气的关系。

（c）怎样通过山川草木辨别生气。

明代《葬书》中指出："凡山紫气如盖，苍烟若浮，云蒸霭游，四时弥留，皮无崩蚀，色泽油油，草木繁茂，流泉甘洌，土香而腻，石润而明，如是者，气方钟而来休。云气不腾，色泽暗淡，崩摧破裂，石枯土燥，草木凋零，水泉干涸，如是者，非山冈之断绝于掘凿，则生气之行乎他方。"可见，生气就是生态环境的最佳状态，万物呈现勃勃生机。

(d) 乘生气。只有得到生气的滋润，植物才会欣欣向荣，人类才能健康长寿。

宋代黄妙应在《博山篇》云："气不和，山不植，不可扦；气未上，山走趋，不可扦；气不爽，脉断续，不可扦；气不行，山垒石，不可扦。"

2) 观势喝形。

"千尺为势，百尺为形，势居乎粗，形在乎细。""左右前后乎谓之四势，山水应案乎谓之三部。"

a. 势。指的是群峰的起伏形状，一种远观的写意效果；

b. 形。则指单座山的具体形状，近景写实景象。

金头圆而足阔；木头圆而身直；水头平而生浪；平行则如生蛇过水；火头尖而足阔；土头平而体秀。

c. 势与形的关系。

"有势然后有形。""欲认三形，先观四势。"这就是要求从总体着眼，局部着手。

d. 怎样观势。

(a) "寻龙先分九势说"把"龙"分为九势。

回龙—形势蟠迎朝宗顾祖，如舐尾之龙回头之虎、第一龙；

出洋龙—形势特达发迹蜿蜒，如出山之兽，过海之船；

降龙—形势耸秀峭峻高危，如入朝大座勒马开旗；

生龙—形势拱辅支节楞层，如蜈蚣槎爪玉带反藤；

飞龙—形势翔集奋迅悠扬，如雁腾鹰举两翼开张凤舞鸾翔双翅拱抱；

卧龙—形势蹲踞安稳停蓄，如虎屯象驻牛眠犀伏；

隐龙—形势磅礴脉理淹延，如浮排仙掌展诰铺毡；

腾龙—形势高远峻险特宽，如仰天壶井盛露金盘；

领群龙—形势依随稠众环合，如走鹿驱羊游鱼飞鸽。

(b) 观势之"辨五势"。

龙北发朝南来为正势；

龙西发北作穴南作朝为侧势；

龙逆水上朝顺水下此乃逆势；

龙顺水下朝逆水上此乃顺势；

龙身回顾祖山作朝此乃回势。

(c) 形与势之别。

龙脉的形与势有别，千尺为势，百尺为形，势是远景，形是近观。势是形之崇，形是势之积。有势然后有形，有形然后知势，势住于外，形住于内。势如城郭墙垣，形似楼台门第。势是起伏的群峰，形是单座的山头。认势惟难，观形则易。势为来龙，若马之驰，若水之波，欲其大而强，异而专，行而顺。形要厚实、积聚、藏气。

(d) "喝形"。

凭直觉观测将山川作某种生肖，隐喻人之吉凶衰旺。

(2) 察砂

察砂即是通过"观势"和"喝形"，寻找"端庄丰满，主从分明"的环境景观。

"砂"指的是主山周围的小山、高地或山冈。

"砂"根据其前后左右的位置分为侍砂、卫砂、迎砂、朝砂。

"砂"与"龙"存在着一种"主仆关系"。

"主山降势、众山（指砂）必辅，相卫相随，为羽为翼……山必欲众，众中有尊，罗列左右，扈从元勋。"

"砂"的层次越多越好，"层层护卫"。

"砂"的外观形态，以肥圆正、秀尖丽，看起来舒服为好。

有学者认为，左右砂如同两条大腿，应端庄丰满，主从分明。

（3）观水

观水即是为了寻找"围合有序、均衡稳定"的环境景观。

中华建筑文化"以泉水为血脉"，并认为"水则阴精所化，万物形质之本"。

"水者，气之子；气者，水之母。气生水，水又聚注以养气，则气必旺；气生水，水只荡去以泄气，则气必衰。"

"水如同人子，必须敬老、爱老、养老。风水中的水，也必须保气、养气、护气、关气。由于其功能在于保护、守卫和关防，有似城墙。"所以，穴前的界水在中华建筑文化中叫"水气""水城"。

水随山而行，山界水而止，水随山行，山防水去。故观水之要，以认龙察砂为准，水与山不可分离，故观水往往比觅龙更重要，山水本不分离，而水口和龙穴的关系比龙脉更为直接；所以"入山首观水口"。

"凡水来处谓之天门，水去处谓之地户。"

"天门开，地户闭。""门开则财来，户闭财不竭。"

"源宜朝抱有情，不宜直射关闭。"

（4）点穴

点穴乃在于寻找"自然环抱、意境深远"的环境景观。

类似中医针灸学中的人体穴位，应是"取得气出，收得气来"的地方，中华建筑文化中的穴位与龙脉的生气相通，要感受到龙脉的生气，就必须找到真穴。点穴是中华建筑文化中最关键的一环，"定穴之法如人之有窍，当细审阴阳，熟辨形势，若差毫厘，谬诸千里。"故有"三年寻龙，十年点穴"的说法。

穴场讲求"藏风聚气"。

"穴"是最富有生气之处，"点穴"不仅是相地的结尾，更是它的关键和高潮之处。

"穴"形完全是"大地为母"的反映，穴形图也即是一幅"女阴象征"的女性外生殖器。

3.2 中华建筑文化的环境景观

3.2.1 中华建筑文化理想环境的选择及其影响因素

（1）重视气场的选择要求

在中国传统的哲学中，"气"是构成自然万物的基本要素。重浊的气属阴，轻清的气属阳，阴阳结合则生成宇宙万物。

根据中华建筑文化理念，在选择聚居位置时，认为蕴藏山水之"气"的地方是最理想的环境。选址时，首先注意环境中各要素的相互关系，为了达到"聚气"的目的，认为要素组合的理想状态为：①山峦要由远及近构成环绕的空间。这是因环绕的空间能使风停留，才能聚气。②在限定的范围内，要求有流动的水，这说明气的运动。③强调环绕区域范围与外部环境的临界处比较狭窄，利于藏气和防护（图3-7）。在古典小说《狄公案》中就有对建筑选址环境的评价："宝观山势厚圆，位座高深，三峰壁立、四环云拱，内勾外锁，大合仙格。"

（2）理想环境的影响因素

聚落选址的这种理想模式，显示了多种因素复杂的相互作用和影响，其中不仅包含传统观念上的要求，而且也包括对于社会、经济、防御、生产及地域

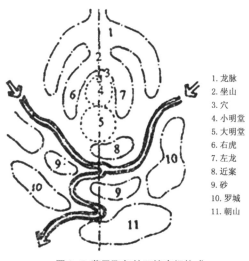

1.龙脉
2.坐山
3.穴
4.小明堂
5.大明堂
6.右虎
7.左龙
8.近案
9.砂
10.罗城
11.朝山

图3-7 藏风聚气的环境空间构成

环境等多方面的考虑。

1) 在漫长的封建社会中，由于战乱和匪盗的影响，要求城市和村落更趋集中，以便利于防守，共同对敌。所以，在选择基址时往往争取环境具有良好的防御性，形成天然的屏障。在台湾恒春县城选址中，奏文里即有这样的论述："盖自枋寮南至琅峤，居民俱背山面海，外无屏障。至猴洞，忽山势回环。其主山由左拖趋海岸，而右中廓平埔，周可二十余里，似为全台收局。从海上望之，一山横隔，虽有巨炮，力无所施，建城逾于此。"在此文中，探讨了城址选择的原因：猴洞之地为山所环绕，中部周围有二十余里的平地，从海上看：因有山的阻隔，具有良好的防御性，大炮也难构成威胁（图 3-8）。

据《青州府志》记载："古城在临淄县，汉属齐郡，晋曹嶷略齐地，以城大地原不可守，移置尧山南三里为广固城，后为南燕都。宋刘裕攻破之，平其城，以羊穆之治青州，及建城于阳水北，名东阳城。北齐废东阳，迁筑于阳水南、为南阳城，即令郡治。""所谓青州城四面皆山，中贯洋水，限为二城"。这展示了山东益都城址变迁，城址应利于防御（图 3-9）。

2) 中国传统聚落封闭的、自给自足的农村经济为这种聚落选址提供了可能性。在封闭、半封闭的自然环境中，利用被围合的平原，流动的河水，丰富的山林资源，既可以保证居民采薪取水等生产生活需要，又为村民创造了一个符合理想的生态环境。

如皖南歙县的水布口村，从其布局及与周围环境的关系可以看到传统选址原则的应用：坐南朝北的村落依山脚沿等高线排列，村后庄重的山势、茂盛的树木衬托出村落的秀美，弯曲的小河环绕村前，村对面还有丘陵作为屏障和对景（图 3-10）。

3) 在广东沿海地区，传统的选址原则被引申为："山包围村、村包围田、田包围水，有山有水。"其中不乏对农业生产的考虑。这里往往在山脚坡地建成前低后高的村落，其一方面可以使废水容易排入村前

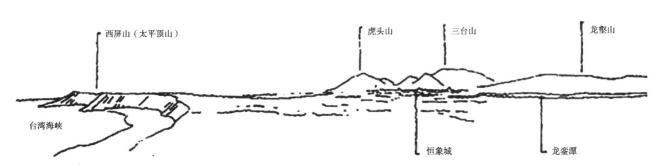

图 3-8 从关山看恒春城及四山

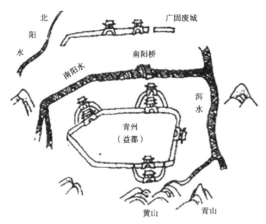

图 3-9 山东益都南阳桥位置图

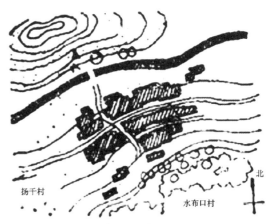

图 3-10 皖南歙县水布口村平面示意图

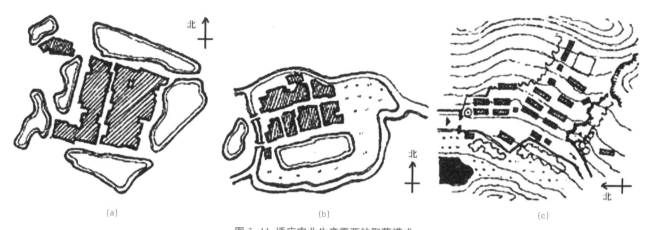

图 3-11 适应农业生产需要的聚落模式

(a) 广东花县莲溪村　(b) 广东东觉新楼村　(c) 海南岛福安村

的池塘或河流，另一方面使前面的房屋不至于遮挡当地的主导风向——东南风，并使各宅都能得到良好的穿堂风。海南岛的福安村、崖县天崖的布山村及广州附近花县、东觉等地的村落选址都是遵循着这样的原则（图 3-11）。

4）聚落选址的象征意义。李约瑟在广泛考察我国建筑后发现："……城乡中无论集中的或者散布于田庄中的住宅也都经常出现一种对'宇宙的图案'的感觉，以及作为方向，节令，风向和星宿的象征主义。"中国古代"天人感应"的自然观对城市规划思想有很大影响，如天、地、日、月及春、夏、秋、冬四季，天文星象、珍禽异兽等均在城市布局和周围环境上有所体现。人们通过赋予自然环境和聚落一定的人文意义，来达到使聚落（或建筑）与自然环境结为有机整体的目的。根据中华建筑文化理念的要求，传统城市、村落、住宅在选址布局时与四神（兽中四灵）的配置有着密切关系。

郭璞在《葬经》一文中形容四神的神态："玄武垂头，朱雀翔舞，青龙蜿蜒，白虎驯俯。"一般位置为："左为青龙，右为白虎，前为朱雀，后为玄武。"四神的方向主要依据主体地形的形势来判断。以台湾恒春县城选址为例，首先考察城址与周围环境的关系并找出相应的四神代表。"三台山，在县城东北一里，为县城主山，……即县城之玄武也""龙鸾山，在县

城南六里，堪舆为县城青龙居左""虎头山，在县城北七里，堪舆为县城白虎居右""西屏山，在县城西南五里，正居县前，如一字平案……为县城朱雀。"除了以上四山之外，为了照顾县城西北方向的中华建筑文化环境理念，还将位于车城海边的龟山，指定为屏障。"龟山，……县城四方，乾兑为罅，得此屏障之。"建城时还将猴洞山围进城的西部，作为城的主山或坐山（一般作为城内县署或文庙等主要建筑的坐山或靠山，表现出地灵人杰的思想）。这种围进城内的小山又被看成是将周围龙脉引入城内的证明，实际起到一种内聚中心的标志作用（图 3-12）。

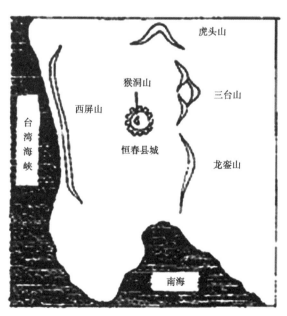

图 3-12 台湾恒春县城与四山（四神）位置示意

安徽省黟县西递村，从村落选址中也可以看到中华建筑文化环境理念的影响（图3-13）。据明代嘉靖刻本的《新安民族志》记载：（西递村）"罗峰高其前，阳尖障其后，石狮盘其北，天马霭其南，中有二水，环绕不之东而之西……"

在传统村落中，人与环境的作用一般通过住宅这个中间环节加以联系，民间习俗约定：环境的好坏决定住宅的吉凶，而住宅的吉凶又关系到人的身心健康及命运。因此，住宅环境的选择具有重要意义。

对民间建宅影响很大的中华建筑文化著作《阳宅十书·宅外形第一》提出理想的住宅环境："凡宅，左有流水谓之青龙；右有长道谓之白虎；前有污池谓之朱雀；后有丘陵谓之玄武，为最贵地。"（图3-14）传统聚落中有许多这方面的例子。如浙江余姚后街村的住宅，就基本满足了与四神相应的要求。对于聚落居民来说，养殖用的水池，丘陵上的竹木，洗涤用的流水，方便的交通都具有实际的生产生活价值。这种理想的住宅环境正是对生活需要的理论升华。

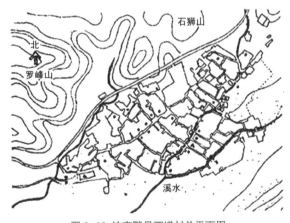

图3-13 皖南黟县西递村总平面图

图3-14 四神相应的住宅位置

5）"退隐田园""放啸山林"的传统思想对于寻求理想的聚落环境也起了一定的影响作用。

中国古代缺乏系统的城市规划理论，实际担负这方面责任的是完善的政治、建设制度和中华建筑文化、阴阳五行观念的结合。中华建筑文化将民间习俗作为一种潜在的文化背景，对聚落和住宅选址都产生了巨大影响，保证了聚落与自然环境结成有机整体。总结研究这些观念思想，可以帮助我们深入探讨城市、村落、建筑与环境的密切关系，全面了解产生中国聚落构成的源泉思想。将会促进对于传统城市、村落的合理保护和改造，并为现代的城市规划和建设提供借鉴。

3.2.2 中华建筑文化在理想环境景观轴线组织中的作用

中华建筑文化的理想环境景观极为重视中轴对称，均衡稳定，因此，在理想环境景观中的空间系列组织实质上就是强调轴线的布置，根据中华建筑文化地形之所在，乘势随形而定，力求与山川相结合。

轴线的经营，应根据中华建筑文化地形之所在，乘势随形而力求与山川相结合。主要应该讲究序列、对景、框景、过白与夹景等的起伏曲折，才能创造出有机和谐、表情充沛、气势雄伟、沉静肃穆的景观艺术环境。

（1）序列

把多种形式和不同规模的景观，以准确相宜的尺度和空间组织在一条轴线上，形成顺序展开、富于视觉变化的空间群体，序列安排相宜。"千尺为势，百尺为形"，则长不觉繁，短不觉简，步移景异，印象逐步加深。

（2）对景

也是轴线设计的重要手法，可避免观者按轴线行进过程中的枯燥、呆板、乏味之感觉，并可形成阶段感。

（3）框景

就是利用券洞口、门窗洞、柱枋、构架或树木组成框边，把景色框限在内，形成优美画面。这一点在轴线设计上尤为重要。

（4）过白

即在框景画面中必须留出一部分天空，借以纳阴补阳、虚实相应、灵活生动，避免产生郁闭堵塞、密不透气的感觉。

（5）夹景

就是利用树木、建筑、山峦将广阔的视野夹住，形成有质量的画面。

3.2.3 中华建筑文化的理想环境景观要素

按照中华建筑文化理念对环境进行勘察和营造，包含着八大理想环境景观要素。

（1）以龙脉为背景，重峦叠嶂

主山后有少祖山及祖山，重峦叠嶂，形成多层次的主题轮廓，使得景观具有丰富的深度感和距离感。

（2）以护砂为配景，护砂拱卫

护砂拱卫，主次分明，使得主山更为突出，画面更为稳定端重。

（3）以水抱为前景，波光水影

聚落基址前面的河流、池塘，形成开阔平远的视野；而隔水相望，生动的波光水影构成了绚丽多姿的景象（图 3-15）。

图 3-15 以主山为背景、以水抱为前景的景观效果示意图

（4）以朝案为对景，层次丰富

朝山、案山作为聚落基址前面的对景、借景，构成聚落基址前方层次丰富的远景构图中心，使视线有所归宿，两重山峦，亦起着丰富景观层次感和深度感（图 3-16）。

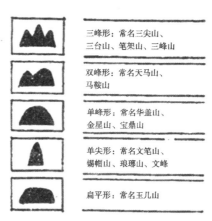

图 3-16 对景山——朝山和案山的常见山形
（资料来源：《天津大学学报 1989 增刊》）

（5）以水口为障景，作为屏挡

使得聚落基址内外有所隔离，形成空间对比，使得进入聚落基址后，会有豁然开朗、别有洞天的景观效果（图 3-17）。

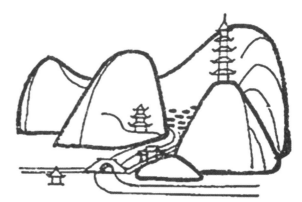

图 3-17 水口山及中华建筑文化塔的景观效果示意图
（资料来源：《天津大学学报 1989 增刊》）

（6）以制高为主景，统一全局

以标志物制高点作为中华建筑文化地形之补充的人工建筑物和构筑物（如宝塔、楼阁、牌坊、桥梁等），常以环境的标志物、控制点（制高点）、视线焦点、构图中心、观赏对象或观赏点的形态出现，均具有独特的识别性和观赏性。如南昌的滕王阁，选

址在"襟三江而带五湖"的临江要塞之地，武汉的黄鹤楼、杭州的六和塔等也都是选址在"指点江山"的造景和赏景的最佳位置。这些都说明中华建筑文化对建筑物和构筑物的设置与景观设计是统一考虑的。图3-18是根据中华建筑文化理论在山上建塔、水中建阁、河上建桥及修筑其他建筑。这些建筑形成景观构图中心或景点，成为聚落标志性建筑。

图3-18 中华建筑文化建筑形成聚落构成中心及景点示意图（资料来源：《天津大学学报1989增刊》）

（7）以林木为美景，鸟语花香

多植林木，多栽花果树，作为保护山上及平坦地上的防风林和保护村口的古木大树，形成了郁郁葱葱的绿化地带和植被，不仅可以保护水土，调节温、湿度，创造良好的小气候，而且还可以构成鸟语花香、风景如画的理想景观。

（8）以调谐为造景，优美动人

调谐环境以入画。当山形水势有缺陷时，为了"化凶为吉"，通过修景、造景、添景等手法达到景观画面的完整协调。有时用调整建筑物出入口的朝向、街道平面的轴线方向等手法来避开不愉快的景观或前景，以期获得视觉及心理上的平衡。而变化溪水河流的局部走向、调谐地形、山上建塔、河上建桥、水中建墩等一类措施，虽为镇妖压邪之说，实际上却能修补景观缺陷和造景。大多成为一地八景、十景的重要组成部分，形成风景点，对营造环境景观起着极为积极的作用。

3.2.4 中华建筑文化理想环境景观的造型艺术特点

中华建筑文化盛行于世的一个重要原因，是中华建筑文化的卜吉是以"美"作为标准的。这一点，在中华建筑文化的经典著作中体现得十分明显。所以，中华建筑文化所追求的理想环境景观，通常都是符合美学原理的。正因为如此，在中华建筑文化的指导下，古人创造出了诸如北京紫禁城等许多具有中华民族文化特色的杰出古代建筑。

在造型艺术形态中蕴含着"雄""奇""险""幽""秀""奥""旷"七种形态层次美，其中的"雄""秀""幽""奥"最为突出。中华建筑文化理念典型的理想环境景观便以其中轴对称、主次分明；起伏律动、委婉多姿；山环水抱、围合界定和层次丰富、意境深远，形成了相对应"雄""秀""幽"和"奥"的四个造型艺术特点。

（1）中轴对称，主次分明

在中华建筑文化理念中，以主山（其后面的少祖山、祖山）— 基址 — 案山 — 朝山为纵轴，以左肩右臂的青龙白虎为两翼，以河流溪水为横轴，形成上下、左右对称的理想环境景观格局，营造了端圆体正、雄伟端重、气象万千的理想环境景观。这展现了儒家中庸之道观念对中华建筑文化环境景观的影响，体现了"雄"的景观基本形态，形成了左右前后均衡平正，颇为稳定的美景。

在中华建筑文化理想环境景观体现以下几点：

1）均衡平正的稳重美

左右前后的均衡平正之美，这在美学中具有非常重要的意义。它给人的感受是安定、平稳。郭璞在《葬书》中所说的："龙虎抱卫，主客相迎"，"四势朝明"，"夫葬，以左为青龙，右为白虎，前为朱雀，后为玄武"，"支垄之止，平夷如掌"，以及管辂在《管氏地理指蒙》所说的"后卧前耸，左回右拱"，"小水夹左右，大水横其前"都给人以这种审美意向。

其中，"穴"的左边有龙砂（青龙），右边有虎砂（白虎），左右各有夹护的小水，是左右均衡；"穴"的前面有朱雀山、朱雀水，后有玄武山，是前后的均衡。当然，这种均衡，并不像景物与其倒影或宫廷建筑的布局那样取严格"对称"的形式，而是其左右、前后景观的大小、形象都不一定雷同。但是，由于景物距离远近不同，再加上穴场、明堂的平坦、开阔，则在视觉和感受上给人以均衡的美感。

北京城是中华建筑文化理念的杰出代表，明清两代的紫禁城布置在全城的中心位置，在南北中轴线上，皇城自南向北依次布置了天安门—端门—午门—太和门—太和殿—中和殿—保和殿—乾清门—乾清宫—神武门—景山万春亭—地安门。背靠景山，五峰丛立，中峰处在全城的中轴线上，又在南北两城墙之中，形成了全城制高点，使得全城堂堂正正，庄严而又匀称大方，极其壮观，令世人叹为观止。

由于中华建筑文化巧妙地将人文建筑与自然景观融为一体，其在建筑美学方面的意义得到了建筑学界的普遍认同。英国著名科技史专家李约瑟曾经非常惊叹明十三陵艺术成就的伟大。他说："皇陵在中国建筑形制上是一个重大的成就。……它整个图案的内容也许就是整个建筑部分与风景艺术相结合的最伟大的例子。"他还称赞十三陵是"最伟大的杰作"，"在门楼上可以欣赏到整个山谷的景色，在有机的平面上深思其庄严的景象，其间所有的建筑都和风景融合在一起，一种人民的智慧由建筑师和建筑者的技巧很好地表达出来"。

中华建筑文化这种左右前后均衡的环境景观理念，影响并产生了造园艺术的"借景"效果。明代计成在《园冶》中说："夫借景，林园之最要者也。如远借，邻借，仰借，俯借，应时而借。然物情所逗，目寄心期，似意在笔先，庶几描写之尽矣。"这里讲的是造园艺术，实质上就是中华建筑文化所讲

究的龙虎、主次关系，远近不同，互为对景，所以，造园艺术的借景效果也就充分地发扬了中华建筑文化理想环境景观的美学理念。建筑历史园林专家陈从周教授在《建筑中的"借景"问题》一文中，曾对明孝陵和孙中山先生的中山陵的景观做过比较："我们立方城（孝陵）之上，环顾山势如抱，隔江远山若屏，俯视宫城如在眼底。朔风虽烈，此处独无。故当年朱元璋迁灵谷寺而定孝陵于此，是有其道理的。反之，中山陵远望则显，露而不藏，祭殿高耸势若危楼。就其地四望，又觉空而不敛，借景从无，只有崇宏庄严之气势，而无幽深邈远之景象，盛夏严冬，徒苦登临者。二者相比，身临其境者都能感觉得到的。"又说："再看北京昌平的明十三陵，乃以天寿山为背景，群山环抱，其地势之选择亦有独到的地方。"

的确，如果从前往后看，十三陵的每座陵园的背后都有重峦叠嶂作为背景，绿树浓荫中红墙黄瓦的殿宇楼台就像镶嵌在一幅山水画卷上一样，非常醒目、壮观。站在楼台之上远望，云雾之中四面青山，如黛如屏，碧水环绕，绿树丛丛，景致的确迷人。

2）对比统一的和谐美

中华建筑文化的美学成就，还包含着环境景观对比统一的和谐美。不论何种艺术，都强调对比中求统一，只有这样，才能形成艺术的和谐美。

所谓理想环境景观的对比，就是理想环境景观多样性和不统一性所形成的反差。这种反差，有形状的、大小的、色彩的以及意向上的种种不同。中华建筑文化中有关理想环境景观的山形水势有各种各样的要求，并由此形成了中华建筑文化格局在环境景观方面的差别。例如，玄武要"垂头"，朱雀要"翔舞"，青龙要"蜿蜒"，白虎要"驯俯"，这就是"穴"前后左右四个方向山脉形状和意向上的不同。又如，五星、九星等不同的星峰形势又反映山峦头形状的不同。水的流量有大小之别，走势有"之""玄"之异，从发源到流出水口，又有"未盛""大旺"相衰"囚

谢"的不同水流态势。凡此种种都反映出了环境景观上的差别。

从理想环境景观美学的角度看，这种差别不仅是必要的，而且也是必需的。因为，没有差别而不统一，就会显得单调、乏味、平淡，缺少艺术的感染力。但是，有差别而不统一，就会显得杂乱无章、零碎破乱，同样会缺少艺术感染力。

中华建筑文化理想环境景观的最佳模式，正是环境景观多样变化的高度统一。这种统一协调的效果，是通过明显的主次关系来实现的。以山为例，穴后的玄武山，与穴距离最近，在中华建筑文化堂局中又最为高大，因此处于主要的位置。其他砂山虽然有多种变化，但视觉上都要比玄武山低矮，因此，处于次要的位置。水也是这样，穴前的朱雀水是大水，因此是"主"，左右两侧水流，都小于朱雀水，因此是"次"。有主有次，人们因此觉得它们是统一的。这种感觉，不仅体现在自然景观上，还尤其体现在自然景观和人文景观的关系上。

在建筑学中，最主要简单的一类统一叫做简单几何形状的统一。"任何简单的、容易认识的几何形状，都具有必然的统一感，这是可以立即察觉到的。三棱体、正方体、球体、圆锥体和圆柱体都可以说是统一的整体，而属于这种形状的建筑物，自然就会具有在控制建筑外观的几何形状范围之内的统一。埃及金字塔陵墓之所以具有感人的威力，主要就是因为这个令人深信不疑的几何原理。同样，古罗马万神庙室内之所以处理得成功，基本上就是因为在它里面正好能嵌得下一个圆球这一事实。"

可是，建筑物很难都是这么简简单单地组织起来的，甚至在建筑中，简单的几何形状不大好派用场。尽管如此，也还是需要统一。要做到这一点，有两个主要手法：第一，营建次要部位对主要部位的从属关系；第二，营建一座建筑物所有部位的细部和形状的协调。除此之外，还有一个能使外观取得控制地

位的重要方法，那就是通过表现形式中的内在趣味，如高的外形比矮的更容易吸引视线；弯的外形比直的更令人注目；而那些暗示运动的要素，比那些处于静止状态的要素更富有兴味。

统一是古典建筑共同追求的一个美学目标，在中华建筑文化理念的影响下，中国人的建筑空间观念认为，建筑空间与自然空间不是对立的，而是互相融合的；建筑的节奏不是体现在个体的形式上，而是在空间的序列、层次和时间的延续之中，具有时空的广延性和无限性。要统一这样一种"无限"或"无尽"的空间，除了在轴线主次、庭院大小、屋宇高低等方面予以强调外，还有一种独特的方法是利用自然地貌（主要为山，有时也可以为水）来统一建筑群落。中华建筑文化上所说的"主山"即"镇山"，其功能正在于此。如北京的景山（明代时称万岁山），就是紫禁城的镇山。事实上，"主山"一词中的"主"，本身并不仅指该山在整个山系中居于首位，而且意味着它主导着山前的城市、村落或坟丘，并以其巨大的能量，为这些建筑群落提供统一的结构。

同样，古代的山水画也非常强调景物的多样化及其主次关系，借此达到对比中的和谐统一。例如，北宋郭熙在《林泉高致》中就说："山以水为血脉，以草木为毛发，以烟云为神采。故山得水而活，得草木而华，得烟云而秀媚。"又说："山水先理会大山，名为主峰。主峰已定，方作以次，近者、远者、小者、大者，以其一境主之于此，故曰主峰，如君臣上下也。"还说："大山堂堂，为众山之主，所以分布以次冈阜林壑，为远近大小之宗主也。其象若大君赫然当阳，而百辟奔走朝会，无偃蹇背却之势也。"而这正是中华建筑文化理论与绘画理论在山川自然的审美理念上一致之处。

3) 高低错落的韵律美

所谓韵律之美，是指某种视觉元素成系统的重复出现。它们像音乐的音阶一样，形成有节奏、有规

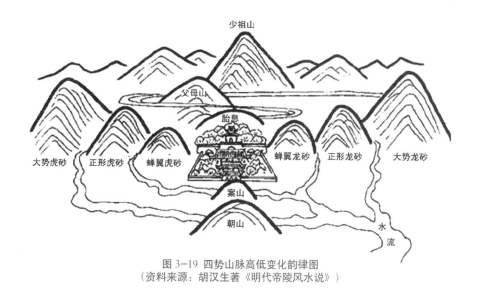

图 3-19 四势山脉高低变化韵律图
（资料来源：胡汉生著《明代帝陵风水说》）

律的变化。理想的中华建筑文化格局中的山川、河流的布局就具有这种变化规律。

例如，四势山脉的高低错落变化就符合这一规律。穴后的玄武山由近而远，胎息山、父母山、少祖山，由低向高层层变化。穴前的案山、朝山，穴左右的蝉翼龙虎、正兴龙虎、大势龙虎也都是按照这一规律变化的。另外，龙虎砂山与左右的界穴之水，也是一层隔一层有规律的变化（图 3-19）。

这些变化，使人感受到了美好的音韵旋律变化。这种变化，是通过视觉范围内的山峦层次变化而感觉出来的。中华建筑文化所描绘的理想环境景观，也是如同凝固的音乐，在山水林木的高低错落变化中，蕴含着音韵旋律的美感。

（2）起伏律动，委婉多姿

笔架式起伏律动的群山，玉带式委婉多姿的流水，极富柔媚生动的曲线美和屈曲蜿蜒的动态美，打破了对称构图的严肃性，使得景观画面更为流畅、生动、活泼。形成秀丽动人、山回路转的景观效果，展现出"秀"的环境景观艺术形态，构成了屈曲起伏、生动活泼极富动态的美景。

起伏律动，委婉多姿是中华建筑文化中寻找龙脉的主要根据，也是中华建筑文化理想环境景观的组成要素。

孟浩在《形势辩》中称："观龙以势，察穴以情。势者，神之显也。形者，情之著也。非势无以见龙之神，非形无以察穴之情。故祖宗要有耸拔之势，落脉要有

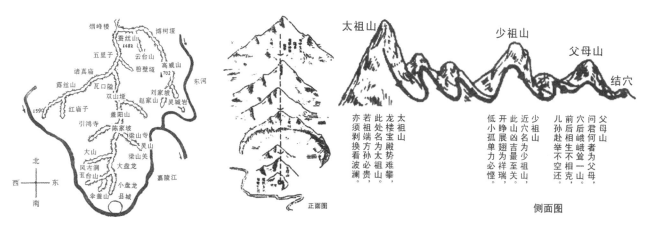

图 3-20 龙脉流向图

图 3-21 来自大巴山脉的蟠龙山系——阆中龙脉略图

降下之势，出身要有屏障之势，过峡要有顿跌之势，行度要有起伏曲折之势，转身要有后撑前趋之势。或踊跃奔腾，若马之驰，或层级平铺，若水之波。有此势则为真龙，无此势则为假龙。"

起伏律动，委婉多姿是中华建筑文化中"觅龙"的主要原则之一。中华建筑文化之所以用"龙"来称呼山脉，乃在于取其仪态万方、曲折起伏、生动传神、富有生气，图3-20是龙脉流向图，图3-21是来自大巴山脉的蟠龙山系——阆中龙脉略图。中华建筑文化的这一原则不仅限于"觅龙"，在"察砂""观水"中也有同样的要求。缪希雍在《葬经翼·四兽砂水篇》中称："夫四兽者，言后有真龙来往，有情作穴，开面降势，方名玄武垂头，反是者为拒尸。穴内及内堂水与外水相辏，萦绕留恋于穴前方，名朱雀翔舞，反是者腾去。贴身左右二砂，名之曰龙虎者，以其护卫区穴不使风吹，环抱有情，不逼不压，不折不窜，故云青龙蜿蜒，白虎驯顺；反是者为衔尸，为嫉主。大要于穴有情，于主不欺，斯尽拱卫之道也！"

《水龙经·自然水法》中亦称："自然水法君切记，无非屈曲有情义。来不欲冲去不直，横不欲返斜不息。来则之玄去屈曲，澄清停蓄甚为佳。……急泻急流财不聚，直来直去损人丁。……屈曲流来秀水朝，定然金榜有名标。……水法不拘去与来，但要屈曲去复回，三回五度转顾穴，悠悠眷恋不忍别。"（图3-22）。

图3-22 四川盆地上的水龙

孟浩在《水法方位辩》中说："水法之妙，不外乎形势、性情而已。今以水之情势、宜忌其说于左：凡水，来之要玄，去要屈曲，横要弯抱，逆要遮拦，……合此者吉，反此者凶。明乎此，则水之利害昭昭矣。"（图3-23）。

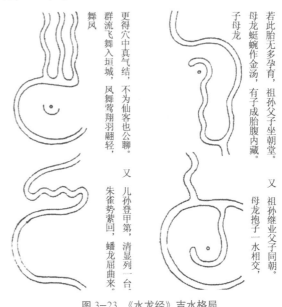

图3-23 《水龙经》吉水格局

黄妙应在《博山篇·论砂》中认为："砂关水，水关砂。抱穴之砂关元辰水，龙虎之砂关怀中水，近案之砂关中堂水，外朝之砂关外龙水，圈圈环抱，脚牙交插，砂之贵者，水之善者。"砂水之形互相比附，故论砂即如论水。而水和气的关系犹如母子："水者，气之子；气者，水之母。气生水，水又聚注以养气，则气必旺；气生水，水只荡去以泄气，则气必衰。"如同为人子者必须敬老、爱老、养老。中华建筑文化中的"水"也必须保气、养气、护气、关气。由于其功能在于保护、守卫和关防，又似于城墙，所以穴前的界水在中华建筑文化上也称为"水星"，或者"水城"。

《玉髓经》曰："抱坟婉转是金城，木似牵牛鼻上绳。火类倒书人字样，水星屈曲之玄形。土星平正多沉汪，更分清浊论音声。""水城"有金、木、水、火、土五种基本类型：金城弯环，水城（指水形水城）屈曲，土城平正，火城尖斜，木城直撞。其形状分别见图3-24水城图所示。

金形水城

木形水城

水形水城

火形水城

土形水城

图 3-24 水城示意图

图 3-25 水城凶格示意图

在五种"水城"中，金形、水形和土形三种皆吉，这不仅在于它们弯环如弓，更在于它们和穴山之间拥抱有情。而木形、火形则凶，这主要因为："夫水屈曲来朝，斯为吉也。若木形、火形水城，当胸直撞，则冲散堂气，必有破家荡业之凶。"

图 3-25 水城凶格所示的两种水形就徒具吉形却无真意。遇到这两种情况，如果龙脉、穴位和其他方面，都合乎要求，那么一般可用人工方法进行适当的调谐。

不论是山还是水，中华建筑文化都特别强调屈曲起伏的"动"感所构成的动态美。唐代曾文迪在《青囊序》中称："先看金龙动不动，次察血脉认来龙。"杨筠松在《青囊奥语》曰："动不动，直待高人施妙用……第八裁，屈曲流神认去来。"《九天玄女青囊海角经》称："龙喜出身长远，砂喜左右回旋。"《青乌先生葬经》云："山顿水曲，子孙千亿；山走水直，从人寄食……九曲逶迤，准拟沙堤；气乘风散，脉遇水止；藏隐蜿蜒，富贵之地。"《管氏地理指蒙》云："山则贵于磅礴，水则贵于萦迂。"郭璞在《葬书》中强调：

"地势原脉，山势原骨，委蛇东西，或为南北。……势顺形动，回复始终，法葬其中，永吉无凶。……上地之山，若伏若连，其原自天。若水之波，若马之驰，其来若奔，其止若尸。……势如万马自天而下，其葬王者；势如巨浪、崇岭叠嶂，千乘之葬；势如降龙，水绕云从，爵禄三公。"这些论述都充分阐述了山、水平面的走势要有曲折，立面的形状要有起伏，这样才能生旺之气。明清两代的北京城，其布局中的水、陆两条龙就充分展现了水龙的平面曲折和陆龙的立体起伏。

中华建筑文化这种利用景物的平面、立面的曲线变化达到审美要求的方法，是非常符合美学原理的。例如，绘画艺术采用的就往往是"S"形构图方式。园林建筑中的"曲径通幽"，也是通过路径的曲线设计实现的。曲线设计之所以会给人以美感，是因为曲线给人以"动"的感觉。这种感觉与直线所呈现的"静"感是截然相反的。另外，立面曲线与平面曲线相结合，还会出现景观"掩映"的神奇效果。所谓"掩"，就是一些景物全部或局部被遮挡、掩盖住；所谓"映"，就是因为光线的照射显现出景物的形象。掩映的方式，有全掩全映，有半掩半映，不论哪种掩映方式，只要有掩有映，景物的层次感就会得到加强，更富韵味，变化就会更加丰富，并可由此产生出耐人寻味、引人入胜的艺术震撼力。这正如《九天玄女青囊海角经·结穴》所说的：“丹青妙手须是几处浓，几处淡，彼此掩映，方成佳景。”

（3）山环水抱，围合界定

群山围绕，流水环抱，自有洞天，使得这相对围合封闭、远离人寰的“世外桃源”形成了柳暗花明、回归自然的景象，正与道家的“天人合一”、佛家的“转世哲学”、陶渊明的“乌托邦”社会理想和艺术观点以及士大夫的隐居思想有着密切的联系，展示了“幽”的环境景观艺术形态，形成了山环水抱，别有洞天、独特幽雅的美景。不管客观时空多么的无限，多么的开放，但人类可感知或已感知的时空却必然是有限的和闭合的。这种有限性和闭合性渗透在人类的一切意识形态中。在中华建筑文化上之所以要求前有朝案，后有靠山，左有龙砂，右有虎砂，原因之一，就是为了在无法审视、不可把握的无限空间中闭合出一方可把握、可感知、可审视、可亲近的有限天地来。

闭合空间，标定界限，是龙砂、虎砂的主要美学功能，而其所以能够给人一种美的享受，就在于它们可以产生一种均衡界定的效果。

中华建筑文化的峦头就兼有这种均衡界定的效果。然而，最能造成均衡界定感的，主要还是龙砂、虎砂，图 3-26 为“驻远势以环形”、“聚巧形而展势”示意图。由于它们在视野的左右两端，强有力地标上了封闭的界限，这样，就会让人们得到滞留和停息，从而进入审美意境，获得一定程度的满足和愉悦。

在中华建筑文化上，理想环境景观的均衡界定图式是“龙虎正体”，其特征为：龙虎之砂均出于穴山两旁，左右对称，齐来相抱。然而这种图示在自然界并不多见，更多的倒是非对称的均衡围合界定图

1. 缺乏背景，空间弥散，冷漠无情，建筑孤独，缺少感染力。

2. 后龙使背景空间产生敛聚性，收束视线，有较好的感受效果。

3. 两翼砂山使建筑环境空间敛聚性更强，环抱有情，也呈“聚巧形而展势”，空间感受效果亦趋完善。

图 3-26 “驻远势以环形”、“聚巧形而展势”示意图
（资料来源：高友谦著《中国风水文化》）

示，如“左、右仙宫”“左、右单股”“左、右纽会”“单股变体”，以及虽对称却不弯抱穴，位因而也难以闭合空间的“两股直前”“两股张开”等。图 3-27 为龙砂、虎砂关系图，这些图示的含义分别如下：

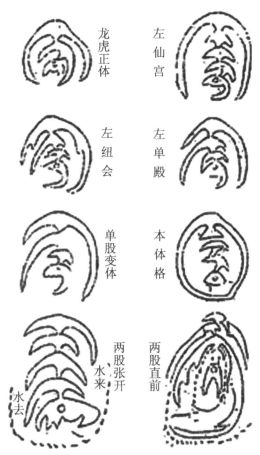

图 3-27 龙砂、虎砂关系图

"左、右单股"—龙砂和虎砂均由穴山两旁生出，一股向前，一股缩后。其中龙砂长者，成为左单股，虎砂长者，成为右单股。

"单股变体"——一般由穴山本身生出，一股又外山相配。

"左、右仙宫"—龙砂环抱，虎砂短缩，或虎砂环抱，龙砂短缩。

"左、右纽会"—龙腿抱过虎脚，或虎腿抱过龙脚。

"本体格式"—穴山本身无龙砂、虎砂生出，于是假借隔水两边的远山为用。

"两股直前"—两股虽长，却不弯抱，而借外山横拦于前。

"两股张开"—又名"张山食水"，指龙虎两股呈钝角张开。

上述的"左、右单股"及其变体、"左、右纽会"、"左、右仙宫"，虽然一先一后，一长一短，一亲一疏，不对称"而有偏枯之病"，但是它们毕竟通过与外山取得平衡而能成"收水之功"，所以也被堪舆家视同正体。

"本体格式"本身干脆无龙虎收水，然而峦头端下，浑元一气，犹如大贵之人袖手端坐，而前后左右无不拥从拱卫。并且借外山来做龙虎，则外来众水必聚归当面，这样，穴得外气也多，力量也更重，所以也被堪舆家视作大吉之形。

至于"两股直前""两股张开"等图示，就略逊一筹。它们前面若有外山拦阻，尚可将就；否则，就可能"凶多吉少"。其原因据说是如此这般会造成内气外泄。其实，更客观的原因可能在于这些图示没有将空间完全围合起来，从而不能充分地给人以安全感、美感和肯定感。

标定界限、围合空间是龙砂、虎砂的主要功能，在一定条件下，只要完成这些功能，即使用界水来替代龙砂或虎砂中的某个也未为不可："水来之左，无龙亦可；水来之右，无虎亦栽。"这就是说，天龙砂者则要水绕左边；无虎砂者，则要水缠右畔。如此，同样可以收到山水环抱围合界定的效果。

（4）层次丰富，意境深远

主山后的少祖山、祖山，案山外的朝山，青龙白虎的内外护山，构成了重峦叠嶂的环境景观层次，颇富空间变换的深度感。这种理想的中华建筑文化格局，在环境景观上正符合中国传统绘画理论在山水画构图技法上所提倡的"平远、深远、高远"等意境和鸟瞰透视的画面效果，凸显出"奥"的理想环境景观艺术形态，生成了诗画情趣，意境深远、令人陶醉的美景。

层次丰富，情景交融所形成的中华建筑文化理想环境景观的又一诱人的特点。中华建筑文化对景物的审视往往是采用比拟的"喝形"方法，赋予景物以一定的含义或情感，使其达到一种带有特殊理念的艺术境界。

在中华建筑文化中，每一座宅舍或每一处聚落，都有一个核心点。这个核心点就是"穴"。穴有吉凶之分，吉穴的标志是有生气，而生气的来源则是穴后的龙脉。基于这样的一种认识，龙脉便在该中华建筑文化格局中占有主导的地位，成了地位最高的"君"。有"君"必有"臣"，周围的砂、水便成了"臣"。这也就是《九天玄女青囊海角经·头陀纳子论》所说的："龙为君道，砂为臣道。君必位乎上，臣必伏乎下。垂头俯伏，行行无乖戾之心；布秀呈奇，烈烈有呈祥之象。"于是，龙砂、虎砂、朝山、案山必须抱卫来龙，呈拱揖之象；水流也必须在穴前屈曲抱合。这种抱合朝揖的向心意象使本来没有思想情感的山山水水，通过人为的想象，情景交融，就好像一个小朝廷或一个大家庭一样，反映出了尊卑有序的纲常伦理观念。中华建筑文化通过喝形，更是把自然景观和各种优美的词汇相联系，以传神之笔勾画出不同的意境来。

至于皇帝的居所，其理想的环境景观模式更为集中在天星方位的讲究上，强调具备天上紫微垣、天市垣、太微垣和少微垣四大星垣的特征。龙、穴、砂、水都必须非常完美，借以展现帝王君临天下的雄伟壮丽之气势。

北京作为古代的都城，在环境景观上蕴含着这样的意境美。

北京，古称冀都。南宋大儒朱熹《朱子语录》说："冀都天地间好个大中华建筑文化！山脉从云中发来，前面黄河环绕，泰山耸左为龙，华山耸右为虎，嵩山为前案，淮南诸山为第二重案，江南五岭诸山为第三重案，故古今建都之地，皆莫过于冀都。"通过这样的联想，北京古城便巧妙地让人感觉到是正处在苍茫宇宙的中心。

在中华建筑文化理念熏陶下的中国传统聚落更是营造了耐人寻味、意境深远的理想环境景观。

传统聚落环境景观的意境主要体现在其立足自然、因地制宜，营造耐人寻味、优雅独特、丰富多姿的山水自然环境，传统聚落所处的自然环境在很大程度上决定了整个聚落的整体景观，特别是地处山区的聚落或者依山傍水的聚落，自然环境对于聚落景观的影响尤甚。一些聚落虽然本身的景观变化并不丰富，但是作为背景的山势，或因起伏变化而具有优美的轮廓线，或因远近分明而具有丰富的层次感，从而在整体环境景观上获得良好的效果。作为背景的山，通常扮演着中景或者远景的角色。作为远景的山十分朦胧、淡薄，介于聚落与远山之间的中景层次则虚实参半，起着过渡和丰富层次变化的作用，不仅轮廓线的变化会影响到整体环境景观效果，而且山势起伏峥嵘以及光影变化，也都在某种程度上会对聚落的整体环境景观产生积极的影响，中景层次有建筑物出现，其层次的变化将更为丰富。这种富有层次的景观变化，实际上是人工建筑与自然环境的叠合。还有一些聚落，尽管在建造过程中带有很大的自发性，但是有时也会或多或少的掺入一些人为的意图，如借助

某些体量高大的公共建筑诸如塔一类的高耸建筑物，以形成所谓的制高点，它们或处于聚落之中以强调近景的外轮廓线变化，或点缀于远山之巅以形成既优美又比较含蓄的天际线。这样的聚落如果背山面水，还可以在水下形成一个十分有趣的倒影，而于倒影之中也同样呈现出丰富的层次和富有特色的外轮廓线。坐落于山区的聚落，特别是处于四面环山的，其自然景色随时令、气象，以及晨光、暮色的变化，都可以获得各不相同的诗情画意的意境美（图3-28）。

樊圻《茂林村居图轴》（局部）　　吴宏《柘溪草堂图轴》（局部）

清吴伟业《桃源图卷》（局部）

图3-28 清代绘画中的村落意境——"小桥、流水、人家"

3.3 传统聚落的特色风貌营造

中华建筑文化理想环境景观理念在创造优美的环境景观和建筑造型艺术中，不仅十分注意与居住生活有着密切关系的生态环境质量问题，同样重视与视觉艺术感受有着极为密切关系的景观质量问题。在这种环境景观的创作中，景观的功能与审美是不可分割的统一体。在中华建筑文化的理想环境景观与建筑空间组织中，鲜明地体现了受儒、道、释诸家

哲学理想以及中国传统美学思想的深刻影响。因此，中华建筑文化是中国优秀传统文化在聚落选址、规划和建设中的具体指导和展现。至今能保护完好的一些传统聚落便是最好的例证。

3.3.1 极富哲理的聚落布局

中华建筑文化的理念，不仅要求聚落通过相地构形为寻找外部环境的独特景观，而且在聚落内部布局中更是企求努力营造耐人寻味的景象。英国科技史学者李约瑟在《中国科学技术史》中惊叹地称赞："再也没有别的地方表现得像中国人那样热心体现他们伟大设想'人不能离开自然'的原则……皇宫、庙宇等重大建筑当然不在话下，城乡中无论集中的，或是散布在田园中的宅舍，也都经常显现出一种对'宇宙图案'的感觉，以及作为方向、节令、风向和星宿的象征主义。"那么，能被当做科学技术历史现象的"宇宙图案"，显然不是一条笔直的大街或是十字正交的道路，这些横平竖直的图形在自然界中是难以找到的。宇宙中最容易见到的是日月星辰山峰水流，这就是中华建筑文化所强调的"法天象地"，也就是李约瑟先生所称的"宇宙图案"。

（1）八卦太极的图式布局

诸葛亮后裔营造的聚落，人称八卦村的浙江兰溪诸葛村是一个用九宫八卦阵图式布局的村庄。从高处看，村落位于八座小山的环抱中，小山似连非连，形成了八卦方位的外八卦；村落房屋呈放射状分布，向外延伸的八条巷道，将全村分为八块，从而形成了内八卦；圆形钟池位于村落中心，一半水体为阴，一半旱地为阳，恰似太极阴阳鱼图形。整个村落的布局曲折变幻，奥妙无穷。

新疆特克斯县的八卦城，是座体现易经文化内涵和八卦奇特奥妙思想呈放射状图形的城镇（图3-29）。街道布局如神奇迷宫般，路路相通、街街相连，马路上没有一盏红绿灯，但交通秩序井然。同时，八卦城

具有浓郁的民俗风情、厚重的历史文化和秀美的自然风光。

(a)　　　　　　　　　(b)

图3-29 新疆特克斯县的八卦城

(a) 航拍图　(b) 鸟瞰图

位于浙江武义县境内西南部的俞源太极星象村，是明朝开国谋士刘伯温按天体星象排列布局营造的（图3-30）。村中有"七星塘""七星井"，人文景观与自然景观密切融合，是古生态"天人合一"的经典遗存。

(a)

(b)

图3-30 浙江俞源太极星象村

(a) 全貌　(b) 伯温草堂

福建平和县秀峰乡的福塘村，一泓名为仙溪的溪水自东向西，左转右旋成S形状流经村中，正好是

一条阴阳鱼的界限，将村庄南北分割成"太极两仪"，溪南为"阳鱼"、溪北为"阴鱼"，鱼眼处各建有一座圆形土楼：南阳楼和聚魁楼（图3-31）。从高处

图3-31 福建平和县秀峰乡福塘村鸟瞰示意

俯瞰，全村宛如一个阴阳的太极图，为村落笼罩着浓厚的神秘色彩。福塘村是一座大致形成于明代万历年间至清代顺治、康熙乾隆年间，由南宋理学家朱熹的18代孙朱宜伯（名方毅，字宜伯，生活在清代康熙乾隆年间）根据当地上大峰的自然条件、山川地形，以"聚山通泽气，山泽通处是乾坤"的理念，精心策划，建成的著名"太极村"。朱宜伯谙知天文地理，广施仁德，秉承朱子学说，穷追理学本源，又在其号称永定下坑钟半仙的舅父指点之下，"依太极图形，取不败之意"，定点土楼、筑码头、建城池、学馆、祠堂及大批民宅，为"福塘太极村"奠定基本格局。"福塘太极村"四面环山，南面五凤山（又称南山），高俊挺拔、郁郁葱葱，其状为"火"，号称"南天一柱"，被当地堪舆家誉为"南龙起火顶"；北面谓之秀峰山，连绵起伏，其貌似"水"，缠绵而锦簇；故云靠南为"阳"，居北为"阴"。而太极双仪定位之点的南太极鱼目"南阳楼"位于南山，始建于乾隆年间，由朱宜伯首创，楼高三层，状如蘑菇，装修别致，气势恢宏。北太极之鱼目的"聚奎楼"位于塘背科。据称，聚奎楼圆楼的所在地，原来只是一口稍大的古井，井水清澈甘甜，源源不断，被当地堪舆家视为北太极之鱼目，"聚魁楼"楼高三层，呈八卦形式，楼内三间一单元，是目前已发现的土楼中最独特的平面布局。

福塘村被称为"太极村"，不仅仅是从高处俯瞰该村颇像阴阳太极图，其在很多民居建筑中也留存着很多对太极文化崇拜的遗迹。留秀楼里客厅的天花板至今尚留存着建于明清时期的太极八卦图形。客厅上的天花板依照太极八卦图形修建，其巨型八卦图案更让人耳目一新；同是建于明清时期的茂桂园楼阴阳井，中间以一墙把井一分为二，两户人家共用这样一口井，土墙把两户人家隔开，水井又把两家人的心连在一起，这样的立意，除了可以节省建筑成本，还显示了古人和谐共处的良苦用心。而从福塘村数十栋古民居建筑上发现的镶嵌着太极八卦图形的屋脊和多个太极图形装饰，又可以清晰地发现，村民们对太极文化的崇拜，已由原先的敬佩变成自觉的认同。

（2）隐涵喝形的村落布局

安徽黟县的宏村是个"牛形"结构的村落（图3-32）。全村以高昂挺拔的雷岗山为牛头，苍郁青翠

(a)　　　　　　　　(b)

图3-32 安徽黟县宏村
(a) 平面图　　(b) 村庄风貌

的村口古树为牛角，以村内鳞次栉比、整齐有序的屋舍为牛身，以泉眼扩建成形如半月的月塘为牛胃，以碧波荡漾的南湖为牛肚，以穿堂绕户、九曲十弯、终年清澈见底的人工水圳为牛肠，加上村边四座木桥组成牛腿，远远望去，一头惟妙惟肖的卧牛在青山环绕、碧水涟涟的山谷之间跃然而生，整个村落在群山映衬下展示出勃勃生机，真不愧是牛形图腾的"世界第一村"，理所当然地被列入《世界文化遗产名录》。宏村祖辈们"遍阅山川、详审网络"尊重自然环境的文

化修养,以牛的精神、以牛形结构来规划聚落布局,展现聚落的精神追求。专家们赞誉道:"人们赋予环境以意义和象征性,又从它的意义和象征中得到精神的支持与满足。"宏村人将聚落周边突出的山、树、桥、塘、湖等景物以牛形组织起来,让村民意识到人与动物的和谐关系,时时刻刻都能感受到牛的吃苦耐劳品格对人精神的熏陶,另一方面,以牛头、牛角、牛腿、牛胃、牛肚标定山、树、桥、塘、湖,容易形成简明空间标识,换句话说,在牛形关联位置的控制下,村民出行交往、农耕活动更能方便地判别村落各个角落的方位距离,人地配合之默契必然巩固人际的和谐关系,因此卧牛图腾成为宏村人的集体记忆而代代传承。

(3)融于自然的山村布局

爨底下古村是位置于北京门头沟区斋堂镇京西古驿道深山峡谷中的一座小村(图3-33),相传该村始祖于明朝永乐年间(1403~1424年)随山西向北京移民之举,由山西洪洞县迁移至此,为韩氏聚族而居的山村,因村址住居险隘谷下而取名爨底下村。

图3-33 深山峡谷中的北京爨底下古村落

爨底下古村是在中国内陆环境和小农经济、宗法社会、"伦礼"、"礼乐"文化等社会条件支撑下发展的。它展现出中国传统文化以土地为基础的人与自然和谐相生的环境,以家族血缘为主体的人与人的社会群体聚落特征和以"伦礼"、"礼乐"为信心的精神文化风尚。

人与自然和谐相生是人类永恒的追求,也是中国人崇尚自然的最高境界。爨底下古村环境的创造正是尊奉"天人合一""天人相应"的传统观念,按天、地、生、人保持"循环"与"和谐"的自然规律,以村民的智慧创建了人、自然、建筑相融合的山村环境。

1)运用中华建筑文化理论择吉地建村

爨底下古村运用中华建筑文化地理五诀"寻龙""观砂""察水""点穴"和"面屏",勘察山、水、气和朝向等生态条件,科学的选址于京西古驿道上这一处山势起伏蜿蜒、群山环抱、环境优美独特的向阳坡上。山村地理环境格局封闭回合,气势壮观,"中华建筑文化"选址要素俱全(图3-34)。村后有圆润的龙头山"玄武"为依托,前有形如玉带的泉源和青翠挺拔的锦屏山"朱雀"相照,左有形如龟虎、蝙蝠的群山"青龙"相护,右有低垂的青山"白虎"环抱。形成"负阴抱阳、背山面水","藏风聚气、紫气东来"的背山挡风、向阳纳气的封闭回合格局,使爨底下古村不仅获得能避北部寒风,善纳南向阳光的良好气候,更有青山绿水、林木葱郁、四时光色、景象变幻的自然风光,构成了动人的山水田园画卷,实为营造人与自然高度和谐的山村环境之典范。

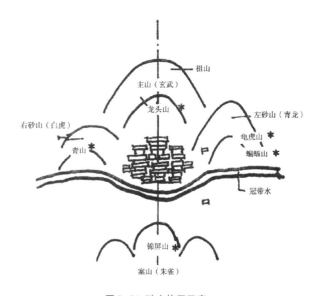

图3-34 砂山格局示意
(注:带"*"者为当地地名)

2）"因地制宜"巧建自然造化的环境空间

充分发挥地利和自然环境优势，结合村民生产、生活之所需，引水修塘，随坡开田，依山就势，筑宅造院。爨底下古村落"顺应自然""因地制宜"的村落布局，以龙头山和锦屏山相连构成南北的"中华建筑文化轴"，将 70 余座精巧玲珑的四合院随山势高、低变化，大小不同地分上下两层，呈放射状灵活布置于有限的山坡上。俯瞰村落的整体布局宛如"葫芦"，又似"元宝"。巧妙地将山村空间布局与环境意趣融于自然，赋予古山村"福禄""富贵"的吉利寓意。

在山地四合院的群体布置中，巧用院落布置的高低错落和以院落为单元依坡而建所形成的高差，使得每个四合院和组成院落的每幢建筑都能获得充足的日照、良好的自然通风和开阔的景观视野；采用密集型的山地立体式布置，以获取高密度的空间效益，充分体现古人珍惜和节约有限的土地，保持耕地能持续利用发展的追求和实践。

充分利用山地高差和村址两侧山谷地势，建涵洞、排水沟等完备有效的防洪排水设施；利用高山地势建山顶观察哨、应急天梯、太平通道及暗道等防卫系统；村内道路街巷顺应自然，随山势高低弯曲的变化延伸，构成生动多变的山村街巷道路空间，依坡而建的山地建筑构成了丰富多变的山村立体轮廓。采用青、紫、灰色彩斑斓的山石和原木建房铺路，塑造出朴实无华、宛若天开的山村建筑独特风貌，充满着大自然的生机和活力。

3）质朴的山村环境精神文化

爨底下古村落不仅环境清新优美，充满自然活力，还以它那由富有人性情感品质的精神环境和浓郁的乡土文化气氛所形成的亲和性，令人叹为观止。

古村落巧借似虎、龟、蝙蝠的形象特征，构建"威虎镇山""神龟啸天""蝙蝠献福""金蟾坐月"等富有寓意的村景，以自然景象唤起人们美好的遐想和避邪吉安的心理追求。村中道路和院落多与蝙蝠山景相呼应，用蝙蝠图像装饰影壁、石墩以寓示"福"到的心灵感受。巧借笔峰、笔架山寓为"天赐文宝、神笔有人"之意象，激励村民读书明理、求知向上等喻示手法来营造山村环境的精神文化。

在兴造家族同居的四合院、立家谱族谱、祭祖坟等营造村落宗族崇拜、血缘凝聚的家园精神文化的同时，建造公用石碾、水井等道路节点空间、幽深的巷道台阶和槐树林荫等富有人本精神的公共交往空间，成为大人小孩谈笑交流家事、村事、天下事、情系邻里的精神文化空间，密切了古村落和谐的社会群众关系。修建"关帝庙""私塾学堂"等伦理教化，读书求知的活动中心，弘扬关帝"仁、义、忠、孝"的精神，以施"伦礼"教化和敦示，规范村民的道德行为，构建和谐环境的精神基础。

（4）以水融情的水乡布局

小洲水乡位于广州市海珠区东南端万亩果树保护区内，保护区由珠江和海潮共同冲积形成，区内水道纵横交错，蜿蜒曲折，并随潮起潮落而枯盈。"岭南水乡"是珠江三角洲地区以连片桑基鱼塘或果林、花卉商品性农业区为开敞外部空间的、具有浓郁广府民系地域建筑风格和岭南亚热带气候植被自然景观特征的中国水乡聚落类型，岭南水乡民居风情融于其中，古桥蚝屋、流水人家，富蕴岭南水乡和广府民俗风情。

1）果林掩映的外部环境

在广阔的珠江三角洲，果木的种植历史悠久，品种繁多，花卉、果林水乡区东北起自珠江前航道，西南止于潭州水道、东平水道。位于海珠区果林水乡的沥村，至今已有 600 年历史，是典型的岭南水乡城镇。这里河涌密布，四面环水，大艇昼夜穿梭，出门过桥渡河。海珠区水乡龙潭村的中央是一处开阔的深潭，处于村中"Y"字形水道交汇处，那是旧时渔船停靠之地，也是全村的形胜之地，由于四周河水汇集此潭，有如巨龙盘踞，故称"龙潭"。除了村口的迎龙桥外，在"龙潭"北面布置有利溥、汇源、康济三座建于清末的平板石桥；南岸有"乐善好施"古牌坊；东北岸有兴仁书院；东岸不远处有白公祠。古村四周古榕参天，河道驳岸、古桥、书院、古民居、古牌坊、祠堂等古建筑群和参天古榕围合成多层次、疏密有序的岭南水乡空间格局。

2）潮道密布的水网系统

珠江水系进入三角洲地区后，愈向下游分汊愈多，河道迂回曲折，时离时合，纵横交错。密布交错的河网为这一带具有广府文化特色的水乡聚落孕育形成了天然的水网环境基础。

小洲就是以"洲"命名的明清下番禺水乡村落之一。小洲位于海珠区东南部的赤沙—石溪涌河网区，村落中心区的水网由西江涌、大涌及其分汊支流大冈、细涌等组成，区内河道迂环曲折，潮涨水满，潮退水浅。西江涌是流经小洲的最大河涌，从村西边自南向北绕村而过，到村北约一公里处拐了个大弯，自北而东南，又自东南而东北，这一段至河口称为"大涌"，在村的东北角汇入牌坊河；村西的西江涌分别在西北角和西南角处各分支成两条小河汊，西北分汊一支南流经村中心汇合西江涌从南面过来的另一支小涌后迂回东折，最后汇入细涌，这一"Y"字形水系当地通称"大冈"；西江涌另一分支东流在天后庙、泗海公祠的"水口"位置汇入细涌，西江涌在西南角的另两支河汊，一支北流在村中心汇入大冈，一支绕过村落南缘汇入村东的细涌。绕村东而过的细涌，是流经小洲的第二大河涌，它接纳村中的三支小涌后，呈S形自南向北在村东北角流入大涌，整个小洲水乡聚落的河网，呈明显的网状结构。而在这个水网外围，还存在着与之相通的果园中细长的小河沟，形成一个庞大的水网系统，这个河网水位随潮汐而涨落，就像人的血管一样，成为小洲水乡村落和居民疏通生活污水，完成新陈代谢的生命网络。

3）村落水巷景观

小洲的水巷景观大致可分为以下四类：

a. 外围单边水巷

小洲外围的河涌水巷一般在靠村的一侧砌筑红砂岩或麻石（花岗岩）驳（堤）岸，在巷口对出的地方设置埠头，岸上铺上与河道平行的麻石条三至五条，在民居围合的街巷，临街处往往会修筑闸门楼，直对并垂直条石街和河涌。西江涌的另一侧河岸是连片的果林、水塘和泥筑果基，村西的西江涌和村北的河道水巷多数呈现村落一侧是麻石道和村外是大片水塘、果林、泥基的单边水巷景观。

b. 内部双边水巷

穿过村中心的大岗是小洲村民联系外界的主要通道，也是本村最典型的双边水巷，大岗北段是由西、北两组建筑围合成的水巷，民居的街巷巷门大都垂直朝向河涌，河涌两岸的民居，街巷两两相对或相错。道路双边均铺设与河道平行的麻石石板路，在石板路与河道之间，靠水岸的地方一般种植龙眼、榕树等岭南树种，形成宽敞、树木葱茏的水道景观。

河涌对出的河堤大都砌筑凹进或凸出河面的私家小埠头，可谓家家临水，举步登舟。流经村落的河道两岸用麻石、红砂岩砌筑驳岸，驳岸每隔一段设置小埠头，有的为跌落河涌的阶梯状，有的凸出河岸两边或一边开石阶，一般正对一侧的巷门方便村民上下船和浣洗衣物。小洲内河大岗的埠头区分十分严格，各房族及家族、家庭各用不同的埠头，有的埠头还特意加以说明。

大岗东折的一段由北、南两组建筑围合，北部组团的巷门正对垂直河涌，西南部组团的民居则背倚河岸而建，在后面开门窗或开小院落，一正一反的建筑围合成水巷空间。

小洲村中以麻石平板桥居多，著名的有细桥（白石）、翰墨桥（又称"大桥"）、娘妈桥（白石）、东园公桥（白石）、东池公桥（白石）、无名石桥等；

竹木桥有牌坊桥、青云桥等。大岗这一段河涌铺砌了六七座简易的平板石桥，或一板或二三板，平直、别致而稳当，连通南北。细桥和翰墨桥是这段河涌中最为著名的平板古石桥。

c. 街市

小洲的水乡街市主要集中在村东的东庆大街 — 东道大街 — 登瀛大街，一直延伸到本村最大的对外交通码头 — 登瀛古码头一带，是村中古商铺最为集中、商业最为繁华的地方。从商铺分布的格局来看，这里初具小镇规模。

d. 街巷景观

走进小洲水乡内巷，古村的空间结构，以里巷为单位布局规整，整齐通畅的巷道起到交通、通风和防火作用；在村落的朝向上，把民居、祠堂等乡土建筑面向河涌，建筑构成的里巷与河涌垂直，直对小埠头。与麻石或红砂岩石板巷道平行的排水道在接纳各家各户的生活污水后顺地势而下汇入河涌。

小洲内巷中偶尔还会见到一种珠江三角洲独特的蚝壳屋。蚝壳屋的每堵墙都挑选大蚝壳两两并排，堆积成列建成，后再用泥沙封住，使墙的厚度达80cm。用这种方式构建的大屋，冬暖夏凉，而且不积雨水，不怕虫蛀，很适合岭南的气候。

（5）富蕴寓意的规划布局

浙江秀丽的楠溪江风景区，江流清澈、山林优美、田园宁静。这里村寨处处，阡陌相连，特别是保存尚好的古老传统民居聚落，更具诱惑力。

"芙蓉""苍坡"两座古村位居雁荡山脉与括苍山脉之间永嘉县岩头镇南、北两侧。这里土地肥沃、气候宜人、风景秀丽、交通便捷，是历代经济、文化发达地区。两村历史悠久，始建于唐末，经宋、元、明、清历代经营得以发展。始祖均为在京城做官之后，在此择地隐居而建。在宋代提倡"耕读"，入仕为官、不仕则民的历史背景和以农为主、自给自足的自然经济条件下，两村由耕读世家逐渐形成封闭的家族结

构，世代繁衍生息。经世代创造、建设，使得古村落的整体环境、建筑模式、空间组合及风情民俗等，都体现了先民对顺应自然的追求和"伦理精神"的影响。两村富有哲理和寓意的村落布局、精致多彩的礼制建筑、质朴多姿的民居、古朴的传统文明、融于自然山水之中的清新，优美的乡土环境，独具风采，令人叹为观止。

1）寓意"七星八斗"的"芙蓉"村

"芙蓉"村是以"七星八斗"立意构思（图3-35），结合自然地形规划布局而建。星 — 即是在道路交汇点处，构筑高出地面约10cm、面积约2.2m²的方形平台。斗 — 即是散布于村落中心及聚落中的大小水池。它象征吉祥，寓意村中可容纳天上星宿，魁星立斗、人才辈出、光宗耀祖。全村布局以七颗"星"控制和联系东、西、南、北道路，构成完整的道路系统。其中以寨门入口处的一颗大"星"（4m×4m的平台）作为控制东西走向主干道的起点，同时此"星"也

1. 村口门楼；2. 大"星"平台；
3. 大"斗"中心水池；4. 文化中心；
5. 商业集市；6. 扩建新宅

(a)

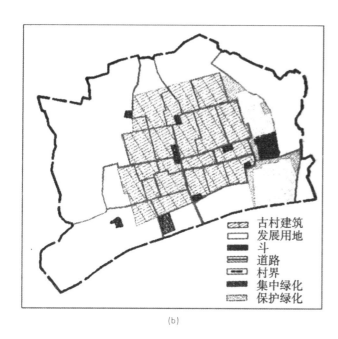

图 3-35 浙江永嘉芙蓉古村落

(a) 芙蓉村规划图　(d) "七星八斗" 的隐喻布局

作为出仕人回村时在此接见族人村民的宝地。村落中的宅院组团结合道路结构自然布置。全村又以"八斗"为中心分别布置公共活动中心和宅院，并将八个水池进行有机地组织，使其形成村内外紧密联系的流动水系，这不仅保证了生产、生活、防卫、防火、调节气候等的用水，而且还创造了优美奇妙的水景，丰富了古村落的景观。经过精心规划建造"芙蓉"村，不仅布局严谨、功能分区明确、空间层次分明有序，而且"七星八斗"的象征和寓意更激发乡人的心理追求，创造了一个亲切而富有美好联想的古村落自然环境。

2）寓意"文房四宝"的"苍坡"村

"苍坡"村的布局以"文房四宝"立意构思进行建设（图3-36）。在村落的前面开池蓄水以象征"砚"；池边摆设长石象征"墨"；设平行水池的主街象征"笔"

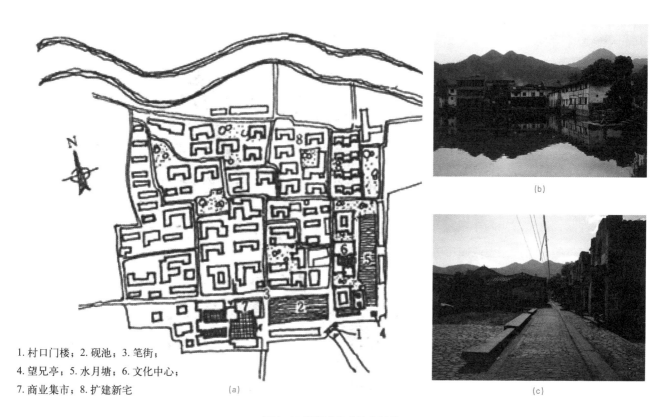

1. 村口门楼；2. 砚池；3. 笔街；
4. 望兄亭；5. 水月塘；6. 文化中心；
7. 商业集市；8. 扩建新宅　　(a)

图 3-36 浙江永嘉苍坡古村落

(a) 苍坡村规划图　(b) 苍坡村景象　(d) 苍坡村笔街、石条墨和笔架山

（称笔街）；借形似笔架的远山（称笔架山）象征"笔架"。有意欠纸，意在万物不宜过于周全，这一构思寓意村内"文房四宝"皆有，人文荟萃，人才辈出。据此立意精心进行布置的"苍坡"村形成了以笔街为商业交往空间，并与村落的民居组群相连；以砚池为公共活动中心，巧借自然远山景色融于人工造景之中的格局，构成了极富自然的村落景观。这种富含寓意的村落布局，给乡人居住、生活的环境赋予了文化的内涵，创造了蕴含想象力和激发力的乡土气息，陶冶着人们的心灵。

古村落位居山野，与大自然青山绿水融为一体的乡土环境和古村落风貌具有独特的魅力。造村者利用大自然赋予的奇峰、群山的优美形态，丰富村落的空间轮廓线，衬托出古村落完美的形象。借自然山水之美，巧造村景。"芙蓉"村的美名正是由造村者因借村外状似三株待放的芙蓉奇峰之美，映入村内中心水池，每当晚霞印池有如芙蓉盛开的美景而得名；引山泉入村、沿村落寨墙、道路和宅边的水渠潺潺而流，沟通村内水池形成流动水系，使古村落充满无穷的活力。古村落的美景，令人陶醉。

3.3.2 中国四大保存最完整的古镇 房屋建筑各具特色

（1）四川阆中古城

阆中古城，位于四川阆中新城的旁边、嘉陵江畔（图3-37、图3-38）。古城阆中的建筑风格体现了我国古代的居住风水观，棋盘式的古城格局，融南北风格于一体的建筑群，形成"半珠式"、"品"字形、"多"字形等风格迥异的建筑群体，是中国古代建城选址"天人合一"完备的典型范例。

古城建址是完全按照唐代天文风水理论的一座城市，被誉为风水古城。阆中，素有"阆苑仙境"、"巴蜀要冲"之誉，唐代诗人杜甫在这里留下了"阆州城南天下稀"的千古名句。

图3-37 阆中古城

图3-38 古城一角

（2）山西平遥古镇

平遥古镇位于山西的平遥古城（图3-39），是一座具有2700多年历史的文化名城，是中国目前保存最为完整的四座古城之一，也是目前我国唯一以整座古城申报世界文化遗产获得成功的古县城。

图 3-39 平遥古镇

平遥基本保存了明清时期的县城原型，有"龟城"之称。街道格局为"土"字形，建筑布局则遵从八卦的方位，体现了明清时的城市规划理念和形制分布。城内外有各类遗址、古建筑 300 多处，有保存完整的明清民宅近 4000 座，街道商铺都体现历史原貌，被称作研究中国古代城市的活样本。它完整地体现了17 至 19 世纪的历史面貌，为明清建筑艺术的历史博物馆。

（3）云南丽江古城

丽江古城海拔 2400m，是丽江纳西族自治县的中心城市，是中国历史文化名城之一，是国家重点风景名胜区。城镇、建筑本身是社会生活的物化形态，民居建筑较之官府衙署、寺庙殿堂等建筑更能反映民族与地区的经济文化、风俗习惯和宗教信仰。丽江古城民居在布局、结构和造型方面按自身的具体条件和传统生活习惯，结合了汉族以及白族、藏族民居的传统，并在房屋抗震、遮阳、防雨、通风、装饰等方面进行了大胆的创新发展，形成了独特的风格。

图 3-41 丽江古城二

图 3-42 城门

依托三山而建的古城，与大自然产生了有机的统一，古城瓦屋，鳞次栉比，四周苍翠的青山，把紧连成片的古城紧紧环抱（图 3-40 ～图 3-42）。

（4）安徽歙县

歙县自秦建制以来，历为郡、州、路、府所在地。千年以来就是府县同城，直至近代才告终结，是古徽州政治、经济和文化中心。秀丽山水与古朴建筑交融化合，使人步入歙县，既仿佛踏入清丽的山水画廊，又仿佛走进古典建筑艺术的博物馆（图 3-43）。

图 3-40 丽江古城一

图 3-43 歙县一角

3.3.3 传统聚落空间布局的启迪

将聚落形态加以形象化的布局，颇富哲理和寓意，看似有点神话般的故事，但这种把直观自然现象的"宇宙图案"作为聚落布局的结构模式，便于突出聚落的空间特色和规划管理是有很多好处的，这对现代的聚落规划仍然颇有启迪的意义。

1）**特色明显**

有图像形态的聚落，空间特色明显，容易让人建立简洁的心理意象，记忆牢固，回忆轻松。

2）**秩序良好**

有结构模式的聚落，各个部位都要符合整体的布局，各就各位，不许跑调也不能走样，在宏观控制下形成良好的秩序。

3）**不易改变**

有"宇宙图案"的聚落，居民会认为这个图案是神灵所赐，是与外部永恒的山川形胜相对应的，聚落的兴旺安危全都系在这个图案的完整上，他们不轻易改变聚落的形态，保持聚落布局的连续性，使聚落的布局管理始终处于自组织的状态中，从而有效地延续空间特色。

（4）**人地融洽**

有图式构形的聚落，人们容易体会到聚落是在大自然中生根，从大自然中萌芽，与大自然共同生长的，每时每刻都散发着泥土芳香和美感韵味，因而人们能以爱抚的心情来珍惜生活里的一草一木，善待脚下的每一寸土地，来爱护聚落中的每一项公共设施。

总之，聚落的形象化布局不仅仅是先哲们创立的中华建筑文化"天人合一"传统文化的引申，对聚落布局的形成、环境景观的营造和持续发展都有着极为深刻的意义，为此，在现代城乡规划设计中应加以弘扬，以确保城乡规划设计更富科学性、文化性和合理性，传承中华建筑文化为营造各具特色的城镇风貌，发挥中华建筑文化的积极作用。

4 城镇的特色风貌规划

　　改革开放给中国城乡经济发展带来了蓬勃的生机,城镇和乡村的建设也随之发生了日新月异的变化。特别是在沿海较发达地区,星罗棋布的城镇生机勃勃,如雨后春笋,迅速成长。从一度封闭状态到思想开放的人们,无论是城市、城镇或者是乡村最敏感、最关注、最热衷、最时髦、最向往的发展形象标志就是现代化。至于什么是现代化则盲目地追求"国际化"。很多城市从规划、决策到实施处处沉溺于靠"国际化"来摘除"地方落后帽子"的宏伟规划,不切实际地一味与国外城市的国际化攀比,而城镇的建设盲目地照搬城市的发展模式,导致了在对历史文化和自然环境、生态环境严重破坏的同时,大广场、大马路、大草坪的"政绩工程",不切实际地高速度、赶进度的"献礼工程",缺乏文化内涵的"欧陆风"和片面的追求"仿古复古"之风盛行,不仅造成了"千镇一面、百城同貌"的呆板单调格局,甚至怀着猎奇的心态,以怪为美,盲目地进行模仿,结果造成了中西杂处、五颜六色、奇形怪状、五味杂陈的那种凌乱而无序的奇观随处可见。在很多城镇,既看不到经过根据城镇特色进行科学规划设计带来的整体协调、特色显著的美感,更看不到与环境相融、富含乡土文化和时代气息的城镇特色风貌,留给人们的只是一种沉重而无奈的遗憾。这使得很多城镇都失去原有的特色风貌,失去了应有的地方性和可识别性,破坏了环境景观,进而严重地影响到城镇的经济发展。因此,努力营造各具特色的城镇风貌,便成为当前城镇建设的热门话题。

　　历史是根,文化是魂。一座城镇的特色风貌,应该是当地居民生活的缩影,也是当地历史文化的传承。

　　城镇特色风貌是一种文化,是智慧的结晶,是社会、经济、地理、自然和历史文化的综合表现。城镇也如同人一样是一个具有生命的物质载体。因此,城镇的特色风貌也就是城镇精气神的展现。我国传统中医诊察疾病的四大方法是"望、闻、问、切。"把"望"放在首位,即从观察人的神气、形态上观察其健康与否。这是因为,生命物质起源于精;生命能量物质起源于精;生命能量有赖于气;生命活力表现为神。因此,我国优秀传统文化中,《黄帝内经》虽然没有把"精、气、神"三个字连在一起加以阐述,但"精气"和"精神"的概念却时常出现,这充分说明"精""气""神"三者的密切关系,比如"阴平阳秘,精气乃治;阴阳离决,精气乃绝",又如"呼吸精气,独立守神"。后世道家把它归纳为"精气神",并称"天有三宝,日月星;地有三宝,水火风;人有三宝,精气神,善用三宝万事通。"又说"上药三品,神与气精。"在我国优秀传统的"和合文化"熏陶下,形成和发展起来的很多如诗如画传统聚落都是善用"三宝"的典范,也都能以其独特的精气神形成引人入胜，令人神往的城镇风貌，颇为值得我们在进行城镇建设中借鉴。

确实加强包括自然环境和人文环境的生态保护以及落实全面统筹综合经济发展，是确保城镇建设的关键所在，是形成城镇精气的根源，是营造城镇特色风貌的"精"。

建立和完善城镇的综合管理措施，是确保城镇建设有序运行的重要保证，这正如只有确保人体的气血运行通畅，才能维护身体的健康，因此有效地管理措施是实现城镇特色风貌的"气"，关于城镇的建设管理请见本书第8章。

在借助、调谐自然景观和人文环境景观的基础上，城镇的规划、城市设计、建筑设计和建设还应努力塑造城镇环境景观，以展现城镇充满活力的艺术形象，是形成城镇独具魅力的表现。因此，城镇环境景观的塑造是城镇特色风貌的"神"。

4.1 传统聚落的风貌保护

在中国传统文化中，把"和谐"作为最高的理想追求，强调与天地、自然的融合，形成各具特色风貌的村镇聚落，令世人瞩目。

4.1.1 传统聚落的形成

聚落，也称为居民点。它是人们定居的场所，是配置有各类建筑群、道路网、绿化系统、对外交通设施以及其他各种公用工程设施的综合基地。

聚落是社会生产力发展到一定历史阶段的产物，它是人们按照生活与生产的需要而形成的聚居地方。在原始社会，人类过着完全依附于自然采集和猎取的生活，当时还没有形成固定的住所。人类在长期与自然的斗争中，发现并发展了种植业和养殖业，于是出现了人类社会第一次劳动大分工，即渔业、牧业同农业开始分工，从而出现了以农业为主的固

定居民点 — 村庄。

随着生产工具的进步，生产力的不断发展，劳动产品就有了剩余，人们将剩余的劳动产品用来交换，进而出现了商品通商贸易，商业、手工业与农业、牧业劳动开始分离，出现了人类社会第二次劳动大分工。这次劳动大分工使居民点开始分化，形成了以农业生产为主的居民点 — 村庄；以商业、手工业生产为主的居民点 — 城镇。目前我国根据居民点在社会经济建设中所担负的任务和人口规模的不同，把以农业人口为主，从事农、牧、副、渔业生产的居民点称之为乡村；把具有一定规模的，以非农业人口为主，从事工、商业和手工业的居民点称之为城镇。

4.1.2 传统聚落的布局特点

不只是我们人类，即使是动物，也懂得选择适当的环境居留，因为环境与其安危有密切的关系。一般的动物，总会选择最安全的地方作为其栖息之处，而且该地方一定能让它们吃得饱并养育下一代，像我们常说的"狡兔三窟""牛羊择水草而居""鸟择高而居"等就包含着这层意思。

人类从风餐露宿、穴居野外或巢居树上逐渐发展到聚落、村庄直到城市，正是人类创造生存环境的漫长历史变迁。中国传统民居聚落产生于以农为主、自给自足的封建经济历史条件下，世代繁衍生息于农业社会循规蹈矩的模式之中。先民们奉行着"天人合一""人与自然共存"的传统宇宙观创造生存环境，是受儒、道教传统思想的影响，多以"礼"这一特定的伦理精神和文化意识为核心的传统社会观、审美观来指导建设村寨。从而构成了千百年传统民居聚落发展的文化脉络。尽管我国幅员辽阔、分布各地的多姿多彩的民居聚落都具有不同的地域条件和生活习俗而形成各具特色古朴典雅、秀丽恬静的民居聚落，同时又以同受中国历史条件的制约，受"伦理"和"天人合一"这两个特殊因素的影响而具有共性之处。

在传统的村镇聚落中，先民们不仅注重住宅本身的建造，还特别重视居住环境的质量。

在《黄帝宅经》总论的修宅次第法中，称"宅以形势为身体，以泉水为血脉，以土地为皮肉，以草木为毛皮，以舍室为衣服，以门户为冠带。若得如斯，是为俨雅，乃为上堂。"极为精辟地阐明了住宅与自然环境的亲密关系，以及居室对于人类来说有如穿衣的作用。

"地灵人杰"即是人们对风景秀丽，物产富饶，人才聚集的赞美。

安居乐业是人类的共同追求，人们常说的"地利人和"，道出优越的地理条件和良好的邻里关系是营造和谐家居环境的关键所在。"远亲不如近邻"以及"百万买宅、千万买邻"的成语都说明了构建密切邻里关系的重要。《南史·吕僧珍传》："宋季雅罢南康郡，市宅居僧珍宅侧。僧珍问宅价。曰'一千一百万'怪其贵。季雅曰：'一百万买宅，千万买邻。'"因以"百万买宅，千万买邻"比喻好邻居千金难买。(宋) 辛弃疾《新居上梁文》："百万买宅，千万买邻，人生孰若安居之乐？"。"孟母三迁"脍炙人口的历史故事，讲的是战国时代，孟子的母亲为了让他能受到好的教育，先后搬了三次家。第一次搬到坟场旁边，环境非常不好；第二次搬到喧闹的市集，孟子无心学习；最后又搬到了国家开设的书院附近，孟子才开始变得守秩序、懂礼貌、喜欢读书。含辛茹苦的孟妈妈满意地说："这才是我儿子应该住的地方呀！"后来，孟子受名校的熏陶，在名师的指导下，成了中国伟大的思想家。"近朱者赤，近墨者黑"。这些都十分鲜明地显示出人与环境有着环境育人的紧密关系。

在总体布局上，民居建筑一般都能根据自然环境的特点，充分利用地形地势，并在不同的条件下，组织成各种不同的群体和聚落。

（1）村镇聚落民居的布局形态

a. 乡村民居常沿河流或自然地形而灵活布置。

村内道路曲折蜿蜒，建筑布局较为自由、不拘一格。一般村内都有一条热闹的集市街或商业街，并以此形成村落的中心。再从这个中心延伸出几条小街巷，沿街巷两侧布置住宅。此外，在村入口处往往建有小型庙宇，为村民举行宗教活动和休息的场所（图4-1）。总体布局有时沿河滨溪建宅（图4-2）；有时傍桥靠路筑屋（图4-3）。

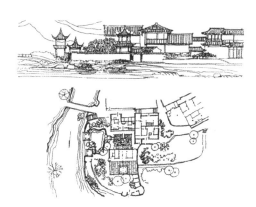

图 4-1 新泉桥头民居总体布置及村口透视

图 4-2 新泉村水边住宅

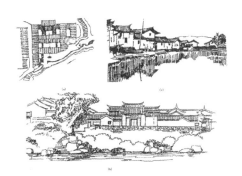

图 4-3 莒溪罗宅北立面图和平面

b. 在斜坡、在台地和那些狭小不规则的地段，在河边、在山谷、在悬崖等特殊的自然环境中，巧妙地利用地形，所提供的特定条件，可以创造出各具特色的民居建筑组群和聚落，它们与自然环境融为一体，构成耐人寻味的和谐景观。

c. 利用山坡地形，建筑一组组的民居，各组之间有山路相联系，这种山村建筑平面自然、灵活，顺地形地势而建。自山下往上看，在绿树环抱之中露出青瓦土墙，一栋栋素朴的民居十分突出，加之参差错落层次分明，颇具山村建筑特色（图 4-4）。

图 4-4 下洋山坡上民居分布图及外观

d. 台地地形的利用。在地形陡峻和特殊地段，常常以两幢或几幢民居成组布置，形成对比鲜明而又协调统一的组群，进而形成民居聚落。福建永定的和平楼（图 4-5）是利用不同高度山坡上所形成的台地，建筑了上、下两幢方形土楼。它们一前一后，一低一高，巧妙地利用山坡台地的特点。前面一幢土楼是坐落在不同标高的两层台地上，从侧面看上去，前面低而后面高。相差一层，加上后面的一幢土楼正门入口随山势略微偏西面，打破了重复一条轴线的呆板布局。从而形成了一组高低错落，变化有序的民居组群。

图 4-5 永定和平楼侧立面

e. 街巷坡地的利用。坐落在坡地上的乡镇，它的街巷本身带有坡度。在这些不平坦的街巷两侧建造民居，两侧的院落座落在不同的标高上，通过台阶进入各个院落，组成了富于高低层次变化的建筑布局。福建长汀洪家巷罗宅（图 4-6）坐落在从低到高的狭长小巷内，巷中石板铺砌的台阶一级一级层叠而上。洪宅大门入口开在较低一层的宅院侧面。随高度不同而分成三个地坪不等高的院落，中庭有侧门通向小巷，后为花园。以平行阶梯形外墙相围，接连的是两个高低不同的厅堂山墙及两厢的背立面。以其本来面目出现该高则高，是低则低，使人感到淳朴自然，亲切宜人。

图 4-6 坡地街巷

（2）聚族而居的村落布局

家族制度的兴盛，使得民居聚落的形式和民居建筑各富特色，独具风采。

家族制度的一个重要表现形式，就是聚族而居，很多乡村的自然村落，大都是一村一姓。所谓"乡村多聚族而居，建立宗祠，岁时醮集，风犹近古"。这种一村一姓的聚落形态，虽然在布局上往往因地制宜，呈现出许多不同的造型，但由于家族制度的影响，聚落中必须具备应有的宗族组织设施，特别是敬神祭祖的活动，已成为民间社会生活的一项重要内容。因此，聚落内的宗祠、宗庙的建造，成为各个家族聚落显示势力的一个重要标志和象征。这种宗祠、宗庙大多建筑在聚落的核心地带，而一般的民居，则环绕着宗祠、宗庙依次建造，从而形成了以家族祠堂为中心的聚落布局形态。福建泉港区的玉湖村，这里是陈姓的聚居地，现有陈姓族人近 5000 人。全村共有总祠 1 座，分祠 8 座。总祠坐落在村庄的最中心，背西朝东，总祠的近周为陈姓大房子孙聚居。二房、三房的分祠坐落在总祠的左边（南面），坐南朝北，围绕着二房、三房分祠而修建的民居。也都是坐南朝北。总祠的左边（北面）是六、七、八房的聚居点，这三房的分祠则坐北朝南，民居亦坐北朝南。四房、五房的子孙则聚居在总祠的前面，背着总祠、大房，面朝东边。四房、五房的分祠也是背西朝东。这样，整个村落的布局，实际上便是一个以分祠拱卫总祠，以民居拱卫祠堂的布局形态（图 4-7）。

福建连城的汤背村，这是张氏家族聚居的村落，全族共分六房，大小宗祠、房祠不下 30 座。由于汤背村背山面水，地形呈缓坡状态，因此这个村落的所有房屋均为背山（北）朝水（南）。家族的总祠建造在聚落的最中心，占地数百亩，高大壮观，装饰华丽。大房、二房、三房的分祠和民居分别建造在总祠的左侧；四房、五房、六房的分祠和民居则建造在总祠的右侧，层次分明，布局有序（图 4-8）。

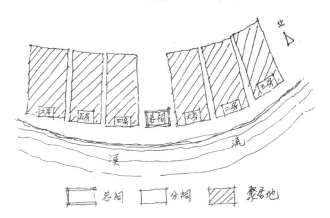

图 4-8 福建省连城县汤背村张氏总祠及各分祠分布示意

以家族宗祠为核心的聚落布局，充分体现了宗祠的权威性和民居的向心观念。为了保障家运族运久远，各个家庭都十分重视祠堂的风水气脉。祠堂选址，讲究山川地势，藏风得水，前案后水，背阴向阳，以图吉利兴旺。如连城邹氏家族的华堂祠，"观其融结之妙，实擅形胜之区，觇脉络之季蛇，则远绍水星之幛，审阴阳之凝聚，则直符河络之占局，环龙水汇五派以潆泗，栋宇接鳌峰，靠三台而挺秀，是诚天地之所钟，鬼神之所秘，留为福人开百代之冠裳者也。而且结构精严，规模宏整，瞻其栋宇，而栋宇则巍峨矣，览其垣墉，而垣墉则孔固矣，门厅堂室，焕然一新。"此外，以家族祠堂为核心的聚落布局，还特别重视家庙的建筑布局。家庙大多建造在村落的前面，俗称"水口"处，显得十分醒目。家庙设置在村落的前面（水口），一方面当然是企图借助神的威力，抵御外来邪魔晦气对于本家族的侵扰，另一方面则是大大增强了家族聚落的外部威严感。在村口、水口家庙的四周，

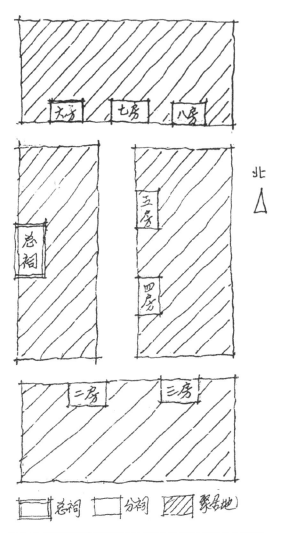

图 4-7 福建泉州泉港区玉湖村陈氏总祠及各祠分布示意

往往都栽种着古老苍劲的高大乔木树林，更显得庄严肃穆。家族聚落的布局，力求从自然景观、风水吉地、宗祠核心、家庙威严等各个方面来体现家族的存在，使家族的观念渗透到乡人、族人的日常生活中去。

广东东莞茶山镇的南社村，保存着较好的古村落文化生态，它把民居、祠堂、书院、店铺、古榕、围墙、古井、里巷、门楼、古墓等融合为一体，组成很有珠江三角洲特色的农业聚落文化景观（图4-9）。古村落以中间地势较低的长形水池为中心，两旁建筑依自然山势而建，呈合掌对居状，显示了农耕社会的内敛性和向心力。南社在谢氏入迁前，虽然已有十三姓杂居，但至清末谢氏则几乎取其他姓而代之，除零星几户他姓外，基本上全都是谢氏人口，成了谢氏村落。历经明清近600年的繁衍，谢氏人口达3000多人。在这个过程中，宗族的经营和管理对谢氏的发展、壮大显得尤为重要。南社古村落现存的祠堂建筑反映了宗族制度在南社社会中举足轻重的地位。珠江三角洲一带把村落的称为"围"，村子显著的地方则称"围面"。南社祠堂大多位于长形水池两岸的围面，处于古村落的中心位置，鼎盛时期达36间，现存25间。其中建于明嘉靖三十四年（1555年）的谢氏大宗祠为南社整个谢氏宗族所有，其余则为家祠或家庙，分属谢氏各个家族。与一般民居相比，祠堂建筑显得规模宏大、装饰华丽。各家祠给族人提供一个追思先人

图4-9 南社古村落以长形水池为中心合掌而居

的静谧空间。祠堂是宗族或家族定期祭拜祖先，举办红白喜事，族长或家长召集族人议事的场所。宗族制度在南社明清时期的权威性可以从围墙的修建与守卫制度的制定和实施得到很好的印证。建筑作为一种文化要素携带了其背后更深层的文化内涵，通过建筑形态或建筑现象可以发现其蕴含的思想意识、哲学观念、思维行为方式、审美法则，以及文化品位等等。南社明清古村落之聚落布局、道路走向、建筑形制、装饰装修等方面无不包涵丰富的文化意喻。南社明清古村落的布局和规划反映了农耕社会对土地的节制、有效使用和对自然生态的保护。使得自然生态与人类农业生产处于和谐状态，对于我们现在规划设计仍然是颇为值得学习和借鉴的。

4.2 城镇的自然环境保护

自然环境是聚落选址的主要依据，这是营造城镇特色风貌的基础。在迅速工业化的过程，很多城镇受到临近城市工业化的影响以及乡镇企业的盲目发展导致了环境污染十分严重，破坏了环境的和谐，严重影响了人们的生产和生活。为此，要营造城镇的特色风貌首先必须做好自然环境的保护。

4.2.1 城镇自然环境保护的意义

我国的现代化建设，要走适合国情的路子，实现环境优美，生态健全的具有中国特色的社会主义现代化。与此相应的环境保护的奋斗目标是：全国环境污染基本得到控制，自然生态基本恢复良性循环，城乡生产生活环境清洁、优美、安静，全国环境状况基本上能够同国民经济的发展和人民物质文化生活的提高相适应。

"环境"，实际上是指人们生活周围的境况。这个"环境"，有大小之别。我们说"人类生活的环境"，便是地球上的环境。人类的生活环境与哪些因素有关

呢？说来，不外乎人们呼吸的空气，饮用水的水源，以及生长粮食、蔬菜的土地等。它们都处在地球的外层或表层，通常分别称其为大气圈、水圈、岩石（土壤）圈。事实上，在地球的表层中，除了上述无生命的物质之外，还生存着大约 150 万种动物、19 万种植物及 30 万种微生物。人们把地球表层的大气圈、水圈、岩石圈，连同其间的近 200 万种生物，统称其为生物圈。人类，就生活在这个偌大的生物圈里。其中的大气、水域和土壤，是与人类生存密切相关的主要环境因素。

当然，就"环境"的广义概念来说，有自然环境和社会环境之分。但"环境保护"所指的环境，通常主要指自然环境而言。

正常情况下，天空是湛蓝的，大气是清新的，水是清澈的，土地上百花吐艳、万物争荣……。这样的环境，便是适宜的、美好的。然而，随着工业的发展，人们不难发现：有的地区，各种工业废气使空气污浊发生异味，河流和湖泊被工业废水弄得肮脏不堪……。这就是环境受到了污染。这些污染大气的烟尘和有害气体，污染水域的有毒有害物质，叫做环境的污染物；排放这些污染物质的烟囱、排水口等，或者把排放这些污染物的场所，称为环境的污染源。但当只有少量污染物排入环境时，并不一定都会发生环境污染，例如工厂烟囱排出的烟尘不很浓重时，很快扩散到大气中，被风儿吹得无影无踪，于是，天空又恢复了澄清的蓝色。这是因为，环境（大气）有一定的"容量"，当污染物（烟尘）不超过它的容量时，能被稀释、扩散，使环境的"质量"维持在良好状态。环境的这种自身的净化作用，称为环境的自净。但当污染物质超过了环境容量这个限度，其环境的自净作用便无能为力了，于是，便出现了污染环境。

环境的污染，有自然原因和人为原因两种。像火山的爆发、山洪的倾泻、剧烈的地震以及飓风的奇袭和海啸的冲击等，都会造成人类局部生活地区自然环境的污染或破坏，这是自然原因造成的。但是，环境的污染和破坏，主要是指由于人类的生产活动造成的。恩格斯很早就指出这样的事实："美索不达米亚、希腊、小亚细亚以及其他各地的居民，为了想得到耕地，把森林都坎完了，但是他们做梦也想不到，这些地区今天竟因此成为荒芜不毛之地，因为他们使这些地区失去了森林，也失去了积聚和贮存水分的中心。阿尔卑斯山的意大利人，在山南砍光了在山北坡被十分细心地保护的松林，他们没有预料到，这样一来，他们把他们区域里的高山畜牧业的基础给摧毁了；他们更没有预料到，他们这样做，竟使山泉在一年中的大部分时间内枯竭了，而在雨季又使更加凶猛的洪水倾泻到平原上。"这就是人类干预和破坏自然环境的结果，或者说，是大自然对于人类的报复和惩罚。恩格斯在总结这一教训之后，曾严正警告后人说："我们不要过分陶醉于我们对自然界的胜利。对于每一次这样的胜利，自然界都报复了我们。"然而，由于种种原因，人们常常是依然我行我素，重蹈历史覆辙，并没有按照自然规律办事，结果，总是一次又一次地遭受自然界的无情惩罚。姑且不说滚滚黄河每年从西北黄土高原冲刷下来的数以亿万计的泥沙，是我们祖先砍伐了那里茂密的森林的后果；就在 20 世纪初，由于大量砍伐了长江上游的林木，结果到了 20 世纪 80 年代，竟在"天府之国"的四川省境内，连续几年发生了特大洪水，造成灾难。为了在向大自然索取的生产活动中不再重演被自然界肆意惩罚的恶作剧，并能动地按照经济规律和自然规律办事，以防止环境的污染和破坏，求得利用自然、调谐自然的胜利，人类开展了环境保护工作，并相应地诞生了力图解决环境问题的新学科——环境科学。

伴随环境科学的兴起和发展，一门研究各种生物（包括动物、植物和微生物）之间，以及生物与环境（包括大气、水域、土壤等）之间相互关系和作用的科学——生态学，也获得长足的发展。从生态学看来，生物种群（群落）与其周围的环境构成一个有机整体，称为生态系统。其中的生物与生物，以及生物与其相应的环境之间，存在相互依存、相互影响、相互制约而又相互统一、和谐的关系。在生态系统中，能够通过光合作用制造有机物质的绿色植物，叫做"生产者"；把以植物为食的动物（食草动物），以及进而以食草动物为食的动物（食肉动物），成为"消费者"，并分别称其为一级消费者，二级消费者……；这些动植物死后，被微生物分解为无机物质，供生产者再次利用，微生物在这里被称为"分解者"。可见，所谓自然生态系统，是由生产者、消费者、分解者以及与之相联系的无机环境这四个环节构成的。在正常状态下，它们之间周而复始地进行着物质的循环（物流），并伴随着能量的转换和转递（能流）；而且，生产者、消费者、分解者之间，在种群和数量上，都维持着相对的稳定状态。这种"稳定"关系，实际上是处于动态的平衡状态，称其为生态平衡。如果生态系统中的某个环节受到"冲击"，通常能够通过系统的自我调解作用维持平衡状态，或达到新的平衡。然而，生态系统的这种自行调控能力是有限的，当其因为受到外界相当大的"冲击"而无力自我维持或达到新的平衡时，原来的生态平衡便遭到破坏。从这个观点看来，环境一旦遭到严重污染，便会冲击生态系统的一个或几个环节，从而破坏自然生态系统的生态平衡，并即通常说的生态破坏。

在生态学上，把生态环节之间"大鱼吃小鱼，小鱼吃毛虾，毛虾吃滓巴（浮游生物）"的食物链锁关系，称为"食物链"。各种食物链纵横交错，构成食物链网络。自然界的物质，就在这许许多多、大大小小的错综复杂的生态系统中，进行着循环往复的流动（图4-10）。

可见，环境的污染，必然导致生态的破坏，进而危及人类健康。近二十多年来，世界上先后发生众多的环境污染公害事件。我国党和政府十分重视环境

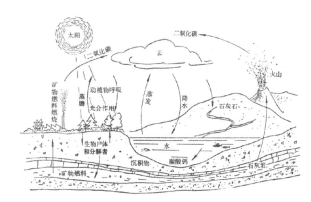

图4-10 自然界的物质循环示意图

保护，早在1972年就宣布了"全面规划，合理布局，综合利用，化害为利，依靠群众，大家动手，保护环境，造福人民"的环境保护工作"三十二字方针"，并取得了一定成效。但是，由于种种原因，我国的城市已经出现了相当严重的环境污染，农村的环境问题也已日趋突出。因此，在新农村建设中，必须注意环境保护，努力把我国的新农村建设成为经济繁荣、环境美好的社会主义新农村。

4.2.2 城镇建设中亟待解决的环境问题

加强对各种有害废气、废水、固体废弃物和噪声等"四害"的防治，搞好环境保护，为人民创造清洁、舒适的生活和劳动环境，是提高人民生活水平和生活质量的一个重要方面，也是建设具有中国特色的社会主义新农村的重要内容。

当前，亟待解决新农村建设中存在的环境问题。这些问题主要是：

（1）城市工业污染扩散

城市工业污染的扩散，包含两个方面。一是随着社会经济的发展，工厂企业逐年增建，一些大中型工厂，特别是污染型的工厂企业不宜在城市中心区兴建的，被陆续布置在城市郊区和县境；二是在城市工业调整或改善城市环境的措施中，把那些污染严重而又不宜在城市原址就地改造的工厂，逐步向农村迁移，使村镇工厂企业日趋增多，有的已辟建为新的工

业区。由于那些旧工厂的工业"三废"大都没有治理，新工厂的环境污染防治设施不力，加上许多工厂的"三废"排放设施不配套，因此造成了对村镇乃至农村环境的污染。那些位于工厂附近，特别是在工厂主导下风的村镇，常常被工厂的浓烟和废气污染，人们深受其害、其苦；从一些工厂排放的氯气、盐酸气、二氧化硫等有害气体，不仅会损害人身健康，还往往把大片的农田污染得一塌糊涂，使农作物枯焦；工程的废水会使河流、农灌渠的水体变坏，因此毒死鱼类、牛羊、鸡鸭的事件屡有发生。

（2）不合理的污水灌溉和养殖

城市的工业废水和城市人民的生活污水汇流，形成城市污水。这些污水中，通常含有一定的氮、磷、钾等植物营养素，因此具有一定的肥效。近年来农业水源紧张，不少地区利用城市污水进行灌溉、肥田或养殖鱼类。但是这些城市污水因为大都没有进行有效的科学处理，其中含有害的汞、铅、铬等重金属及有毒的氯化物和酚类等，还有难于自然分解的各种有机化合物以及消耗水体中的氧的有机物质。这些有毒、有害的物质，往往通过灌溉、肥田从水体、污泥中转入粮食、蔬菜、瓜果乃至禽、蛋、乳等农副产品中，成为残毒物质，通过食物链危害人们健康。

（3）农药和化肥的污染

农药和化肥的施用，对农业的丰收的确有重要贡献。但是，如果施用的不尽合理，甚至乱施滥用，就会使大量农药、化肥转移到水体或土壤中造成危害；特别是像滴滴涕、六六六等有机氯农药，在自然环境中不容易分解掉，有时能残留十多年，因此毒素会转移到农副产品中，进而影响人们健康。这就是农业自身的污染。

对农业自身的污染不容忽视。因为，从污染源看，一个个工厂尚属"点源"；而农药、化肥的施用则是大面积的，形成污染的"面源"；这些污染物质随水体流动、迁移，又形成了污染的"线源"。可见，

防治农业自身污染，是保护农村环境的重要方面。

（4）乡镇企业的污染

乡镇企业的发展本身也带来了环境的污染。特别是前几年发展的乡镇企业，带有一定的盲目性，存在着工业产品选择不当、工厂布局不合理，缺少劳动保护和防治环境污染设施等问题，再加上大都工艺落后、厂房简陋、设备陈旧，又都没有正常的三废排放去向，因而对环境的污染是相当严重的。在村镇，由于人们缺乏环境意识，或不重视环境的保护，抑或单纯为了赚钱，便盲目地发展了污染型的乡镇工业。结果，往往上了一个工业项目，污染了一条河；建了一个乡镇工厂，却坑害了全村人。这实际上，是在自毁家园。

（5）不合理的占用耕地

土地是农业生产的最基础条件；正如俗话说的，土地是农民的命根子。但是，相当长时期以来，滥占土地、特别是耕地的现象一直没有得到控制。例如在城市郊区，占用大量土地，甚至是好耕地建厂房、盖仓库；在农村，农民建住房、兴建公用设施等，往往也占用大量耕地；乡镇企业的发展，多占农田耕地的现象尤其普遍。有的农村因此减少的耕地是相当惊人的。就全国来说，如果每个农村多占一公顷地似乎不值得大惊小怪，但全国因此减少的耕地，便多达 400多万 hm^2。这对人均耕地并不多的我国来说，难道不值得警惕吗？

（6）违背生态规律的"造田"

在"以粮为纲"、片面追求粮食生产的年代，一些地区围湖造田、伐林造田、垦草种田等现象到处发生。结果是，自然水面减少了，林木减少了，草原减少了，进而破坏了自然环境和生态平衡；造成了水土流失、洪害频生、草原沙化，非但粮食没有"大上"，反而遭到了自然规律的惩罚。

（7）破坏自然景观的开矿采石

不合理的开采小矿藏，不仅是对自然资源的浪费，而且破坏了良好的自然景观；那些丢弃的尾矿、

废渣等，都可能带来环境污染。在一些风景名胜区、自然保护区，人们往往为了近期的、局部的经济利益而开山采石，结果，千万年来形成的特殊地质、地貌景观，被毁于一旦。无组织的开发小矿业，既扩大了环境污染，又浪费了宝贵的矿藏资源。

4.2.3 城镇环境保护规划的内容和要求

无论是城镇的建设还是旧村镇的整治，都毫无疑问的涉及城镇的规划问题。事实上，规划是城镇建设的依据和蓝图。而且，城镇的规划是涉及多方面的综合性系统工程，诸如：城镇的经济发展规划、社会发展规划、生产发展规划、土地利用规划、人口控制规划和城镇的建设规划等。为了在城镇建设过程中同时做到防治污染、改善环境，还必须有城镇的环境保护规划。

目前，我国各地区正在陆续编制城市环境规划；城镇的环境规划起步较晚，尚缺乏成熟经验。但是，城市环境规划的内容、编制方法、实施程序等，对编制城镇环境规划是有参考价值的。而且，城镇中的建设规划，如生产发展规划、城镇建设规划等单项规划工作，也已积累了一定的经验。与这些单项规划相比，环境保护规划所不同之处在于环境保护规划是涉及土地、生产、工业、农业等诸多方面的综合性规划，它与多方面的专项规划相互联系、相互制约，而又独立存在。就城市环境保护规划来说，它与城市经济社会发展规划和城市总体规划的关系是，环境保护规划要依照经济社会发展规划和城市总体规划而编制；但因环境保护规划有其相对的独立性，它不单要符合经济规律，还要符合生态规律，亦即要符合生态经济规律；因此，在某种程度上它对经济社会发展规划和总体又有相应的反馈和制约作用，甚至对这两项规划具有一定的调整作用。所以，在城市总体规划中，环境保护规划既包含、渗透于总体规划的各个方面，同时又是一项综合性的专项规划。这种情况是由环境

问题的多重性和特殊性的本质所决定的。同时，城镇环境保护规划，必须以城镇发展规划为依托，同时又在某种程度上起着调整城镇发展规划的作用。也就是说，在编制城镇环境保护规划之前，要有个城镇发展的总体构想，这个总体构想，既包含城镇的经济、社会发展，又包含城镇建设的前景。根据这个总体构想，结合当前的环境保护状况，预计今后城镇环境保护的大体趋势，亦即在城镇环境现状评价的基础上，进行未来一定时期的环境保护预测。如果预测得到的环境保护区是不能达到相应的环境保护要求（亦即国家规定或地方确定的环境保护目标），则要对预定的经济社会大战目标和预测的环境保护趋势进行权衡和调整。倘若此时环境目标没有"削减"的余地（亦即最低要求的环境保护目标必须保证时），就只好对经济社会发展目标予以适当"削减"；或者在可能条件下，对这两个目标都作相应的调整，最终取得经济社会发展与环境保护相互协调发展的目标。这个经过权衡、调整而确定的共同目标，是使经济发展、社会发展和环境改善相互适应、同步前进、协调发展的最佳方案。只有这样确定的规划目标和方案，才既符合发展的要求，又适应城镇的实际情况，因而是实事求是、切实可行的。否则，环境保护规划目标偏低，达不到改善城镇环境的要求；如果目标偏高，实际上不能达到，那改善环境就成了一句空话。

一般说来，城镇环境保护规划必须结合城镇总体发展规划而编制。同时，由于城镇环境并不是孤立存在的，因此还必须首先考虑到与其相联系的区域性环境总的规划。举例说，如果城镇的水源由河流提供，则城镇的水源保护必须与上下游河段协同进行。因为，如果上游河段水质受到污染，这个城镇的水源就没有保证了；同样，如果不考虑下游河段的需要，这个城镇把流经的河段污染了，下游就得不到清洁的水源。所以，城镇环境保护规划，应当在区域环境保护规划指导下进行；一般地说，城镇环境保护规划，

要在县、镇（乡）环境保护规划的总要求下进行编制。

城镇环境保护规划要从城镇的性质、功能、特点等实际情况出发。一般把城镇分为综合型、农贸集市型、工商型、交通枢纽型、旅游服务型、历史文化型等，其环境保护规划要适应其发展。我国各地城镇的自然条件、地理条件等各方面差异很大，例如江南城镇，多有依山傍水或粉墙黛瓦、小桥流水人家的特点，环境保护规划就要注意发挥其自然特色、传统风韵，使其格局多样、各具特色。如果城镇位于自然保护区、水源保护区、风景名胜区，环境保护规划的目标要按有关特殊要求确定。

（1）城镇环境保护规划的内容

城镇的环境保护规划应注意城镇水源的保护和防治、大气污染的防治、固体废弃物的防治、噪音污染的防治以及加强对乡镇企业的环境管理。

城镇环境保护规划的内容，应包括以下诸项：

a. 在规划期内，预计达到的环境质量目标。这个目标，从阶段性讲，要有个总的原则描述，比如：就人们生活的基本环境条件而言，是适应、不适应，还是较好、良好；如果与环境现状相比，是好转还是恶化；从环境质量看，是下降、不变，还是提高。如果从环境要素讲，分别明确大气、水、土壤、噪声等环境质量达到何种程度，比如大气质量是达到一级标准，还是二级标准。

b. 土地和自然资源的合理利用规划。

c. 城镇建设的合理布局规划。对城镇的工业、商业、文教、农业等功能区的布置和调整、改造规划。

d. 民营企业污染的治理和控制规划。包括民营企业发展的方向、产品选择、生产规模、治理要求等。

e. 发展生态农业规划。包括农、林、牧、副、渔各业综合发展规划，山、水、田、林、路综合治理规划，工业区、农业区、生活区的生态结构协调规划等。

f. 能源结构规划。如积极利用太阳能、风能、沼气、地热等清洁能源的规划。

g. 其他有关规划。如人口控制规划、城镇绿化规划、污水排放和处理设施规划等等。

城镇环境保护规划的编制，应由镇人民政府负责，并经过镇人民代表大会讨论通过。规划编制后，要报上级人民政府批准。城镇环境保护规划作为城镇总体规划的组成部分，一经正式批准，即具效力，必须认真实施；如需修订，应上报原批准机关审定。

城镇环境保护规划的实现，一定要有相应的措施作保证。这些保证措施，应当作为城镇环境保护规划的组成部分而确定下来。

（2）城镇特殊区域的环境保护

城镇的特殊区域，主要指自然保护区、风景名胜区、国家公园以及水源保护区、文物古迹所在地等所有由国家或地方专门划定的具有特殊功能和环境要求的区域。这些特殊区域，大都划分为核心保护区、环境控制区和环境协调区，并有各自的保护要求和功能。例如自然保护区内的核心保护区，绝对不许污染和破坏；环境控制区是可供科研、考察或适当开发、开放的区域，但必须以保护为前提；环境协调区是保护区的外围地域，可以进行正常的生产和生活，但这些行为不可导致对保护对象的不良后果。因此，有关城镇的建设活动必须依所处位置与特殊环境区域的要求相协调地进行。

从上述这些特殊区域的性质和作用可以看出，它们不论是在科研、教学范围内，还是在旅游、疗养上以及在维护自然生态平衡上，是十分宝贵的自然资源。对这些资源的开发建设，以及在这些区域内的各项建设活动，必须在保护好现有资源的前提下进行。当然，这种保护绝不是将它们封闭起来，而是在保护的前提下，研究自然资源的更新、再生规律，为进一步开发提供示范。根据这些要求，在城镇建设中应注意以下几点：

a. 根据本区域所具有的性质和功能及本区域的发展规划，制定城镇建设规划。任何单位和个人所进行的各项建设活动，都必须依据建设规划实施，严禁乱占土地，构筑违章建筑。

b. 在特殊区域内的各项建设活动，要尽可能少的占用土地，特别要注意防止对植被的破坏，保护自然生态，增加山林野趣。

c. 在这些区域内的新农村要结合本地区的特点，充分利用当地自然资源，发展无污染的旅游服务业和食品加工业等。

d. 不得在这些区域内建设有污染的企业或其他设施，对已建的污染严重的企业要令其停产、搬迁。各种生活服务设施所排放的废弃物，要符合国家对该地区所制定的环境标准或要求。

e. 在这地区的城镇，应加强对环境保护工作的领导。城镇中要有专职或兼职的环保人员，与这些特殊区域的管理机构密切配合，发动群众自觉地对本地区的自然环境加以保护，或以此制订"乡规民约"，互相监督，共同遵守。

（3）城镇的环境保护

城镇绝大多数是历史形成的，商品经济比较发达，是农副产品和土特产品的集散地，是城乡经济联系的纽带。有些城镇还是县、区（乡）政府的所在地，成为当地的政治文化中心。

农村经济的发展，给城镇的建设创造了良好条件，并使城镇的经济结构和人口结构发生了重大变化。不少地区过去多是商业性的城镇，现已发展为以工业为主，农、工、商、运、建综合发展的城镇。

从环境角度看，城镇是农村生态系统中物质流、能源流和信息流的传递中心。搞好城镇的环境保护，不仅是城镇建设的重要组成部分，而且也是搞好城镇环境保护的重要内容。

1）城镇的环境特点及主要环境问题

不同地区或不同类型的城镇，由于自然条件千差万别，经济发展不平衡，环境状况也各有不同。总的看，城镇的环境状况主要有以下三方面问题：

a. 人口稠密，干扰自然生态平衡。城镇既是农村经济活动的中心，又是人口集中的地方。随着农村经济的发展，多种产业的专业户大量出现，要求进城经商的农民越来越多。人口的集中，各种生活设施不断增加，而植物占地面积及水面积日趋减少。由于消费者增加，靠城镇本身的自然资源和农产品已不能满足人们的需要，每天都要从外地运进大量的生产资料和生活资料，同时产生大量的生产和生活废弃物。因此，城镇又是农村环境污染日益突出的地方。

b. 工厂集中，"三废"污染严重。一些城镇不仅商业比较发达，而且工业也较集中，许多工业企业集中在城镇或交通方便的城镇附近。大量的工业"三废"没有适当的排放出路，对城镇及周围的环境污染比较严重。有一些人口稠密、工业较多的城镇，人均承受工业污染的程度和冲击，比一般城市还大。

c. 客货运量大，噪声污染日益突出。农村经济的发展，使集市贸易的规模和范围越来越大。现代化交通工具在城镇的停靠和穿行越来越多。

此外，生活污染物（粪便、垃圾），未经处理任意堆放、倾倒，家家户户小炉灶的烟气低空排放，耕地和绿地面积不断缩小，自然资源和生态平衡遭破坏。

2）城镇环境恶化的主要原因

a. 布局混乱，无规划或规划不合理。城镇没有制定近期和长远总体规划；即使有规划，也没有很好地执行。有些规划又缺乏科学性，不够全面，只有经济发展指标和基本建设指标，没有环境建设指标，更未与较大范围区域的规划相结合。

城镇建设布局混乱，工厂设置不合理。一些工厂企业建在城镇主导上风向或城镇沿河上游。尤其是南方城镇中的工厂、商店、住宅往往鳞次栉比，形成厂群同巷、校厂为邻的混乱局面。

b. 交通矛盾突出。大部分城镇道路狭窄，没有停车或回车的场地，不能容纳日益增加的客货运输车辆。过路车辆随便停靠路边，行驶互相影响，交通堵塞严重。

c. 城镇公用服务设施不足。很多城镇缺少给排水设施，缺乏垃圾、粪便处理场所，与城镇发展不相适应。

d. 土地利用不合理。城镇建设中，交通、集市、工厂和其他建筑用地，往往宽划宽用，征多用少，早征晚用，用好不用劣，致使耕地逐年减少。

3）城镇环境建设的要求

a. 风景名胜型城镇。这种类型的城镇，山川秀丽，名胜古迹较多，吸引远近游人，保护好自然景观和名胜古迹十分重要。为此，对现有污染型企业，要分别实行关、停、并、转、迁、治的措施；不准新建有污染的企业。

b. 经济发展型城镇。这种类型的城镇，大多是人口稠密，工商业发达，交通方便，"三废"和噪声污染严重。对现有污染严重的单位，在限期内治理；新建企业要严格执行"三同时"的规定。

c. 工矿资源开发型城镇。对于这种类型的城镇，关键是加强规划和管理，杜绝盲目开采，保护好良好的地形、地貌和自然景观。严格执行"谁开发谁保护"的规定。

d. 经济不发达城镇。这类城镇一般污染较轻。在城镇建设中，关键在于防止自然生态的破坏，保护好植被和各种资源。

总之，我国城镇的自然基底环境状况都比较好，但目前大都出现程度不同的这样或那样的环境问题，亟待引起城镇建设和有关部门的重视；今后城镇建设将会迅速发展，不少城镇将成为卫星城镇或新型城镇，因而更要及早注意防止环境污染问题的发展，做到城镇经济和建设蓬勃发展，城镇环境面貌日益改善。

（4）农村庭院的环境保护

庭院环境是农村居住环境的一个有机组成部分，展现出颇具农家风采的庭院文化。它是指由一些功能不同的建筑物（如宿舍、厨房、仓库等）和与之相连

的场院组成的农村家庭式环境单元。目前农村庭院的结构、布局、规模和现代化程度千差万别，有的是单门独户，有的是大杂院；有的是简陋的茅舍草屋，有的是具有防震、防噪声的现代化楼房。它还有鲜明的区域性特征，比如北方地区的平房，西南地区少数民族的竹楼，内蒙古草原的蒙古包、黄土高原的窑洞，等等。

庭院环境污染，主要指生活废弃物和家庭养殖业废弃物等对环境的不良影响。

1）庭院污染的主要来源

对庭院环境构成污染危害的因素，主要是有害气体、臭味、噪声和病菌等。其来源主要有以下几个方面。

a. 生活废弃物。人们每天都要消耗许多生活资料，排放大量的生活"三废"。比如淘米洗菜、洗涤衣服排出的废水；厨房中废弃的菜根、菜叶、骨头、蛋壳；生火做饭、冬季取暖排放的煤灰、炉渣和烟尘；以及人们排泄的粪便等。

b. 家庭养殖业废弃物。诸如鸡、鸭、鹅、猪、羊、貂、兔、骡、马、驴、牛等的废弃物，以及喂养后剩余的果皮、树叶、杂草等。

c. 建筑废弃物。人们在拆、建房屋时的大量碎砖烂瓦、砾石废料和废土，不仅尘土飞扬，污染环境，而且有碍观瞻。

d. 建筑物不合理。庭院建筑物低矮，通风采光不良；住宅临街，受到汽车、拖拉机排放的有害气体的危害和噪声的干扰；庭院在工厂的下风向，会常年受"气"的危害等。

2）庭院污染的危害

庭院污染对人们的危害最直接、最经常，对婴幼儿的危害尤为严重。以厨房来说，每天都要燃烧煤、柴或煤气。据分析，用煤作燃料，在关窗做饭半小时的厨房内，一氧化碳的浓度可达 $50\sim80mg/m^3$。此外，还排放多种有害成分和致癌物（如苯并芘等）。如果烧柴，厨房内烟熏火燎，尘雾弥漫；研究发现，木柴

表 4-1 庭院污染的主要危害

污染因素	对环境的危害	对人体的危害
生活有机废弃物	有机物变质腐烂、发生恶臭、病菌繁衍、滋生苍蝇、繁殖老鼠	精神不愉快、传染疾病
生活无机废弃物	炉灰、烂土等随风飘扬，污染大气	影响视线，沾污庭院花草、树木和室内陈设器物
厨房废气	煤、煤气、木柴在燃烧时排放大量二氧化硫、氮氧化物、一氧化碳和苯并芘等有害物，炒菜时产生油烟	伤害眼睛、患呼吸系统疾病，甚至得肺癌
住宅光照不良	紫外线照射不足，对室内病菌杀伤作用小	居民和儿童发育水平低下，患病率高
住宅通风不良	室内空气污浊，含大量的二氧化碳、灰尘、病原微生物	大脑皮层出现抑制状态，头晕、疲倦、记忆力减退
家庭养殖业废弃物	主要是污染水质，产生恶臭，其次是污染土壤，传播病菌、滋生害虫	精神不愉快，传染疾病

灶产生的一氧化碳比内燃机还多，如通风不良，会使用户直接处在数种致癌物中，严重危害人体健康。

庭院污染的主要危害，见表 4-1。

3）庭院污染的防治

a. 合理设计农村住宅。好的新农村庭院环境应当是：

• 适宜的微小气候。也就是在庭院环境内，能保持适宜的湿度、温度、和气流等。

• 日照良好，光线充足。

• 通风良好，空气新鲜。

• 安静，噪声干扰少。

• 清污分开，整洁卫生。

• 保证绿化用地。

• 充分利用清洁能源，如沼气、地热、太阳能等。

一般来说，北方庭院住宅的设计应注意防寒、保温、日照，并改革炉灶，防止污染；南方则着重提高庭院内及室内的通风功能，加强遮阴、遮雨、防潮和晒台的设施；同时要注意庭院的分隔，使清污分开，保证庭院的清洁、绿化、美化，为增进健康创造条件。在辅助房间的配置上，注意把有污染的部分相对集中，并设计沼气池，为利用清洁能源创造条件。

b. 减少厨房空气污染。其主要措施是：

• 在炉灶上方安装吸风罩。

• 烧菜做饭时打开厨房窗户，关好居室门。

• 使用"煤饼"前，先在石灰水中浸一下，以减少二氧化硫的逸出量。

• 点煤气或液化石油气炉时，应"火等气"，不要先放气再划火柴。

• 燃柴灶的烟道安装要合理，防止烟气外逸。

c. 妥善处理生活废弃物。农村生活废弃物多为无毒有机物质，其次为少量的无机物质和有毒有机物。对无机废物（如废铜、烂铁、碎玻璃）和有害有机物（如废塑料、废橡胶等），可随时收集存放回收；大量的无毒有机物，则宜作堆肥处理。

堆肥法处理废弃物，是利用微生物的作用，将固体废物分解成相对稳定的产物——腐殖质、二氧化碳和水。其要求条件是：水分在 40% ~ 70% 之间；温度为 40℃ 左右，不超过 70℃。

d. 饲养业废弃物的处理和综合利用。家禽、家畜的粪便排泄量很大，如一头猪的粪便排泄量与 15 个人的排泄量相当；一头牛的排泄量等于 50 个人的排泄量。而且 BOD、SS 等污染物质含量相当高；饲养一万头猪，其粪便中的 BOD 含量相当于 15 万人的小城市的粪便量。另外，新鲜的粪便本身就是恶臭，经微生物分解还会产生硫化氢等恶臭物质，不仅污染环境，还易引起传染病。

为此，可采用喷洒石灰氮等药品，去除禽舍的异味。禽畜粪便，可采用塑料大棚进行干燥；或采用堆肥发酵干燥法，温度可达到 60～70℃，持续 5～6 天，以去除水分，并且可杀死病菌、害虫等。发酵后的禽畜粪便是很好的农家有机肥；而且，由于鸡的消化道短，吸收能力差，其粪中残留 12%～13% 的纯蛋白（相当 40% 的粗蛋白），经加工处理后，作猪、牛等的饲料（掺用），可做到废物利用，并促进生态良性循环。

如果说，家庭是社会的"细胞"，那么，可以说庭院是农村环境的"细胞"；搞好庭院环境，与改善农村环境面貌有直接关系。

（5）农村的环境绿化

植树造林，栽花种草，绿化村镇，有着多方面的重要意义。

以往，搞林业的，重视林木的经济价值；搞农业的，注意粮食、蔬菜的增产效益；搞园艺的，谙知花坛、草皮对美化环境的作用；几乎所有的人，无不知道盛夏里林荫下凉爽、雷雨后树林间空气新鲜……。然而，这都是绿色植物的某一个方面的作用而已；现在，从环境和生态观点来看，人们更加理解绿色植物对于经济社会发展、对于人类生存的价值，或者用一句话来说，就是：绿色是生命的象征。

的确，绿色植物是人类生态环境的自然保护者；它具有为人类生产氧气、消除烟尘、吸收毒气、杀灭细菌、减弱噪声、调节气候等多种功能。所以在村镇建设中，一定要搞好绿化，努力做到绿化庭院、绿化村镇，为改善农村环境做出贡献。

搞好农村绿化，首先要做出农村绿化规划。其中包括住宅建筑、公共建筑、生产建筑用地中的绿化；道路绿化、公共绿地、防护绿地和村镇内的生产绿地（果园、林地、苗圃等），使之形成绿化系统，充分发挥其改善气候、保护环境、维护生态平衡的作用。具体要求是：

1）建筑用地的绿化

住宅建筑用地的绿化包括院内和宅旁的绿化。宅院内可根据自家的爱好及生活需要进行绿化，如为遮阳、乘凉，应种植树冠大的乔木或搭设棚架种植攀缘植物；为院内分隔空间，可种植灌木等。宅旁绿化要根据住宅的布置情况，并与道路绿化统一安排，可在几幢住宅间设置小片宅旁绿地。

生产建筑用地的绿化，要突出保护环境的作用。在产生烟尘的地段，要选择抗性强的树种；在产生噪声的地段，宜种植分枝低、枝叶茂密的灌木丛与乔木；在精密仪表车间附近，应在其上风向营造防护林带，并选择防尘能力强的树种。

2）公共绿地的绿化

在农村规划范围内，不宜搞建筑的地段、山岗、河滨等，可结合防洪和保持水土的要求进行绿化，还可把公共绿地结合村镇文化中心的建筑，适当安排小型公共绿地。

3）道路的绿地

道路绿化的功能主要是调节气候、防风、遮阳、吸声、防尘，改善城镇环境。行道树的位置应不妨碍临街建筑的日照和通风，还要保证行车视线，曲线地段及交叉路口处要符合视距要求。

4）防护绿地的绿化

防护林带的种植结构，按其防护效果一般分为：不透风型、半透风型、透风型三种（图 4-11）。

受风沙侵袭地区的城镇外围应设置防护林，方位与主要有害风方向垂直或有 30° 以内的偏角。由 1～3 条林带组成（每条宽度不少于 10m），通风的前面一条布置透风型，依次是半透风型和不透风型，这样可使风速逐渐减低，防风效果较好。卫生防护林，宽度根据污染源的情况而定，距污染源近处布置成透风型、半透风型，以利于有害物质被吸收过滤，

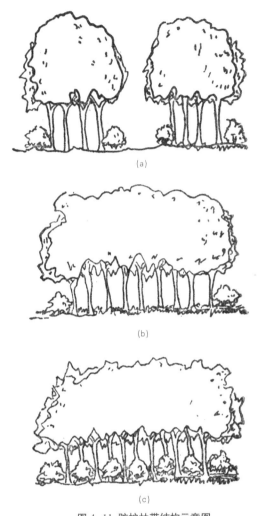

图 4-11 防护林带结构示意图

(a) 透风林带　(b) 半透风林带　(c) 不透风林带

然后再布置不透风型,防止其向外扩散。防噪声林带应布置在声源附近,向声源面应布置半透风型,背声源面布置不透风型,并选用枝叶茂密、叶片多毛的乔、灌木树种。

树种选择是实现绿化规划的关键环节。要选择一批最适合当地自然条件、有利于保护环境的树种,具体应考虑以下几点:

一是,确定骨干树种。通常把适应当地土壤、气候、对病虫害及有害气体抗性强、生长健壮美观、经济价值高、保护环境效果好的树种作为骨干树种(抗性强的树种见表4-2)。

二是,常绿树与落叶树配合,使城镇一年四季都保持良好的绿化效果。

表4-2　对不同有害气体抗性强的树种	
有害气体	抗害树种
二氧化硫	大叶黄杨、海桐、山茶、女贞、构骨、爪子黄杨、棕榈、构桔、琵琶、夹竹桃、无花果、金桔、凤尾兰、龙柏、桂花、石楠、木槿、广玉兰、臭椿、罗汉松、苦楝、泡桐、麻栎、白榆、紫藤、侧柏、白杨、槐树
氯　气	龙柏、大叶黄杨、海橡、山茶、女贞、棕榈、木槿、夹竹桃、银桦、刺槐、垂柳、金合欢、桑、枇杷、小叶黄杨、白榆、泡桐、樟树、栀子
氟　气	大叶黄杨、海桐、山茶、棕榈、凤尾兰、桑、爪子黄杨、香樟、龙柏、垂柳、白榆、枣树等

三是,速生树与慢生树配合。为使城镇近期实现绿化,可先植速生树种,并考虑逐渐更新,配置一定比例的保护环境和经济价值高的慢生树种。

四是,骨干树种与其他树种配合,使城镇绿化丰富多彩,并满足各种功能的要求。

(6)城镇清洁能源的开发

清洁新能源主要包括太阳能、生物能(沼气)、风能以及地热等资源。在城镇建设中逐渐开发利用这些能源,具有多方面的实际效益。

从城镇建设要求来看,积极开发利用太阳能、生物能等,对解决我国农村普遍存在的能源不足、特别是生活能源不足问题起一定积极作用。从城镇经济建设来看,要搞好农业现代化建设,必须走生态农业的路子,而开发新能源是生态农业中的一个"链条";从环境保护观点看,提高太阳能固定率和生物能的再循环过程,也是实现城镇生态平衡的有效途径。新能源可以多层次利用生物能资源,不仅有利于发展城镇的多种经营,也是变废为宝、化害为利的有效途径,既给城镇增加经济收入,又保护了城镇环境。可见,开辟城镇清洁新能源既是保护城镇环境、建设生态农业的需要,也是新型城镇建设中的一项重要内容。

1)太阳能

太阳以发光形式辐射传递的能量称之为"太阳能"。在农业生产上,我国研制、创造了多种太阳能设备,将太阳辐射能转换为热能和电能。如北方广泛应用的太阳能温室（种植蔬菜和早春育苗）、薄膜阳畦（育秧温床，白天达 30℃，夜间 20℃ 左右）和太阳能干燥器（利用太阳能干燥农产品）等。在农村生活上，可利用太阳能烧水、做饭、煮饲料，或热水洗澡等。现在我国农村因地制宜，当地使用的太阳灶种类繁多，有伞式、箱式、平面反射式和折叠式等。生活上常用的是伞式太阳灶。甘肃省永靖县利用太阳灶解决农村燃料困难，很受群众欢迎。据全县调查推算，每台太阳灶每年可代替生活柴 550 多公斤，占村民做饭用能的 15.43%。实践证明，在北方干旱区，特别是少雨的山区使用太阳灶有得天独厚的良好条件，晴天多、辐射强度大、热效率高。夏季烧每公斤水需 2.5 ~ 3 分钟，春秋季需 4 分钟，冬季需 5 分钟。另为，太阳能浴室和"太阳能暖气"也在一些农村应用。

2) 生物能（沼气）

沼气是利用人、畜粪尿、作物秸秆、青草、生活废弃物等各种有机物质经沤制产生的一种无色、无味的可燃气体。它是在隔绝空气、厌氧条件下，利用沼气菌（甲烷细菌）对有机物进行发酵分解，使生物能转换为沼气能的。沼气是甲烷、二氧化碳和氮气等的混合气体，通常甲烷占 60% 左右。沼气燃烧后转变为热能、光能、电能、机械能等。据测定，$1m^3$ 的沼气能产生 2303 ~ 2763 万焦耳的热量，能使一盏相当于 80 ~ 100 瓦电灯的沼气灯持续照明 6 小时；能供五、六口人之家一日做三餐的热源。沼气除用作燃料和照明外，还可转化为动能，用于发电、抽水、碾米等。

我国农村沼气能的利用已得到多种效益，其利用途径见图 4-12。例如河北省曲阳县办沼气，从根本上解决了山区群众生活中烧材难的问题；由于增加了沼气肥，改良了土壤，培肥了地力，每立方沼气肥可增产粮食 15 公斤；环境无污染，室内整洁卫生，庭院环境优美，群众健康水平提高。提起办沼气，群众高兴地说："使用方便、省力又省钱；为国家，

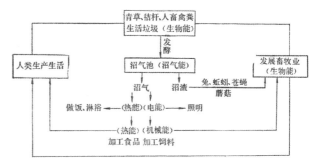

图 4-12 沼气能综合利用示意图

节煤、省油又节电；出精肥，改土壤，粮食又增产；讲卫生，除污染，美化环境；变'黄龙'为'绿龙'，有利治理太行山。"

目前我国农村所建的沼气池型多种多样：有圆式的，也有椭圆式的；有造型简单的，也有复杂得多格式的；有单一建池的，也有猪圈、厕所、沼气池"三合一"的。形式各异，因地制宜，灵活选用。福建省莆田县的三合一六格式沼气池，结构简单、易建造、造价低，适宜在农村推广。

3) 地热能

地球是一个巨大的热源、能源库。我国各地地层均储有丰富的热水资源和地热蒸汽田，还有表露地面可直接利用的热水资源。地热的利用主要有供热和发电两种方式。在农村，可用其建设地热室取暖。位于"世界屋脊"的西藏谢通门县，卡嘎热泉区地热温室，一年四季生机盎然，栽培西红柿、黄瓜、辣椒等新鲜蔬菜，并种植西瓜。天津静海县团泊村建起的塑料地热大棚，用地热水与冷水混用，水温保持 37℃，冬季放养热带鱼种——罗非鱼苗。河北省隆化县二道河子利用地热蒸汽田（平均地温比普通地块高 6 ~ 7℃）建温室，试种黄瓜、芹菜、西红柿、韭菜、蒜苗等鲜细菜。在医疗方面，利用热水治疗法，解决人们疾痛。云南腾冲县群众，利用天然热气泉、矿泉洗澡，治疗风湿性疾病和急慢性腰痛有特殊疗效。另外，还能将地热能用于城镇工业，如利用地热蒸煮和烘烤工业制品。我国的地热电站已试验成功。

4）风能

风是一种自然能源。我国农村很早就利用风能转换为机械能，用于碾米、榨油、提水和灌田等。将风能转换成电能加以利用，具有广阔前景。

4.2.4 城镇生态农业的发展

（1）生态农业与城镇建设

所谓生态农业，是在生态规律和经济规律统一指导下建设起来的一种新型农业生产模式。它的出发点是，充分利用太阳能的转化率，提高生物能的利用率，以及农业生产废弃物的综合利用率，加速生态系统的物流、能流的再循环过程。从而起到促进生产发展、维护自然生态平衡的作用，达到少投入（燃料、原料、肥料、饲料）、多产出（农畜及其架通产品）的目的，收到保护生态、改善环境、发展生产和资料永续利用、繁荣经济的综合效果。这是促进农、林、牧、副、渔各业全面发展，贸、工、农综合经营，建设社会主义新农村的有效形式。从环境保护角度说，这是保护生态环境的积极途径；从农业角度说，这是实现现代化农业的必由之路。它是适合农村发展种植业、养殖业到深加工业的一套合理的生产结构和生态结构。生态农业不仅包含以土地为中心的农业环境，也包含发展养殖业和发展沼气的重要场所——城镇环境。因此，在城镇建设中，应将村镇的规划、建设与发展农业生态有机结合、通盘考虑，统筹安排、一体实施。

生态农业在国外已兴起了多年，并建立了多种形式的生态农场。我国近十多年来生态农业发展很快，各地区先后建起了多种形式的生态户、生态村、生态乡，并已着手建设生态县。

综观生态农业，具有以下优点：

a. 充分利用太阳能。阳光是绿色植物的能源；发展农业，必须进行新的"绿色革命"，即提高光能向生物能的转化率。但目前一般农作物所利用的太阳能，其转化率平均只有 0.5% ~ 1.0%，高产作物的转化率也不过 1.5% ~ 2.0%。生态农业是实行分层次的立体种植，可把太阳能的利用率提高到 2% ~ 5%，从而生产更多的农业产品。

b. 提高生物能的利用率。生态农业，能加速能流（太阳能转化为生物能）和物流（植物、动物、微生物之间循环）在生态系统中的再循环过程，从而增加奶、肉类食品的产量。因为生态农业不仅发展种植业、林果业，还要发展水产和其他养殖业，以及饲料和农畜产品加工业，尤其要对各种剩余物进行最多限度的综合利用，使生物能被多次、充分利用。比如，用鸡粪喂猪，猪粪生产沼气，沼气用作能源，沼气渣肥田，等等。

c. 开发农村新能源。目前我国许多农村以柴草为主要燃料，热效率仅 10% 左右。如将作物秸秆等加工成饲料"过腹还田"、生产沼气，既能取得经济效益，又能减轻村镇环境污染。

d. 防止农村环境污染。生态农业是无污染的农村生态系统，推行以多施有机肥、少施化肥的增产措施，并能促进农业产前产后加工业、服务业的发展，使乡镇企业向无污染和少污染的方向发展。这对保护村镇环境都是十分有利的。

e. 使资源永续利用。生态农业的分层次的立体种植形式，大大增加了绿色植物的覆盖面积。采取植树造林等措施防止水土流失，采取"用地养地"措施，种植绿肥植物、豆科作物、增施有机肥等，有利于土地资源的永续作用。

f. 有利于城乡一体化发展。发展生态农业，能为城乡人民生活提供更多、更好的农副产品；同时，有利于农村经济结构改革和完善、促进农村经济发展。这就必然加强城乡经济联系和流通，使城乡经济向一体化发展，同步前进、共同繁荣。

所以，为了城镇建设的发展，为了农村经济的振兴，为了保护生态环境，我们必须积极推广和发展生态农业，积极建设"生态村（镇）"。

（2）城镇生态农业的几种模式

我国地域辽阔，各地区自然条件差异较大，生态农业的发展要因地制宜。通过多年的实践，自 20 世纪 80 年代以来，各地农村建立了多种形式的城镇生态农业结构。比如，以种植业为主的"农业型"，以水产养殖业为主的"渔业型"，农林并重的"农林型"，农渔兼有的"农渔型"，以兴办沼气为主的"能源型"，以及农、林、牧、副、渔各业并重的"综合型"；就规模来说，有以家庭承包责任制发展起来的"生态户"，也有以自然村为单元的"生态村"，还有相当大的、区域性的"生态镇（乡）"，有的正在规划建设"生态县"。

4.3 城镇的人文环境保护

中国几千年的农业文明历史悠久，是自组织、自适应长期积累的产物。周围的自然环境是中国农村生产和发展的基础，聚族而居是中国农村的主体结构。在此基础上形成了不同的历史文脉、人际关系、风俗民情、民族特色和地方风貌等。因此，在城镇的建设中，要促进城镇的现代化要求，就必须立足于整体，在保护生态环境传承历史乡土文化规划原则的指导下，做好城镇现代化，促进城镇经济发展的规划。才能确保城镇经济的可持续发展和居民生活的不断提高。并在此基础上，明确发展城镇经济对各项建设的要求，也才能促进城镇经济的发展。在改善生活、生产条件、提高环境质量和居住水平的同时，为发展城镇经济创造更好的生产环境。

4.3.1 传统聚落人文环境的形成

长期以来，中国社会都是一个以农业为主体的社会，特别是自给自足的小农经济占据了很长的历史过程，因此它对中国文化的形成和发展，产生了深刻的影响。自给自足的小农经济实际上是一种相对封闭的经济形式，与老子所言："鸡犬之声相闻，老死不相往来"的社会模式有很大的相似之处，这就要求古代村落在选址时，要尽可能选择一个既便于居住，又便于生存的独立环境，这就是古代村落和民居都要求选择集山、水、田、人、文、宅为一体相对围合的环境之所在，见图 4-13。每一个村落都肩负着该村落人口的生、养、死、葬的任务。许多古村落，外围由山环抱，通过水口与外界联系，从水口进入村落，先饱眼福的是景观丰富的乡村园林，然后映入眼帘的才是在群山衬托下集山、水、田、人、文、宅为一体的宗族村落。一个村落基本上是属于同一个宗族。形成聚族而居，与外界交往不多，农产品自给自足，颇富"世外桃源"优美温馨的族群聚落。有些山区农宅的选址，更是体现出自给自足的小农经济之特征，单家独户，深居山林，日出而作，日落而歇。自然环境相对围合，难得与外界交往，成为"清雅之地"。正因为小农经济要求村落应具有一定生、养、死、葬的功能，因此中国优秀传统文化的风水学名著宋代黄

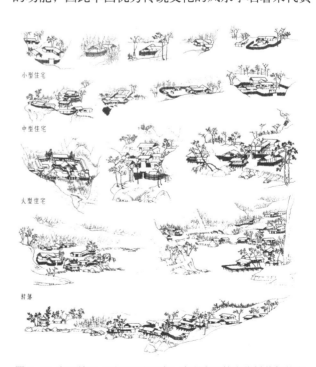

图 4-13 宋王希孟《千里江山图卷》中所表现的宋代村落与住宅

妙应《博山篇》"论水"中指出:"聚水法、要到堂。第一水,元辰方,食母乳,养孩婴。第二水,怀中方,食堂馔,会养生。第三水,中堂中,积钱谷,家计隆。第四水,龙神方,广田宅,太官方"。

这种集山、水、田、人、文、宅为一体的村落和自给自足的小农经济,由于贴近自然,从而展现了良好的生态环境和秀丽的田园风光。村镇聚落与田野融为一体,形成了方便的就近作业和务实的循环经济。尊奉祖先,祭祖敬祖是中华文明之所以能够得到传承而不中断和散失的主要原因之一。因此,在民间宗祠本身是一个宗族的标志,是该宗族精神文化的象征,是宗族向心力之所在。在传统村落的布局中,都是以先祖聚居地为中心,几乎都是以宗祠为中心,而随着一个宗族人口的发展壮大,往往打破原有村落的界限,一是向周围扩散,或另辟新村,而形成以分祠为分祠的中心,形成了家家围绕分祠,分祠拱卫宗祠的等级层次布局形式,中国古代村镇聚落选址强调主山龙脉和形局完整,即强调村基的形局和气场。认为村镇聚落所倚之山应来脉悠悠,起伏蜿蜒,成为一村"生气"之来源。由于宗祠所在地,通常是村镇聚落或区域人口的聚集地,在古代由于水便于沟通与外界的联系,因此,多处在交通方便之地,这也就是风水学中村镇聚落选址特别注重"水"的原因之一。这种以宗祠(或分祠)为中心进行的村庄聚落布局,在大环境中对外相对封闭,内部却极富亲和力和凝聚力,使得广大农村具有优秀的历史文化、纯朴的乡风民俗、深挚的伦理道德和密切的邻里关系。在长期聚族而居的族群关系的影响下,广大的农民有着敦厚朴实、仁善孝道、勤俭持家和刻苦耐劳的优良品格。

我国的农村,在世代繁衍的过程中,时有兴衰。早在13世纪,曾有一波斯人说过,中国的"大都小邑、富厚莫加,无一国可与中国相比拟"。这种赞誉在当时可能是当之无愧的。但是在旧中国由于封建势力的长期统治,帝国主义的侵入,兵连祸结,农村经济屡遭严重破坏。许多地方村舍被焚,大批农民背井离乡,田园荒废,茫茫千里,鸡犬不闻。1949年新中国成立后,我国的农村由经济凋敝、农民饥饿破产,开始转入全面恢复和发展。尤其是党的十一届三中全会后,随着改革开放的不断深入和发展,乡镇企业的崛起,改变了农村原有单一的小农经济模式,农村经济迅猛发展,农民收入稳步提高,使得我国的广大农村呈现出一片繁荣的景象,特别是很多农民进入大城市,感受到现代化,促使在思想意识、生活形态上都发生了很大的变化,再加上农村的生产方式和生产关系也不断地发展变化。全国各地的许多城镇展现在世人面前,气象焕然一新,令人极为振奋。图4-14是福建省近几年来建设的一些新农村住区建设试点。

要创造有中国特色、地方风貌和时代气息的城镇独特风貌,离不开继承、借鉴和弘扬。在弘扬传统建筑文化的实践中,应以整体的观念,分析掌握传统中国优秀的传统文化聚落整体的、内在的有机规律,

(a)

(b)

(c)

(d)

图 4-14 福建新农村建设试点

(a) 南平市延平区井窠新村　　(b) 南安市英都镇溪益新村
(c) 顺昌县埔上镇口前新村　　(d) 连城县莲峰镇鹧鸪新村

切不可持固定、守旧的观念，采取"复古""仿古"的方法来简单模仿或在建筑上简单地加几个所谓的建筑符号。传统的优秀文化是城镇特色风貌生长的沃土，是充满养分的乳汁。必须从优秀传统文化的"形"与"神"的精神中吸取营养，寻求"新"与"旧"在社会、文化、经济、自然环境、时间和技术上的协调

发展，才能创造出具有中国特色和风貌独特的城镇。

4.3.2 乡土文化的展现

在我国 960 万 km^2 的广袤大地上，居住着信仰多种宗教的中华 56 个民族，在长期的实践中，先民们认识到，人的一切活动要顺应自然的发展，人与自然的和谐相生是人类的永恒追求也是中华民族崇尚自然的最高境界，以儒、道、释、为代表的中国传统文化更是主张和谐统一，也常被称为"和合文化"。

在人与自然的关系上，传统民居和村落遵循传统优秀建筑文化顺应自然、相融于自然，巧妙地利用自然形成"天趣"；在物质与精神关系上，在传统优秀建筑文化创导下的中国广大城镇在二者关系上也是协调统一的，人们把对皇天后土和各路神明的崇敬与对长寿、富贵、康宁、厚德、善终"五福临门"的追求紧密地结合起来，形成了环境优美贴近自然、民情风俗淳朴真诚、传统风貌鲜明独特和形式别致丰富多彩的乡土文化，具有无限的生命力，成为当代人追崇的热土。

我们必须认真深入的发掘富有中华民族特色的优秀乡土文化，创造独具特色的城镇。

（1）弘扬民居的建筑文化，创造富有特色的时代建筑

传统民居建筑文化是一部活动的人类生活史，它记载着人类社会发展的历史。研究，运用传统民居的文化是一项复杂的动态体系，它涉及历史的现实的社会、经济、文化、历史、自然生态、民族心理特征等多种因素。需要以历史的、发展的、整体的观念进行研究，才能从深层次中提示传统民居的内在特征和生生不息的生命力。研究传统民居的目的，是要继承和发扬我国传统民居中规划布局、空间利用、构架装修以及材料选择等方面的建筑精华及其文化内涵，古为今用，创造有中国特色、地方风貌和时代气息的城镇建筑。

1) 传统民居建筑文化的继承

我国传统村庄聚落的规划布局，一方面奉行"天人合一""人与自然共存"的传统宇宙观，另一方面，受儒、道、释传统思想的影响，多以"礼"这一特定伦理、精神和文化意识为核心的传统社会观、审美观来作为指导。因此，在聚落建设中，讲究"境态的藏风聚气，形态的礼乐秩序，势态的形势并重，动态的静动互释，心态的厌胜辟邪等"。十分重视与自然环境的协调，强调人与自然融为一体。在处理居住环境与自然环境关系时，注意巧妙地利用自然形成的"天趣"，以适应人们居住、贸易、文化交流、社群交往以及民族的心理和生理需要。重视建筑群体的有机组合和内在理性的逻辑安排，建筑单体形式虽然千篇一律，但群体空间组合则千变万化。加上民居的内院天井和房前屋后种植的花卉林木，与聚落中虽为人作，宛自天开的园林景观组成生态平衡的宜人环境。形成各具特色的古朴典雅、秀丽恬静的村庄聚落。

在传统的民居中，大多都以"天井"为中心，四周围以房间；外围是基本不开窗的高厚墙垣，以避风沙侵袭；主房朝南，各房间面向天井，这个称作"天井"的庭院，即满足采光、日照、通风、晒粮等的需要，又可作为社交的中心，并在其中种植花木、陈列假山盆景、筑池养鱼，引入自然情趣，面对天井有敞厅、檐廊，作为操持家务，进行副业、手工业活动和接待宾客的日常活动场所。天井里姹紫嫣红、绿树成荫、鸟语花香，这种静、舒适的居住环境都引起国内外有识之士的广泛兴趣。

2) 传统民居建筑文化的发展

现实、坚持发展的观点。突出"变革""新陈代谢"是一切事物发展的永恒规律。传统村庄聚落，作为人类生活、生产空间的实体，也是随时代的变迁

而不断更新发展的动态系统。优秀的传统建筑文化，之所以具有生命力，在于可持续发展，它能随着社会的变革、生产力的提高、技术的进步而不断地创新。因此，传统应包含着变革。只有通过与现代科学技术相结合的途径，才能将传统民居按新的居住理念和生产要求加以变革。只有通过与现代科学技术功能上的结合、地域上的结合、时间上的结合，才能突出地方风貌和时代气息的新型城镇建筑。在各界有识之士的大力呼吁下，在各级政府的支持下，我国很多传统的村庄聚落和优秀的传统民居得到保护，学术研究也取得了丰硕的成果。在研究、借鉴传统民居建筑文化，创造有中国特色的新型城镇建筑方面也进行了很多可喜的探索。要继承、发展传统民居的优秀建筑文化，还必须在全民中树立保护、继承、弘扬地方文化意识，充分领先社会的整体力量，才能使珍贵的传统民居建筑文化得到弘扬光大，也才能共同营造富有浓郁地方优秀传统文化特色的新型城镇建筑。

（2）更新观念 做好城镇规划

在城镇住宅建设中普遍存在的问题可以概括为：设计理念陈旧、建筑材料原始、建造技术落后、组织管理不善等。这其中最根本的问题是设计理念陈旧。

通过研究和实践发现，只有改变重住宅轻环境、重面积轻质量、重房子轻设施、重现实轻科技、重近期轻远期、重现代轻传统和重建设轻管理等小农经济的旧观念，树立以人为本的思想，注重经济效益，增强科学意识、环境意识、公众意识、超前意识和精品意识，才能用科学的态度和发展的观念来理解和建设社会主义新农村。

多年来的经验教训，已促使各级领导和群众大大地增强了规划设计意识，当前要搞好农村的住宅建设，摆在我们面前紧迫的关键任务就是必须提高城镇

住宅的设计水平，才能适应发展的需要。

在城镇住宅设计中，应该努力做到：不能只用城市的生活方式来进行设计；不能只用现在的观念来进行设计；不能只用以"我"为本的观点来进行设计（要深入群众、熟悉群众、理解群众和尊重群众，改变自"我"）；不能只用简陋的技术来进行设计；不能只用模式化进行设计。

4.4 城镇的综合发展规划

城镇建设，规划是龙头。城镇的规划涉及政治、经济、文化、生态、环境、建筑、技术和管理等诸多领域，是一门正在发展的综合性、实践性很强的学科。

4.4.1 建设社会主义新农村

对于社会主义新农村建设，2006 年中央 1 号文件作了"生产发展，生活宽裕，乡风文明，村容整洁，管理民主"二十字全面深刻的阐述。2006 年 12 月中央农村工作会议，着重研究了积极发展现代农业、扎实推进社会主义新农村建设的政策措施。会议指出，我国农业和农村正发生重大而深刻的变化，农业正处于由传统向现代转变的关键时期。促进农村和谐，首先要发展生产力。推进新农村建设，首要任务是建设现代农业。建设现代农业的过程，就是改造传统农业、不断发展农村生产力的过程，就是转变农业增长方式、促进农业又好又快发展的过程。为此社会主义新农村建设，目标要清晰，特色要突出，这就要求新农村的规划，观念要新、起点要高、质量要严。加强生态环境保护，做好生态环境保护、耕地保护和农田水利保护规划。社会主义新农村的建设是一项长远的任务，在新农村的规划中，必须整合各方

面的技术力量，深入基层，认真开展文化产业创意，做好多规合一的综合发展规划。

传统的村落贴近自然，集山、水、田、人、文宅为一体，有着良好的生态环境和秀丽的田园风光，形成了方便的就近作业和务实的循环经济，在长期聚族而居的影响下，我国的广大农村具有优秀的历史文化、淳朴的乡风民俗、深挚的伦理道德和密切的邻里关系。这种人与人、人与社会、人与自然交融的和谐是现代人（尤其是城市化）所追求的理想环境。在新农村建设中，建设现代农业，仍应弘扬传统，保护和利用良好的生态环境、发展高科技和具有特色的农业文化产业。

自从 20 世纪 90 年代提出 2000 年实现小康生活水平的目标以来，各地在新农村建设中都进行了一些探索。如厦门市黄厝跨世纪农民新村的规划中，依照发展的要求，将五个自然村合并建立一个新农村，总体布局中除了安排农宅区和山林休闲度假区外，尤其重视开发高科技果树植物园，促使新农村村民的经济发展方向将出现由一般性瓜果经济作物走向高科技瓜果园中之夜，同时服务于黄厝风景旅游区的开发事业，确保经济发展的稳定上升。在龙岩市新罗区龙门镇洋畲新村的建设中，定位为生态旅游新村。根据洋畲村位于山区，拥有大片的原始森林和上万竹林的生态环境资源，新村的规划，一开始便向群众强调保护生态环境的重要性，并要求在栽种芦柑等优良果树中，开展立体养殖业，使得洋畲新村在建设的同时，生产不断发展，农民年均收入已由 1999 年建设初期的 3000 元上升到 2006 年的 7000 元。优雅的生态环境和优良的芦柑品种，吸引了广大游客纷至沓来，如今洋畲镇在着手打造以特色芦柑为主题的生态旅游品牌。

在顺昌县的洋墩乡洪地村的建设中，特别注重因地制宜，利用房前屋外的庭院，以茶树为缘篱，并栽种各种菜蔬和从当地山上采集的各种药用的观赏性的花草，在路边水沟清澈山泉水映衬下，呈现了瓜果飘香的一派农宅气氛。

北京妙峰山樱桃沟乡进行了以特色樱桃生产的农业创业，开展采摘樱桃的农家乐，收到很好的效益。

2005年10月中共中央第十六届五中全会提出："建设社会主义新农村是我国现代化进程中的重要历史任务。"引领我国农村建设进入建设社会主义新农村的崭新阶段。在各级党委和政府的领导下，全国人民迅速行动起来，开展了积极发展现代农业，扎实推进社会主义新农村建设的热潮，纷纷把新农村的综合发展规划排上议事日程，出现了一批颇具创意性的新农村规划，如北京市怀柔区九渡河镇生态型城镇规划设计。

改造传统农业，转变农业增长方式，没有固定的模式可循，这就要求必须整合各种资源和多学科进行综合研究，认真探索。

4.4.2 创建乡村公园

近几年来，随着城市的急剧发展，广大农村亲切自然的田园风光，日益成为人们喜爱的追逐对象，既吸引着渴望走向现代化的广大农民，更是吸引着吸够了狼烟尘土的城市人。在人们的心目中，农村已经成为不同人群居住和发展的理想天地。随之而兴起的农家乐遍及中华大地，有些地方甚至把其作为发展农村经济的主干。这也是值得深思的，应该说，发展农家乐是发展农村经济的一个方面，但不是作为根本的办法。最为重要的是应首先发展现代农业，提升农业的文化内涵，在保护生态环境的基础上，使其形成发展农村经济的稳固基础，并以其现代化农村

经济和特色，为开展各具特色的乡村游创造条件。而单纯的开展缺乏特色和文化内涵的农家乐，是难以持续发展的，发展农村经济也是十分被动的。不少地方盲目地盖了大片为农家乐服务的设施，既占用大量耕地，又缺乏支撑条件，造成极大的浪费，尤其是在北方寒冷地区，这些设施每年大部分时间都是空闲的。发展现代农业，转变农业增长方式，是一项十分艰巨而复杂的任务，必须引起各界的充分重视，切不能用急功近利的办法把其简单化。

为此，进行的以生态农业文化创意产业为主的社会主义新农村综合发展规划的探索，是创建乡村公园，促进农村经济发展的一个有效途径。在新农村综合发展建设规划，对建设有中国特色的社会主义新农村将起着最为关键的作用，应当引起广泛的重视。

（1）创建乡村公园的缘由

2013年12月23日至24日在北京举行的中央农村工作会议。是深入贯彻党的十八大和十八届三中全会精神，全面分析"三农"工作面临的形势和任务，研究全面深化农村改革、加快农业现代化步伐的重要政策，部署2014年和今后一个时期的农业农村工作。习近平总书记在会上发表重要讲话，从我国经济社会长远发展大局出发，高层建设、深刻精辟阐述了推进农村改革发展若干具有方向性和战略性的重大问题，同时提出明确要求。李克强总理在讲话中深入分析了农业和农村工作形势，并就依靠改革创新推进农业现代化、更好履行政府"三农"工作职责等重点任务作出具体部署。会议指出，这次中央农村工作会议，是党的十八届三中全会之后，中央召开的又一次重要会议。会议强调，小康不小康，关键看老乡。一定要看到，农业还是"四化同步"的短腿，农村还是全面建成小康社会的短板。中国要强，农业必须强；中国

农村必须美；中国要富，农民必须富。我们必须坚持把解决好"三农"问题作为全党工作重中之重，坚持工业反哺农业、城市支持农村和多予少取放活方针，不断加大强农惠农富农政策力度，始终把"三农"工作牢牢抓住、紧紧抓好。

为此，怎样才能切实做强农业？让农业成为有奔头的产业；怎样才能真正靓美农村？让农村成为安居乐业的美丽家园；怎样才能确保农民致富？提高农民的自身价值，让农民成为体面的职业。这就成为举国上下普遍关心的话题，更是广大农民群众、从事农村工作的干部和规划、设计人员迫切期望破解的问题。

笔者长期深入农村基层的研究实践，在党中央"小城镇、大战略"和一系列有关"三农"政策的鼓舞和指导下，近几年来着重对如何进行社会主义新农村的建设理念进行实践，取得一定的成效，深得广大群众、干部的支持，并在研究总结的基础上，组织了"创建美丽乡村公园，促进城乡统筹发展"的课题研究。实践证明，创建乡村公园，可以推进农业现代化，做强农业；可以前行塑造美丽乡村，靓美农村；可以确保农民持续增收，富裕农民。是破解"三农"难题，提高农民自身价值，使农民成为体面职业的有效途径之一。

（2）创建乡村公园的意义

1）创建乡村公园，以乡村为核心，以农民为主体；农民建园，园住农民；园在村中，村在园中。

2）创建乡村公园，充分激活乡村的山、水、田、人、文、宅资源。通过土地流转，实现集约经营；发展现代农业，转变生产方式；合理利用土地，保护生态环境。发展多种经营，促进农业强盛；传承地域文化，展现农村美景；开发创意文化，确保农民富裕。

3）创建乡村公园，涵盖现代化的农业生产、生态化的田园风光、园林化的乡村气息和市场化的创意文化等景观，并融合农耕文化、民俗文化和乡村产业文化等于一体的新型公园形态。它是中华自然情怀、传统乡村园林、山水园林理念和现代乡村旅游的综合发展新模式，体现出乡村所具有的休闲、养生、养老、度假、游憩、学习等特色；它既不同于一般概念的城市公园和郊野公园，又区别于农村小广场、小花园等景观绿地和一般化的农家乐、乡村游览点、农村民俗观赏园、乡村风景公园、乡村森林公园及以农耕为主的农业公园和现代农业观光园等，它是中国乡村休闲和农业观光园、农业公园的升级版，是乡村旅游的高端形态之一。

4）创建乡村公园，实现产业景观化，景观产业化。达到农民返乡，市民下乡；让农民不受伤，让土地生黄金。

5）创建乡村公园，推动乡村经济建设、社会建设、政治建设、文化建设和生态文化建设的同步发展促进城乡统筹发展，拓辟城镇化发展的蹊径。

6）创建乡村公园，以其亲和力及凝聚力，可以吸纳社会各界和更多的人群。乡村公园是在城市人向往回归自然、返璞归真的追崇和扩大内需、拓展假日经济的推动下，应运而生的一个新创意。是社会主义新农村建设的全面提升，也是城市人心灵中回归自然、返璞归真的一种渴望。从而达到"美景深闺藏，隔河翘首望。创意架金桥，两岸齐欢笑。"的创意。

4.4.3 新型城镇化建设

十八届三中全会审议通过的《中共中央关于全面深化改革若干重大问题的决定》中，明确提出完善新型城镇化体制机制，坚持走中国特色新型城镇化道路，推进以人为核心的新型城镇化。2013年12月12～13日，中央城镇化工作会议在北京举行。在本次会议上，中央对新型城镇化工作方向和内容做了很大调整，在新型城镇化的核心目标、主要任务、实现路径、新型城镇化特色、城镇体系布局、空间规划等多个方面，都有很多新的提法。新型城镇化成为未来我国城镇化发展的主要方向和战略。

新型城镇化是指农村人口不断向城镇转移，第二、三产业不断向城镇聚焦，从而使城镇数量增加，城镇规模扩大的一种历史过程，它主要表现为随着一个国家或地区社会生产力的发展、科学技术的进步以及产业结构的调整，其农村人口居住地点向城镇的迁移和农村劳动力从事职业向城镇二、三产业的转移。新型城镇化的过程也是各个国家在实现工业化、现代化过程中所经历社会变迁的一种反映。新型城镇化是以城乡统筹、城乡一体、产城互动、节约集约、生态宜居、和谐发展为基本特征的城镇化，是大中小城市、城镇、新型农村社区协调发展、互促共进的新型城镇化。新型城镇化的核心在于不以牺牲农业和粮食、生态和环境为代价、着眼农民，涵盖农村，实现城乡基础设施一体化和公共服务均等化，促进经济社会发展，实现共同富裕。

现在，正当处于我国新型城镇化又一个发展的历史时期的城镇将会加快发展。东部沿海较为发达地区，中西部地区的城镇也将迅速发展。这就要求我们必须认真总结教训。充分利用，城镇比起城市，有着环境优美贴近自然、乡土文化丰富多彩、民情风俗淳朴真诚、传统风貌鲜明独特以及依然保留着人与自然、人与人、人与社会和谐融合的特点，努力弘扬优秀传统建筑文化，借鉴我国传统民居聚落的布局，讲究"境态的藏风聚气，形态的礼乐秩序，势态和形态并重，动态和静态互译，心态的厌胜辟邪"。重视人与自然的协调，强调人与自然融为一体的"天人合一"。在处理居住环境和自然环境的关系进，注

意巧妙地利用自然来形成"天趣"。对外相对封闭，内部却极富亲和力和凝聚力，以适应人的居住、生活、生存、发展的物质和心理需求。

新型城镇化建设，做好城镇的综合发展规划，具有极其重要的意义。

2015年12月20日至21日，中央城市工作会议，习近平总书记发表重要讲话，分析城市发展面临的形势，明确做好城市工作发展难题的指导思想、总体思路、重点任务。这是时隔37年重启的中央城市工作会议，通过一个个破解城市发展难题的"实招"和"时间表"，勾画了"十三五"乃至未来一段时间中国城市发展的具体"路线图"，将影响74916万中国城镇常住人口的生活！

中央城市工作会议提出：要提升规划水平，增强城市规划的科学性和权威性，促进"多规合一"，全面开展城市设计，完善新时期建筑方针，科学谋划城市"成长坐标"。

2016年2月21日，新华社发布了与中央城市工作会议配套文件《中共中央 国务院关于进一步加强城市规划建设管理工作的若干意见》，在第三节以"塑造城市特色风貌"为题目，提出了"提高城市设计水平、加强建筑设计管理、保护历史文化风貌"等三条内容，其中：关于提高城市设计水平提出"城市设计是落实城市规划、指导建筑设计、塑造城市特色风貌的有效手段。"

关于加强建筑设计管理提出：培养既有国际视野又有民族自信的建筑师队伍，进一步明确建筑师的权利和责任，提高建筑师的地位。

关于保护历史文化风貌提出：加强文化遗产保护传承和合理利用，保护古遗址、古建筑、近现代历史建筑，更好地延续历史文脉，展现城市风貌。

拒绝"大洋怪"，中央提建筑"八字"方针。

针对当前一些城市存在建筑贪大、媚洋、求怪，特色缺失和文化传承堪忧等现状，《中共中央 国务院关于进一步加强城市规划建设管理工作的若干意见》提出建筑八字方针"适用、经济、绿色、美观"，防止片面追求建筑外观形象，强化公共建筑和超限高层建筑设计管理。鼓励国内外建筑设计企业充分竞争，培养既有国际视野又有民族自信的建筑师队伍，倡导开展建筑评论。

4.5 城镇的环境景观规划

城镇环境景观建设是营造城镇特色风貌的神奇所在，因此在城镇的规划中，不但要使各项设施布局合理，为居民创造方便、合理的生产、生活条件，同时亦应使它具有优美的景观，给人们提供整洁、文明、舒适的居住环境。在进行现状调查时，应对用地位置、地形地貌、河湖水系、名胜古迹、古树林木以及古建筑、有代表的建筑等进行调查、分析，把它们尽量的组织到规划中去。

4.5.1 城镇环境景观和景观构成要素

城镇环境景观有天然与人工之分，在城镇中的绿化、山、河、田野、清新空气等，都属于自然美。建筑、道路、广场、桥梁、构筑物、雕塑、园林、舟车均属于人工美，人工美与自然美均是组成城镇环境景观的要素，因此城镇环境景观就是自然美与人工美的综合。

城镇环境景观，从狭义上讲，它包括城镇的自然环境，文化古迹、建筑群体以及城镇各项功能设施等物象给人们的视觉感受。就广大义来讲，还包括地方民族特色、文化艺术传统、人们的日常生活、公共活动以及节日集会等所反映的文化、习俗、精神

风貌等。它们有着浓厚的生活气息和丰富的内容。

优美的城镇环境景观，不仅具有造型美的空间环境，而且这个空间是包含在人们日常生活中的，是一种富有情趣的生活空间。

现代城镇环境不仅应该具备安全、卫生、便利、舒适等基本物质条件，同时又应具有传统文化特色，具有优美的、有活力的艺术空间。

城镇环境景观构成要素，内容包括很多，一般来说主要有如下几方面：自然地形、地、山川、树林、道路、建筑、构筑物、小品及各项基础设施。不同功能性质的街区、要素组成也不尽相同。如住宅区的景观构成要素包括建筑用地内的空间，由建筑内部、外部、庭院、围墙、门、人以及花池、花坛等组成。而道路用地空间即有路面铺装、庭树、围墙、行道树、路灯、电杆、消火栓以及车等。

在各种不同的景观类型中，都有两项重要的景观因素：人和事。

4.5.2 城镇环境景观美的欣赏

人们的视觉感受，随着视距、视野远近、范围的不同而感受也不同。另一方面，不同功能、性质的区段、自然环境，也给人以不同的感受。因而，观赏城镇景观可以从视距、视野的角度来划分，可分为远景、中景和近景。

远景是从高处、远处远眺俯瞰。其视野扩展到全景及其周围的自然环境。

中景是在一定的视野范围内观赏道路、河流走向和景观，观赏一定区段的景观。

近景是置身某一景点或空间里观赏花园、广场、建筑、小品。

从环境的角度来划分，还可分为自然景观、轴向景观和街区景观。

自然景观以海滨、河流、山林、绿地为主。

轴向景观即道路轴、河流轴等轴向景观。

街区景观包括由街路划分的不同功能性质的小区、组群、花园广场、名胜古迹等。

景观欣赏，从广阔领域到局部空间可分为若干个阶段，各个阶段类型不同，人们的视觉和活动方式也各有不同。从行驶的汽车上，可以很快地看到整体的概貌；骑自行车也能欣赏到街区的面貌；步行在小区、散步在林荫道上，可边走边看。

美一般可分为静态美及动态美，这是由静观及动观的需要而产生的结果。

静观：人们停顿在某处时，一般先有机会环顾四周，然后再朝主要景色观赏，这些停顿点（即观赏点）往往是建筑群的入口、道路的转折点、地形起伏的交汇点、空间的变换处、长斜坡踏步的起讫点等。在广场的观赏点上对主体建筑的观赏要求具有最佳垂直角及最佳水平角，一般最佳垂直角约为 27°左右，最佳水平角为 54°左右。

静观有慢评细赏的要求，需要在建筑细部及构图色彩上重点落笔，并考虑欣赏物的背景所起的烘托与陪衬作用。

动观：指人们在活动所观赏的景色，如城镇的商业街道，紧靠城镇的外围公路上，由于这些是人在活动时所摄取的，因此，只要注意街景的大体轮廓而作为初步印象即可。为了适应动态观赏，就要求有较强的韵律感、对比度及美好的主体尺度等。使达到步移景异的效果。

4.5.3 城镇环境景观处理的基本手法

1）统一

首先是风格上的统一，使整个城镇面貌富有特色。一个地方有它的地方习惯、地方材料及地方传统，

因此在整个建筑群中以中心建筑群（如公共中心）为主，其他街坊、小品等均应在格调统一的基础上处于陪衬地位，使成为统一的整体。如浙江的城镇建筑一般以与环境协调的小体量、坡顶、白墙、灰瓦为主，朴素大方，在今后设计中，应保持特色，即使在处理大体量的公建时，亦应考虑古朴、简洁的风格，切忌缺乏个性的抄袭硬搬，破坏协调气氛。

2）均衡

均衡不论在建筑立面造型及规划平面布局上都是一种十分重要的建筑艺术，对称是最简单的均衡，不对称式也是能达到均衡的，如高低层相结合的一幢建筑，能达到均衡的目的。不对称的广场布置，以塔式建筑与大体量的低层建筑组合在一起来求得不规则的平衡。

规则或不规则的均衡是建筑设计及规划设计在艺术上的根基，均衡能为外观带来力量和统一，均衡可以形成安宁，防止混乱和不稳，有控制人们自然活动的微妙力量。

建筑群体亦可通过树林、建筑小品来加以陪衬，以达到平衡。

3）对比

诸如虚实、明暗、疏密对比等，使视觉没有单调感，在建筑群体周围绿化，使环境多姿、多变，这是一种很好的对比手法。另外，沿街建筑应该注意虚实对比，一般是以虚为主，实为辅，给人以开敞的感觉。

4）比例

比例即尺度，万物都有一定的尺度，尺度的概念是根深蒂固的。在规划中无论是广场本身、广场与建筑物、道路宽度与村镇规模的大小、道路与建筑物以及建筑本身的长与高，都存在一定的比例关系。即是长、宽、高的关系，需要达到彼此的协调。比例来自形状、结构、功能的和谐，比例也来自习惯及人

们的审美观，比例失调会给人以厌恶的感觉。

5）韵律

即有规律的重复，"不同"的重复在规划中，需要布置的建筑犹如很多的小块块，若随处乱撒，效果是紊乱的，若始终按等距离排列，则效果是单调的，但假使把这些小块，有组织地成组布置，这个系列立即就变成了有条不紊的图案了。韵律感可以反映在平面上，亦可以反映在立面上。韵律所形成的循环再现，可产生抑扬顿挫的美的旋律，能给人带来一种审美上的满足，韵律感最常反映在全景轮廓线及沿街建筑的布置上。

6）色彩

色彩能给人造成温暖、重量、距离、软硬、时间的感觉，对不同的建筑，不同的环境，应选用不同的色彩，一般是公建较鲜艳，医疗机构趋向素色，学校幼托使用暖色，住宅倾向淡雅。在色彩使用上还需考虑地方的传统喜好。在公建外墙处理上，不要过多采用大红大绿的原色和纯色，而应采用较柔和的中性色彩粉刷，给人以轻快、明朗、新颖、洁净的感觉。在同一建筑群中，色差不宜过大，即使有变化，色彩的基调亦应一致仅在细部、重点部分可适当提高或降低色彩浓度，以求取适度的对比。

运用以上的手法，在规划中的具体做法是：

住宅组群：应成组成团布置，配以绿化间隔，使既有宁静的居住环境，又有明显的节奏感，给人以舒适的感觉；居住建筑群的外墙应每组通过色彩，反映特色；居住建筑群内应适当留有小空地，以供绿化、回车、休息之用，起到疏密相间的空间对比效果。

沿街建筑：在平面布局上应不在同一条建筑红线上，应有进有退，一般是高者略后，前面留有小空地，疏密相间，整条街立面外轮廓线要高低错落，突出韵律感。色彩稍强烈，以行道树和绿化扶衬，达到对比的效果。

丁字路或曲线街道，可组织对景作为视线的结束或过渡。

可以用建筑物作道路的对景，也可用自然景色如山、塔等作对景。

7）公共中心

合理排列建筑群，形成空间广场，作为观瞻主体建筑及活动之用，建筑群立面处理应讲究构图及突出主题，并应重视建筑小品（画廊、灯柱、围墙）的应用，以丰富空间。

4.5.4 城镇空间艺术与环境景观

在城镇空间艺术与环境景观的设计中，应着重考虑以下几个问题：

（1）城镇与自然环境

城镇建设中也应学会巧用地形，随地形走向，规划道路系统，划分街区，这样城镇的景观效果，将会更有特色。由于空间变化多，城镇轮廓也会更加优美动人。

（2）城镇空间的封闭与开放

城镇内部空间由三部分组成：街道广场、小区中的建筑群、绿地。空间变化主要取决于前二者的结合的比例、尺度关系。如果高楼夹道，虽然路宽也仍感觉狭窄封闭，使人有如居小街狭巷之感。虽然场地不大，而四周建筑景物低矮、尺度较小，则仿佛处于开阔的空间之中，在处理空间时，二者均可使用。

在高密度区，常呈现建筑环围道路广场，形成以天空为天花板的空间感，犹如坐井观天。而在低密度区，广场、公园等地，建筑物被道路、广场、绿地环围，建筑物又仿佛是大型雕塑，要善于把这种手法有机地运用于城镇规划布置中，为形成美好的城镇景观创造条件。

（3）城镇的总体形象与天际轮廓线

从远处看城镇，从高处看城镇，各有不同的感受，又都可以欣赏到城镇的总体美。远距的平视，可以欣赏到城镇的轮廓，以天空为背景，呈现曲折的天际线，而从远距俯视或在城镇中高处鸟瞰，即其布局美，可尽收眼底。要创造出美的城镇轮廓，就要在天际轮廓上下工夫。

a.封闭的城廓采用封闭的城廓构图，是我国历史名城的特色之一。

b.绿荫环抱的城镇，其轮廓线是以树形高低起伏，呈自然曲线，由此而组成的绿色天际线处镶嵌着一、二层粉墙灰顶的折线房屋，别致而典雅。对于城镇，采用这种构图形式特别有意义。要达到这一效果，必须控制层数和高度，一般均在 8m 以下的一、二层建筑为主，同时必须控制密度。

c.建筑与绿荫相互衬托的城镇轮廓。对于规模较大的城镇，一般以四、五层为主，局部用六层。应注意经营布置，使其形成起伏，带有节奏感。要充分利用树冠的曲线轮廓，插入建筑之间，平曲组合，产生韵律感，相互衬托、相互辉映、相得益彰。在适当的位置布置塔形建筑，可以取得丰富的轮廓线。

d.柱状的建筑林立的城廓：城镇宛如雨后春笋，建筑高高低低，争相耸立，呈柱状伸入云霄，显示出竞争和朝气。

（4）城镇的鸟瞰造型

俯瞰城镇的总体，是城镇造型的重要一环。总体美以局部美为基础，它体现城镇的概略景观。从不同的高度、不同的地点都有一定的景观视点，众多的内部景观点，都将要求获得良好的鸟瞰景观。

4.5.5 城镇环境景观规划中对自然地形的利用

城镇不外乎三种地形，即平原地区、丘陵山区及水网地带。

1）平原地区

建筑道路的布置可以比较自由，应使建筑群在不同体量及不同层次上配置得当，使总体丰富多变。

2）丘陵山区

若是高山，可利用山作为村镇背景、道路对景或构图中心；若是低山，可就地形自然布置建筑群、公共中心，依山筑房，层层叠叠，把自然景色与人工美融合在一起。

3）水网地带

城镇应充分利用水域条件，进行布局，沿水建筑要考虑面向或侧向河流，形成优美的倒影。商业街的建筑可设计成骑楼、廊子的形式。

道路系统应与水网结合考虑，如滨河路及码头。考虑一河一街、一河二街、有河无街等布置形式，水边要考虑点缀河埠码头及小块绿地，沿河种树；水中架设轻巧的板桥，拱桥等；水面点缀以舟船或礁石，更可增加生气和活力。

若为池塘，塘边建筑物应与塘保持一定的距离，建筑物体量应与塘面协调，应给人以开阔清新的感受，塘边也可栽植柳树以遮阴。

若为小溪，一般以建筑物靠山临溪布置，更富有诗意。

4.5.6 城镇入口的环境景观

城门是我国历史城镇最典型的城镇门户的代表形象。门楼上巨大的匾额，标明城镇的名称。现代的城镇则是另一番风貌，公路四通八达，交通频率大幅度增加，城镇的门户向陆、水、空开放。门户的形象已不是"门"，而是四通八达向外伸展的路。如果不注意规划布置，在建设发展上，任其自流，则城镇没有明显的门户感，容易形成"无序曲和终止符的城镇"。自然发展的城镇，很多都是如此，感觉不到区界。如在城镇之间采用适当的隔离手法，拉开一定空间，用道路、广场、绿地等相隔，或用惊叹号的手法，用建筑、雕塑等提示，唤起人们的注意，显示城镇的入口，城镇的区界也就较为明显了。

1）公路入口

人们从公路进入城镇，因而象征城镇入口的标志，常设在主干道的端部（始、末）入口处，其手法是多种多样的，可用醒目的指示牌、界牌，也可用雕塑提示城镇入口，用建筑物表示门户，用广场绿地和建筑、小品来装点城镇的入口。

2）江河湖畔

位于江河湖畔的城镇，水路交通是其对外联系的重要通道。沿河码头，是本城镇的入口，过往船只，沿河行进。城镇的沿河景观，像一个流动的画面，从序幕到高潮再到终止，是一幅起伏、曲折的逐渐展开的长卷。河流的动态美和城镇的建筑群体美结合在一起，更为生动活泼。

河道上的桥梁，起着划分河流轴向空间的作用，有时起着中心构图的作用。桥头常是水陆交通的交叉点，此处多是人流集中之地，是具有特色的入口景观点。

3）沿海城镇的景观

从海上看城镇，视野开阔，毫无遮挡，其轮廓显得鲜明清晰。海水、沙滩、绿树、青山和建筑相互呼应，组成一曲"海上交响乐"。

4.5.7 城镇街道的特色风貌

街道空间是人们进入城镇后最先映入眼帘的，往往给人较深的印象，因而街景的规划设计和建设，受到人们的普遍重视。

街道呈线性向前延伸的，形成了街道的轴向景观。道路、绿地、建筑、广场、车和人是街道景观的六个要素。街道绿地，在我国具有悠久的历史，在规划设计中应继承和弘扬这一优良传统。规划建设各种与绿地相结合的街道形式，在美化村容镇貌上将起很大的作用。

具有特色的城镇街道绿地，可以形成特有的风格和景色。如西双版纳首府景洪，棕榈作为行道树，形成特有的南国风光。福建泉州的刺桐树再现了历史名城刺桐港的风采。

人们在街道，常呈现运动的状态。景观视点在线性运动中变化。一般来说，在主干道上，应按车行的中速和慢速来考虑街景的节奏，同时，又要兼顾行人的视觉感受。为了统一这一矛盾，在街道建筑的体量关系和虚实对比的节奏上拖得长一些，以适应车行节奏。而在接近人们的店面，建筑物一、二层的装修，则按步行的节奏进行设计，其体量与虚实对比变化节奏要短一些。步行街应以人们在此漫步活动的视觉感受出发，建筑体量和形式的变化，可以平均35～40m的节奏进行转折和变化，各个院落广场的围合，采用不同大小、不同形状的广场空间造型，加快节奏，达到步移景异的效果。

对于干道，即可按车行动观进行设计。建筑物的高低起伏韵律，体量的长短、转折和变化以平均80～100m的节奏来进行布置。

在街道轴的尽端，可以高大建筑物、纪念碑、塔式自然景点作为底景，给人以憧憬并加强了街道的方向感、导向感。不同内容、形式、体量的底景，布置在不同街道上，成为各个街道的符号。

在自然环境优美的地方，更要注意借景，用自然山景作底景，更能体现城镇和自然环境的结合。

从交通运输安全、通畅上看，平直的道路最为理想，缓曲线的街道也较好，而曲折的街道最差。然而这种街道的景观，则是富于变化的，在弯曲线上，道路两旁的景色，形成不断变化着的底景。

视点、视角都在渐变中感受底景的不同角度的透视。人们在折线街巷行进时，其视线连续性，在转折处产生"休止符"。当转折过去时，才见到另一番景色，在规划设计中，运用不同的手法来处理转折处的两个方位，使人们在转折中产生突变的兴奋感。在步行空间里，采用此法较适宜。

在地形起伏的地段上，用较为缓和的竖曲线型道路，既合理，又能使视线在弯曲的街道转折处逐渐展开，产生颇具情趣的景观效果。

4.5.8 建筑与城镇风貌

建筑在城镇中以实体的形式，较大的体量表现出来。在城镇空间构图中起着构成村镇轮廓的主体物、城镇鸟瞰景观的主体物、围合城镇空间的主体物、建筑常被用来作为城镇的标志和作为城镇空间构图中的主体物等的作用。因此，必须根据城镇的环境，弘扬传统文化，创作具有地方特色和时代气息的建筑造型，并制定城镇建筑高度和体量的控制规划。以确保城镇天际轮廓的高低错落、融于环境、交相辉映，建筑群体组织的进退变化，确保城镇建筑群体空间富于变化。

4.5.9 色彩与城镇风貌

城镇建筑的色彩是城镇环境景观的一个重要组成部分。色彩是城镇环境景观的个性与神韵所在，它表现着城镇的历史、传统、风土人情和建设理念。每一个村庄或城镇、每一条街道或住区既应当相对的丰富多彩，又要避免杂乱无章，因此都应该以一个基本色调为主。

建筑物色彩的设计，关键在于对色彩的有序而

生动的应用，设计人员必须发挥其高深的艺术修养来考虑作为公共资产的城镇建筑色彩使用方法，让色彩真正地为广大群众造福。建筑物外表面的颜色应当处理好不同功能，动与静之间的关系，比如作为公共中心、车间厂房，可以适当用些比较活跃的色彩来增添活力，给人以热闹、动态的感受；而作为住宅小区则应当更多地注重其安静、祥和的生活功能，比较适合采用以灰色为主的复合色。与此同时，必须注意不同色彩和色调之间的过渡和协调关系以及建筑物外表面的颜色在阳光和晚间灯光照射下的不同效果。

建筑物的外表面应当坚决摒弃颜色鲜艳的纯色彩，像人们所熟悉的赤、橙、黄、绿、青、蓝、紫等纯色不宜使用，而应以过渡色为主，至少要有三种以上颜色调和在一起，而且其中灰色应当是主色调。

4.5.10 广场

城镇中有着不同功能不同形式和不同面积的广场。多为开敞型空间构图形式。一般有：交通广场、集散广场、商业广场、居民广场和综合性广场。广场的布局，或用建筑围合、半围合，或用绿地、雕塑物、小品等构成广场空间，或依地形用台式、下沉式、半下沉式来组织广场空间，设计时应认真推敲其比例、尺度。

广场景观类型的构成要素有：建筑、铺地、绿地、小品等等，通过规划设计，建成各具特点的广场。

4.5.11 建筑小品

城镇中的建筑小品基本上可分为三类：

a.装饰点缀城镇的艺术小品。如雕塑、水雕造型、石景、浮雕、壁画等。

b.具有一定功能的装饰点缀小品。如花坛、石凳、园灯、花架、画廊、水池等。

c.纯功能所需要的小品。如围墙、栅栏、路灯、路标、信号灯、分车栏杆、安全岛、路障、指示牌等。

这些小品，经过精心设计和布置，对城镇景观起着重要的作用。每座小品都有它自身的功能和形式美，而把它们恰当地布置在村镇的空间里，成为某一空间的组成部分。这时，它除了具有个体美外，也还具有空间美。

4.5.12 城镇形象与光影造型

（1）阳光造型

阳光给予城镇光和热，阳光的不同角度、方法，产生不同的光感、亮度、阴影、层次和色相。随着阳光的移动，云层的遮挡，村镇在变幻着影像。我们在规划设计中，应掌握这些光影、色彩、层次的变化规律和影像特点，运用阳光造型进行创作，可以达到更为理想的景观效果。

（2）夜景工程和灯光造型

古代用烛光照亮村镇，用各色灯笼来装饰和照明。现代电气照明的多种形式，它们各具不同的光色和造型，它给村镇带来了美丽的夜景。节日之夜，到处张灯结彩，灯火辉煌。随街道之门楼、随房屋之起伏，星星点点，五彩缤纷。用灯光来美化村镇，装饰商店，烘托气氛会给人很多不同的感受。用灯光来显示建筑的轮廓线，形成一种起伏的艺术效果。灯具的造型美是村镇景观的要素之一，设计中应注意它的简洁、明快和重视其群体美。

4.5.13 城镇的基础设施、经济水平、维护管理与城镇环境景观

（1）城镇基础设施与环境景观

基础设施是现代化城镇不可少的基本内容，城镇的现代化，越来越需要完善的基础设施。在城镇建设中，必须有条不紊地建设各种地上地下工程管线，使得管线的走向，地面设施的布置条理清晰，井然有序，不仅便于使用、维修和管理，更应具有工程工艺的美。这在城镇环境景观的画面中，虽然不少是找不到的，但它却在默默地保护着城镇各个部分的景色。有些即还可为城镇环境景观增色。

（2）环境的维护和培育

城镇景观，不仅要建设好，还必须管理好，尤其是应特别重视对环境的维护和培育。自然环境的保护，建筑物及各项功能设施的维护修理。城镇绿地的培植修饰，环境清洁卫生以及各种设施的完善、装饰，这些工作都在一点一滴地创造城镇的美，如果缺乏这些工作，城镇的面貌会受到很大的破坏。

对于城镇的自然环境、花草树木，是维护、培育，还是砍伐破坏，其结果是有天壤之别的。自然环境是千万年形成的，山川巨石、泉眼瀑布，如果破坏了那就不可能再生，因此要特别注意保护，采石开路都要慎重从事。花草树木是自然景色中的活跃因素，只有不断地种植培育，才能年年生长，形成绿荫葱葱、万紫千红的景色。种植草坪、花木植物、速生树种，可以短期见成效，同时从长远的目标出发，进行环境规划，种植多品种树木，配搭观赏树木、珍贵植物，长期不懈，若干年后，将形成绿荫环抱，多姿多彩的自然景色。城镇中的古树、大树、奇树是十分难得的、活的历史珍品，要严禁砍伐，妥善保护，它本身便是城镇的主要景观。

（3）城镇环境景观与经济基础

建设景观优美的村镇，离不开一定的经济基础。对于众多的城镇建设来说，我们应重视研究用较少的投资，建设优美的景观，为此，必须注意做好以下几方面的问题。

a.提高规划设计的艺术水平，弘扬优秀的民族传

统和地方特色，保护人文景观，历史文化古迹。

b. 保护自然环境，发挥自然景色的美，使城镇和自然环境相融合。在发展工业及各项建设时，要特别注意保护好风景资源。

c. 就地取材。如石材、木材、竹材以及生土等。创造出城镇的独特风貌。

d. 绿化城镇。绿化的费用低，但景观效果却是佳的。

e. 合适的建筑标准。房屋的装修标准不应追求高标准，而宜采用中、低档。村镇构图应采用较小的比例尺度关系，创造亲切宜人的生活空间环境。

f. 加强清洁卫生管理，提高卫生标准。

（4）环境教育

加强教育，使人人都以美好环境为荣，以脏、乱、臭为耻。把城镇的各个方面各个角落都打扮起来，便可形成一座景观优美的城镇，从而提高人们的艺术素养，净化人们的心灵、陶冶高尚的情操。

5 传统聚落的文物保护

"保存文物特别丰富并且具有重大历史价值或者革命纪念意义的城镇、街道、村庄，由省、自治区、直辖市人民政府核定公布为历史文化街区、村镇，并报国务院备案。"（《中华人民共和国文物保护法》第十四条第二款）。保存文物古迹特别丰富是推荐成为历史文化村镇的必要条件之一，因此，我们把"文物古迹的保护"作为本书的一个重要章节加以阐述。

5.1 传统建筑的保护

5.1.1 传统建筑保存至今的原因

古建筑的价值在过去漫长的岁月中虽然没有被充分认识，但从历史文献记载和现存古建筑实物的分析中，可以清晰地看到历史上的古建筑也都是经过人为重点保护和自然重点保存才留下来的。

（1）人为方面的重点保护

在两千多年漫长的封建社会中，封建统治阶级对为他们所使用的建筑物都是重点保护的。为封建帝王和各级官吏服务和享用的宫殿、苑囿、衙署、园林、城墙、陵墓等，谁也不敢破坏。坛庙、道观、佛寺等更是重点保护的对象。许多佛寺（图5-1）、道观都是由帝王敕建，寺内甚至还竖立了刻有"圣旨"的石碑，任何人不得破坏。一个突出的例子就是山东曲阜孔庙。两千多年来除了农民起义之外，它一直受到历

代王朝的重点保护，未受改朝更代的影响。这是因为孔丘的学说和思想对每个封建王朝的统治都是有利的。现存的许多大型古建筑和重要单体建筑物，如北京故宫（图5-2）、天坛（图5-3）、北海、颐和园（图5-4）、十三陵、河北清东陵、清西陵、避暑山庄、外八庙、正定隆兴寺、山东曲阜孔庙、泰安岱庙、山西五台山

图 5-1 唐代建筑——五台山佛光寺

图 5-2 北京故宫

图 5-3 天坛

图 5-4 颐和园

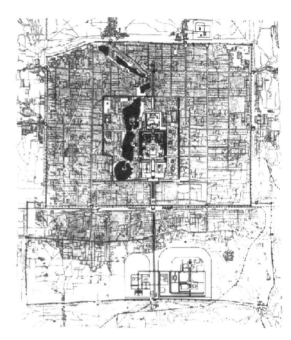

图 5-5 元大都（北京城）平面图

图 5-6 宋徽宗艮岳

显通寺等，也都是加以特殊保护才保存下来的。

由于封建统治阶级只是从他们当时的利害关系、政治需要出发，保护的重点时常有变化，每一时期有一个时代的重点。比如某一朝代需要利用哪一种宗教为其统治服务，就重点保护哪一种宗教的寺院，对其他宗教不仅不保护，还下令破坏。佛教史上的"三武"之灾，就不知毁去了多少古老的佛寺建筑。明朝灭元朝的时候，元大都（图 5-5）主要的宫殿——大内、隆福、兴圣三宫，本来在战争中并未损毁，但是出于政治上的需要，明代统治者特别命令工部侍郎萧洵有计划地加以破坏，使这座具有高度建筑艺术价值的宫殿完全消失。金代统治者则派人拆毁了宋徽宗经营多年，凝聚了无数工匠血汗、智慧的园林杰作——艮岳（图 5-6）。如此等等，不胜枚举。因此，统治阶级重点保护的绝不是古建筑本身，而是为他们统治服务的工具，与我们今天所说的重点保护有本质上的区别。

（2）自然方面的重点保存

古建筑的保存与自然条件有很大的关系。北京周口店北京猿人山洞时期生活的不知道有多少猿人居处，但是他们的居处大多消失了。现在保存下来的许多古建筑，之所以能够保存下来，大约是具备了以下几个条件：

1) 建筑材料坚固

建筑材料坚固与否，同它们抵抗自然侵蚀能力有很大关系。如砖、石建筑，较之木结构建筑抵抗风雨、水火侵袭的能力要大得多，所以保存的时间较长久。现存的汉、晋、南北朝、隋、唐时期的古建筑大都是砖石的，木构建筑很少。例如杭州六和塔（图5-7）、宁波北宋保国寺（图5-8）、天台国清寺隋塔（图5-9）。

2) 建筑结构合理、牢固

一座建筑物的结构合理与否，同其能否长期保存有密切关系。同样建筑材料建造起来的建筑，如果结构合理就能够较久地保存，结构不合理，新建起来的房屋都可能有危险，当然也就不可能长久保存了。现存的古建筑中，能够长期保存下来的，其结构都是合乎力学的原理的。

3) 施工精密

建筑材料虽好，结构也合理，但是施工质量不好，建筑物也难以长久保存。现存的宫殿、坛庙等大型建

图 5-8 宁波保国寺

图 5-9 天台国清寺隋塔

筑较之一般民居建筑保存得长久，与建筑物的施工精密有很大关系。

4) 自然环境较好

一座古建筑能否长久地保存，除了本身的材料、结构、施工等原因之外，自然环境也起很大的作用。如气候潮湿的地区，一般木结构保存的时间就短，就是铜、铁也会生锈。如果气候干燥，同样的建筑就会保存地久一点。其他如风力、地震等，也都会影响到建筑物的寿命。

总之，各种自然力量时时都在对每座建筑物的寿命进行着考验，进行着选择，并把经得起考验的留下来。可以说，过去保存下来的古建筑，不管从人为的或是自然的角度，都是重点保护与重点保存的。这是一个客观规律。

图 5-7 六和塔全貌

5.1.2 保护古建筑的重要意义

古建筑是古代物质文化遗存中极其重要的一个组成部分，是历史文化遗产保护中重要的一项。建筑物的功能不仅作为生产、生活的物质资料，它还有作为一种政治表现、艺术欣赏、历史见证的作用。而且这些作用并未随着社会的进步而落伍。我们要保护的主要不是古建筑作为物质资料的原有功能那一部分，这些已经随着时代的发展，一去不返，要保护的是后者，是作为政治表现、艺术欣赏、历史见证的那部分，从文物保护的角度讲，就是古建筑的历史价值、艺术价值、科学价值。当然，现在仍然有许多古建筑直接被使用，有些至今发挥着原有的居住功能，但这不是主流。我们保护古建筑在没有经过鉴别之前，古物一般都应该加以保护，但我们也不可能将所有古物全部保护下来，如全国有古桥几十万座、几百万座，不是每一座桥梁都要作为文物来保护，只是从中选择一部分，如浙江义乌宋代古月桥（图5-10）。保护这部分古建筑有十分重要的意义，主要体现在以下几个方面：

1）古建筑是启发爱国热情和民族自信心的实物

许多工程宏大、艺术精湛的古建筑，都是劳动人民血汗和智慧的结晶。例如我国的万里长城和大运河都是古代伟大的工程，被列入世界文化遗产。又如河北赵县隋代安济桥，在造桥技术上，早已走在世界

图 5-10 宋代古月桥

图 5-11 山西应县佛宫寺释迦

桥梁科学前列，又如山西应县辽代佛宫寺释迦塔（图5-11）、北京故宫等，这些古建筑充分说明了中国人民是富于创造力的。

2）古代建筑是研究历史的实物例证

古代建筑和其他物质遗存一样，是社会不同发展阶段遗留下来的实物。它本身的发展常常取决于生产力发展的水平，并且反映出不同社会的阶级性。因此，古建筑对于社会发展史的研究是很好的实物凭证。从对原始社会到封建社会的每一个阶段的建筑遗物与遗迹的研究中，可以明显地看出，每一个阶段的建筑在建筑布局、建筑材料、建筑技术上，都是在不断地发展、改进。这也证明了社会生产力是不断发展的。建筑科学是一门范围较广、综合性较强的科学，与其他科学的发展关系密切。从对古建筑的研究中，可以看出同时期其他科学发展的情况和当时技术所达到的水平。如元代建造的河南登封告成镇周公观星台（图5-12）是我国现存规模最大的古代天文观测建筑，当时在这里测出来的地球运行周率与近代最精密的地球运行周率几乎一致。据历史记载，我

图 5-12 观星台

国元代天文学有极大的成就，而登封观星台的存在，正证明了这一事实。其他许多科学技术史，特别是工程技术史也都与建筑有关，诸如水利工程、道路工程、军事工程、矿井等本身就是建筑物。当然，对于古建筑史的研究来说，古建筑更是直接的实物例证。在社会发展阶段的不同时期，随着社会生产力和社会关系的发展，建筑的布局、造型、材料、结构、施工以及有关的科学技术等也都在发展变化着。我国是一个多民族国家，建筑形式多样，如果没有实物作证，这些是很难以说清楚的。因此，研究中国建筑史，古建筑是最好的例证。

此外，建筑发展史也是艺术史的一部分。在古代建筑中，保存了大量的古代艺术品，如壁画、雕塑等等，都是研究艺术史极为重要的资料。

3）古建筑是新建建筑设计和新艺术创作的重要借鉴

我国现存的古建筑大都是封建时期的，大多数已经远远不能满足今天现代化生产、生活的需要了。简陋的小房和茅屋必将为阳光充足、设备完善、居住舒适的新式住宅所代替。就是过去帝王显贵居住的宫殿和王府也不能满足今天生活的要求，它们只能被作为历史例证保存，但是在建筑布局、材料、施工、艺术装饰、传统风格等方面，几千年来无数工匠们在长期建筑实践中所积累下来的经验，到今天仍然是我们应当继承的一份宝贵财富。例如在建筑布局方面，

我国的古代园林设计就有利用自然、顺应自然、缔造自然的独特手法。如无锡寄畅园（图 5-13）、扬州徐园（图 5-14）等。在布置园林的时候，尽量利用原来的山形、地势、水源、丘埠、平地等等，千变万化，深邃幽静，再加上一些人工建造的亭榭、游廊、殿阁及林木、花草、假山等等，构成一个完美的整体。在利用建筑材料方面，古代建筑工匠们在长期实践中也积累了丰富的经验。我国地域辽阔，物产丰富，建筑材料品类众多，为建筑工匠们提供了施展才华的天地。工匠们利用本地生产的原料，巧妙加工，取得了许多成功的经验，特别是在运用木材技术方面达到了世界最高水平。建筑材料的选取和运用，是进行建筑活动的重要环节，许多前人的经验值得吸取，而这些前人的经验都可以从古建筑物身上得到直接的反映。

图 5-13 无锡寄畅园

图 5-14 徐园（扬州）

图 5-15 高层楼阁式塔

在建筑工程技术方面，我国古代的匠师们也取得了丰富的经验。首先是创造了"斗拱"这种特有的构件，并完备了"梁柱式"与"穿斗式"两大木构架体系。从现存汉代墓葬、石祠、石阙等遗物中，可以看出两千年前我国的砖木建筑技术已达到了相当高的水平。福建泉州虎渡桥的石梁重达 200 吨，千年前的工匠们是如何将它们横架在波涛汹涌的急流上，至今仍然是一个未解之谜。全国各地保存的自南北朝、隋、唐至清代的砖塔、石塔反映了古代工匠们在运用砖石技术上是非常成功的，高层楼阁式砖塔（图 5-15）已经达到了 80 多米高度。其他，如铜、铁、琉璃瓦、灰泥、竹子等建筑材料，也都按照其性能创造出了与之相适应的结构办法，解决了几千年来建筑结构上的问题。这些建筑技术与施工经验至今仍然在广大建筑工匠中使用着。我们应当对这些经验予以科学的总结，并加以继承和推广。

在过去长时期里，由于生活方式、风俗习惯、建筑材料、结构方法等因素的影响，中国建筑形成了

自己独特的风格。以上所举的经验与成就，只是其中的一部分，但仅从这几方面来看，已有不少东西值得我们在创作新建筑时参考借鉴了。

除了完成居住、生产、工作、文娱等实际使用的功能之外，建筑本身还是一件艺术品。特别是中国古代建筑的装饰艺术，如木雕、石刻、琉璃、彩画、壁画、塑饰、镶嵌、堆叠（图 5-16）等，已经形成了独特的风格。其经验、技法都是在工匠们的长期的艺术实践中积累起来的，很值得参考。

(a)

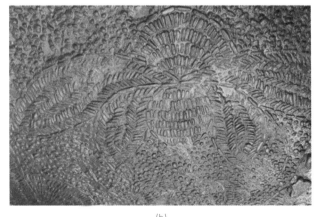

(b)

图 5-16 古代建筑的装饰艺术

(a) 窗花　　(b) 建筑地面及山墙石头艺术运用

当然，过去生产力和科学技术的落后，在作为创作的参考时，可以吸收其精华，再按照今天的科学技术水平和生活方式的需要来进行设计创造。就是精华的部分也不能生搬硬套，照抄不等于创作，生搬硬套也不是继承传统。

4）古建筑是人民文化、休息的好场所，是开展旅游事业的重要物质基础

在封建统治时期，帝王、官吏、地主、僧侣等把所有好地方都占取了。哪里有名山胜景，哪里便盖上了离宫别馆，或是寺院、道观。所说的"天下名山僧占多"确是不假。现在保存下来的古建筑，大部分是宫殿、寺观、园林等等。它们是古建筑艺术与技术的精华。

我们在历史文化村镇保护中，应按照保护程序对保护规划范围内的所有实物遗存进行详实调查、价值评估、核定级别以及制定保护措施和整治方式。我们必须按照文物保护单位和文物保护点、拟推荐为文物保护单位和文物保护点的古建筑、传统古民居三个等级进行分析保护。

5.1.3 关于古建筑年代

当人们参观一座古建筑的时候，首先要问：这座古建筑是什么时候建造的。文物、考古工作者和建筑史研究者在调查古建筑时，首先就是要判断建筑物的年代。如果一座古建筑脱离了它所产生的社会经济基础、政治背景、科学技术水平，那么就不能起到它作为文物的作用，只能被当做物质资料来利用了。作为历史科学研究的实物例证，如果没有具体的年代或一定的时代，那么就没有价值。因此，我们在评价、鉴别、选择、保存古建筑的时候，首先必须鉴定它的年代。

关于古建筑的年代鉴定，是一个学术和技术问题，需要做认真的调查研究、分析比较、并且还要学习一些专门的古建筑知识。鉴别古建筑的年代，较之其他传世文物有比较有利的一面，因为古建筑的形式与结构都真实地反映了建造当时的时代风格。在旧社会没有人把古建筑当古董玩，也没有人制造古建筑这样的假古董。其鉴别主要从两方面去着手：一是从文献资料上去查考。文献记载包括历史文献、碑文、建筑物本身题刻、游记、诗文等等；二是对古建筑进行分析。古建筑的平面布局、结构方法、艺术造型、附属艺术（如彩画、壁画、砖雕、石雕、木刻、塑像等），每一个时代都有不同的风格。这种时代风格是建筑发展的客观规律。按照这种风格去判断古建筑的大体年代，再结合历史文献的记载，即可确定古建筑的具体年代了。选择需要保护的古建筑时，其具体年代（或相对年代）是很重要的因素，由于古建筑年代的鉴别问题比较具体，还需要做许多的实际工作才可以说明清楚。

古建筑保存的数量和其他一切文物一样，年代愈早的数量愈少。"物以稀为贵"，形象化地说明早期古建筑的重要性。这的确是很重要的一个方面，但"古"并不是保存的唯一的理由，其价值还是要从多方面去分析。古建筑易于损毁，所以早期保存的数量很少。从社会发展的规律来看，也是愈近期的数量愈多，呈现出一个金字塔的形状。这是由于历史愈久远，社会生产力和科学技术水平愈落后，生活也较简单，因而建筑物的种类少，数量也少。在原始社会的初期，只有利用自然稍作加工的山洞穴居或树居，末期才出现了茅屋。到了奴隶社会、封建社会时期，建筑物的种类和数量就大大丰富起来了。例如佛寺建筑是在汉明帝时（公元1世纪）产生的，而塔也是此时开始出现的；伊斯兰建筑是唐代以后才有的；考棚、科场是唐代以后有了科举制度才出现的；戏台则是宋末和金的产物；其他各类生产用的作坊、厂房及生活用的住宅等等，也都是随着生产、生活的发展需要而不断增添种类和数量。在选择保存古建筑的时候，除了珍视那些稀有的早期建筑物外，还必须有目的地去选择内容丰富的为数众多的近现代建筑物予以保护、保存。不要使之在多少年之后，形成某一方面的缺乏或空缺。

总的说来，我们保存的古建筑数量应该是"古"少"近"多，但绝不能把"少"误以为不要或不重视，这只是从数量上的比较而言。有的时候，由于愈古的东西愈少，"古"恰是要加以选择保存的重要因素。罗哲文先生曾打过一比喻"假如我们发现了一座唐代的三间小庙，与明代时期的一座五间大殿相比较取舍时，就宁可选择保存这座三间唐代小庙而舍去五间大殿。"因为明清的五间大殿还很多，但是唐代的三间小庙已不可多得了。

图 5-17 衢州府城墙小南门

5.2 文物古迹的概念

文物古迹是指人类在历史上创造或遗留的具有价值的不可移动的实物遗存，包括古文化、遗化、古墓葬、古建筑，石窟寺、石刻、近现代史迹及代表性建筑，历史文化名城、名镇、名村和其中的附属文物；文化景观、文化线路、遗产运河等类型的遗产也属于文物古迹的范畴。（《中国文物古迹保护准则》第一条）。从国际和国内公认的文物保护准则中我们可以了解整个历史文化村镇有价值的部分均属于文物古迹的保护内容，这样一来，我们要保护的文物古迹对象就是历史文化村镇中全部的人类历史上创造或人类活动遗留的具有价值的不可移动的实物遗存。但在实际工作中，整个历史文化村镇中的文物古迹，在价值上总有高低之分，即是有等级的。一般地从文物历史、科学、艺术价值保护的角度讲，有国家重点文物保护单位，省级文物保护单位，市、县级文物保护单位三级以及普查登记项目。如省级文物保护单位的衢州府城墙小南门（图5-17）、绍兴县文物保护单位湖塘街道明代西跨湖桥（图5-18）、浙江龙泉永和廊桥（图5-19）。此外，还有确定保护的传统

图 5-18 绍兴县湖塘街道西跨湖村西跨湖桥（明）

图 5-19 浙江龙泉永和廊桥

民居及其他实物遗存，因此，在具体的保护上应分等级保护，对各个等级的保护对象采取不同的保护措施和整治方式。考虑到历史文化村镇保护中建筑（多为传统建筑和近代优秀建筑）占了绝大部分，书中主要针对文物古迹之建筑的保护，并区分文物保护单位、文物保护点、拟推荐为文物保护单位或文物保护点三个层次进行保护。

5.3 文物保护单位和文物保护点的保护

5.3.1 文物保护单位和文物保护点保护程序

对文物古迹的保护在我国按照保护对象的历史、艺术、科学三大价值高低，分等级进行保护，根据《中华人民共和国文物保护法》第十三条规定，文物保护单位可以分为全国重点文物保护单位，省级文物保护单位，市、县级文物保护单位三个等级，分别由国务院，省、自治区、直辖市人民政府，设区的市、自治州和县级人民政府核定公布，文物保护点由县级人民政府文物行政部门予以登记并公布。文物保护单位、文物保护点在保护等级上有所差别，但我们应遵循的保护原则和保护要求是一致的，无差别的，因为这些文物保护点有可能升级为文物保护单位，市、县级文物保护单位有可能升为省级文物保护单位，省级文物保护单位也有可能升为全国重点文物保护单位，因此，我们从保护要求上不应对它们存在等级差别，不能说全国重点文物保护单位保护要求高些，文物保护点保护要求低些。此外，还有确定保护的传统古民居及其他历史文化遗产等等，这些在保护要求上没有如文物保护单位和文物保护点有固定的法律保护依据。对各个等级的保护对象应根据实际情况，采取不同的保护措施和整治方式。

文物保护单位和文物保护点的保护一般可以分为调查、价值评估和核定保护级别、制定保护措施和整治方式三个程序。

a.调查是基础性的工作，在文物古迹保护三个程序中起到关键的作用，调查的详实、认真与否直接决定了保护对象的真实性、保护内容的完整性，避免造成人为的遗憾。建筑具有物质资料和上层建筑两方面的作用，需要经过鉴别和选择，妥善加以保护、保存。我们所要保护、保存的主要是作为上层建筑意识形态方面作用的古建筑，因此，不是说所有的传统建筑都需要保存，而是要经过鉴别和选择。在建国初期，由于许多传统建筑没有经过鉴别、评价，需要保护的

范围就要广一些，以免有价值的传统建筑遭到破坏。随着国民经济建设有计划的发展，对传统建筑进行了全面的调查和评价，选择了一大批需要保护、保存的传统建筑作为文物保护单位和文物保护点，重点加以保护。中华人民共和国成立以来，我国的文物保护工作就多次调查，2013年又公布了第七批国保单位，省一级的如浙江省就开展了三次全省性的文物普查。经过一次次调查选择之后，使许多传统建筑的保管条件改善了，特别重要的建筑还设立了博物馆（院）、保管所、研究所，并由政府拨款修缮，图5-20是浙江东阳市卢宅文物保护管理所。经过维修整理之后，不少重要的传统建筑已对外开放。然而，这不是说未公布为文物保护单位的传统建筑就不用保护了，因为调查可能还会遗漏价值较高的传统建筑，特别是历史文化村镇内的文物古迹，如果调查出现遗漏，那么从一开始就对保护造成了缺失。

b.价值评估和核定级别是三个程序里最重要的环节，准确客观地评估文物古迹的价值，核定其级别是制定保护措施和整治方式的根本依据，也是做好保护工作的准绳。对古建筑在经过普查、复查之后，予以评价、鉴别，选择其中有作为文物保存价值的，分批、分期列为文物保护单位，予以重点保存和保护。这是中华人民共和国成立以来广大文物工作者在参考国外经验的基础上，从实践中总结出的一条重要原则。同时，还按照传统建筑历史、艺术、科学价值

图 5-20 东阳市卢宅文物保护管理所

的大小，分为全国重点和省（自治区、直辖市）级、市县级三级公布文物保护单位和文物保护点，分级管理，使许多有价值的传统建筑得到了妥善保护。这样经过反复的鉴别和选择，逐步地做到把应该保存的传统建筑保护起来。从长远的眼光来看，这个选择过程永远不会完结，因为有些传统建筑的价值还会被新的科学方法所揭示，又有许多新的遗产经过时间和历史赋予的内容而变成具有保存价值的文物建筑，因此，需要定期对历史文化遗产进行价值评估。

c. 制定保护措施和整治方式是最有创造性的环节，在文物保护原则的指导下，在一定的现实条件限制下，发挥人们的聪明才智，分析保护的利弊因素，运用当今的各种材料、各种技术（包括传统技术和新技术），保护好文物古迹，充分展示其价值。全国重点文物保护单位还必须编制保护规划。

5.3.2 保护原则

公布为文物保护单位和文物保护点从法律上分等级保护的只是反映了公布当时对其文物价值的评价和管理权限的区别，对各级文物保护单位、文物保护点的保护原则是相同的，无区别的。根据《文物保护法》《文物保护法实施条例》《中国文物古迹保护准则》等文物保护法规、准则，主要有以下内容的保护原则。

1）原址保护原则

原址保护是指不迁移异地保护。建设工程选址时应尽可能避开文物保护单位，但也并非绝对，只有在发生不可抗拒的自然灾害或因为国家重大建设项目的需要，使迁移保护成为唯一有效的手段时，才可以原状迁移，易地保护。易地保护要依法报批，在获得批准后方可实施。目前对异地搬迁保护管理要求比较高，根据《文物保护法》第二十条规定："无法实施原址保护，必须迁移异地保护或者拆除的，应当报省、自治区、直辖市人民政府批准；迁移或者拆除省级文物保护单位的，批准前须征得国务院文物行政部

图 5-21 湖州永丰塘桥

门同意。全国重点文物保护单位不得拆除；需要迁移的，须由省、自治区、直辖市人民政府报国务院批准"，图 5-21 是经浙江省政府批准搬迁的湖州永丰塘桥。

2）尽可能减少干预原则

凡是近期没有重大危险的部分，除日常保养维护以外不应进行更多的干预，必须干预时，附加的手段只用在最必要的部分，并减少到最低限度。采用的保护措施，应以延续现状，缓解损伤为主要目的。

3）日常保养为主的原则

把日常保养维护作为最基本和最重要的保护手段，制定日常保养维护制度，定期监测，并及时排除不安全因素和轻微损伤。

4）不改变文物原状，保留历史信息的原则

修复应以现存有价值的实物为主要依据，并必须保存重要事件和重要人物遗留的痕迹。一切技术措施应当不妨碍再次对原物进行保护处理；经过处理部分要和原物或前一次处理的部分既相协调，又可以识别。不允许为了追求完整、华丽而改变文物原状。

5）按照保护要求使用保护技术

一方面独特的传统工艺技术必须保留，另一方面所采用的新材料和新工艺都必须经过前期试验和研究，证明是最有效的，对文物保护单位是无害的，才可以使用。

6）保护历史环境的原则

与文物古迹价值关联的自然和人文景观构成文

物古迹的环境，应当与文物古迹统一进行保护。必须要清除影响安全和破坏景观的环境因素，加强监督管理，提出保护措施。

7）已不存在的建筑不应重建的原则

文物保护单位中已不存在的少量建筑，经特殊批准，可以在原址重建的，应具备确实依据，经过充分论证，依法按程序报批，获准后方可实施。

8）预防灾害侵袭

要充分估计各类灾害对文物和游人造成的危害，制订应付突发灾害的周密抢救方案，配置防灾设施。

5.3.3 不改变文物原状

（1）不改变文物原状原则的概念

《中华人民共和国文物保护法》第二十一条规定："对不可移动文物进行修缮、保养、迁移，必须遵守不改变文物原状的原则。"同时，《中国文物古迹保护准则》认为，文物保护宗旨是对文物实行有效的保护。保护是指为保存文物古迹实物遗存及其历史环境进行的全部活动。保护的目的是真实、全面地保存并延续其历史信息及全部价值。保护的任务是通过技术的和管理的措施，修缮自然力和人为造成的损伤，制止新的破坏。所有保护措施都必须遵守不改变文物原状的原则。那么什么是文物的原状呢？我们将文物原状分为以下四种主要状况：

a. 实施保护工程以前的状态。有些较少整修的古建筑，在实施保护工程之前的状态就是文物原状。

b. 历史上经过修缮、改建、重建后留存的有价值的状态，以及能够体现重要历史因素的残毁状态。古代建筑，都是经过一段漫长的历史时期，经过不断维修保存下来的。有人认为，在古建筑上后世修补部分都是有损于古建筑的历史、艺术和科学价值的，都与原状相违背的，应不加保留地一律予以拆除或复原。这种认识是欠准确的，或者说是不够全面的。确实，我国有一些古建筑，由于历史较短，如明清建筑，基本保留了创建时或重建时的规模、布局、形制和结

构，有的虽然经过一些修补，但修补的时限和创建、重建时代接近，形制、手法和工艺水平也较为相似，很不容易区别清楚，一般按同一时期的作品对待。另外一种情况是某些建筑，创建时代早，至今较完整地保留。事实上，大量的古建筑，无论总体布局或单体建筑，保存至今的情况与创建时或重建时的大多数不完全相同，因为它是经过历史变迁的状况，或修或改，多少与原状有某些差别。一般来说时代越早的建筑差别越大，但是修补的部分并不是没有价值的，大多数反映了当时的修补成就和时代特征，它的历史、艺术和科学价值对于人们研究建筑的历史沿革和变迁手法，也是极为重要的资料。

c. 局部坍塌、掩埋、变形、错置、支撑，但仍保留原构件和原有结构形制，经过修整后恢复的状态；

d. 文物价值中所包含的原有环境状态。

对于情况复杂的状态，应经过科学鉴别，确立原状的内容：

由于长期无人管理而出现的污渍秽迹，荒芜堆积等，不属于文物原状。

历史上多次进行干预后保留至今的各种状态，应详细鉴别论证，确定各个部位和各个构件价值，以决定原状应包含的全部内容。少数或极少数历史上的任意添加和低劣修补也给古建筑的规制、结构、艺术等方面造成损害，有的还危害古建筑的安全，对此应认真分析研究，科学论证，取得资料后予以清除或者恢复原状。

一处文物中保存有若干历史时期不同的构件和手法时，经过价值论证，可以按照不同的价值采取不同的措施，使有保存价值的部分得到保护。

（2）不改变文物原状原则包括保存现状和恢复原状两方面内容：

1）保存现状

保存现状应主要使用日常保养和环境治理的手段，局部可使用防护加固和原状修整手段。保存现状尽可能地少干预文物本体和历史环境。保存现状的主

要对象有：古遗址，特别是尚留有较多人类活动遗迹的地面遗存；文物群体的风貌和布局；文物中不同时期有价值的单体、构件和工艺手法；独立的和附属于建筑的艺术品的现存状态；经过重大自然灾害后遗留下来的有研究价值的残损状态；无重大变化的历史环境等等。

2）恢复原状

可以采用重点修复的手段，去除影响文物价值的因素。可以恢复的对象有坍塌、掩埋、污损、荒芜以前的状态；变形、错置、支撑以前的状态；有实物遗存足以证明为原状的少量的缺失部分；虽无实物遗存，但经过科学考证和同期同类实物比较，可以确认为原状的少量缺失的和改变过的构件；经鉴别论证，去除后代修缮中无保留价值的部分，恢复到一定历史时期的状态；能够体现文物价值的历史环境。

5.4 保护范围和建设控制地带

对现有的文物保护单位根据其本身价值和环境的特点，一般设置保护范围和建设控制地带两个等级进行保护。对文物保护点没有这么严格，但可根据实际需要划定建设控制地带进行保护（图 5-22）。

5.4.1 保护范围的概念和保护要求

保护范围是根据保护实际需要，在文物保护单位周围根据实际情况划出一定范围以确保文物本体的安全。文物保护单位的保护范围内不得进行其他工

图 5-22 金华永康市古山镇金江龙村梁十公祠（清）

程建设，如因特殊情况需要在文物保护单位的保护范围内进行其他建设工程或者爆破、钻探、挖掘等作业的，"必须保证文物保护单位的安全，并经核定公布该文物保护单位的人民政府批准，在批准前应当征得上一级人民政府文物行政部门同意；在全国重点文物保护单位的保护范围内进行其他建设工程或者爆破、钻探、挖掘等作业的，必须经省、自治区、直辖市人民政府批准，在批准前应当征得国务院文物行政部门同意。"（《文物保护法》第十七条）。

5.4.2 建设控制地带的概念和保护要求

根据保护文物的实际需要，经省、自治区、直辖市人民政府的批准，可以在文物保护单位周围划出一定的建设控制地带。在这个地带新建建筑和构筑物，不得破坏文物保护单位的环境风貌。这是为了保护文物本身的完整和安全所必须控制的周围地段，即在文物保护单位的保护范围外划一道保护范围，一般现存建筑、街区布局等具体情况而定，用以控制文物保护单位周围的环境，使这里的建设活动不对文物本体造成干扰，一般根据是控制建筑的高度、体量、形式、色彩等。

此外，对有用重要价值或对环境要求十分严格的文物保护单位，在其建设控制地带的外围可再划一道界线，并对这里的环境提出进一步的保护控制要求，以求得保护对象与现代建筑空间的合理的空间与景观过渡。

5.5 文物保护工程

5.5.1 文物建筑遭到破坏的原因

在对古建筑实施保护工程之前，我们首先必须对古建筑遭破坏的原因进行认真分析，这样才能有的放矢、对症下药，针对古建筑遭受破坏的根由，采取有效的保护措施。古建筑遭破坏原因很多，但归结起来不外乎人为的破坏和自然的破坏两个主要方面。

人为的破坏，是古建筑遭受破坏的一个非常重要的原因。古往今来不知道有多少高楼崇阁、弥山别宫、跨谷离宫以及梵刹宫观、坛庙、陵园在人为破坏之下，顷刻之间化为灰烬。其中最厉害的是改朝换代的需要和战争的破坏。"楚人一炬，可怜焦土"，佛教史上"三武之灾"，则使许多古刹变成了废墟。有些帝王宫殿本来在战争中没有损坏，但是新的王朝却为了政治的需要把它拆除了，如金代统治者在打败宋人以后，专门派人去汴梁把宋徽宗经营多年的汴京宫殿和万岁山艮岳拆到中都，用以兴建殿宇。焚烧、拆毁是历史上许多建筑物遭受破坏的一个重要原因。

另一个破坏来自"乐善好施"的财主们对寺庙、宫殿的重修殿宇、再塑金身，许多具有重大历史价值的古建筑、塑像和壁画就是因此而被破坏了。今天峨眉山、五台山、九华山等已经很难找到早期的古建筑，就是肯花钱的施主太多了，重要的殿宇、佛像不到几年就要重装，或是拆了重建。而位置偏僻的寺庙则反而无钱修理得以保全。我国现存有历史可考的两座唐代建筑——南禅寺和佛光寺，就是在偏僻的地方保存下来。还有一种重大的人为破坏，即是新建筑与旧建筑的矛盾引起的破坏。在历史上，从来没有人把古建筑当成文物保存，因此，也就根本谈不到对古建筑的保护。

虽然，目前把古建筑作为文物保护工作中的一项重要内容来对待，情况已有所改善，但随着人们对传统建筑的重视，出现了一种修复性破坏。在维修过程中不能按照文物保护的原则来进行修缮，从而导致破坏。此外，还有过度利用造成的旅游性破坏以及城市化快速发展下的建设性破坏。尤其是新建设与保护文物古建筑之间的矛盾、对古建筑的乱拆乱改及好心办了错事的情况，今天仍然存在，今后还将存在，这需在文物保护和新建设工作中认真分析，正确处理，以达到两全其美、相得益彰的效果。

自然破坏。古建筑的自然破坏是一个客观规律，一切物质都在新陈代谢，古建筑的材料也因自然的侵蚀，不断老化。木材会被雨水、潮湿等侵蚀而槽烂，被虫蛀、蚁咬而空朽，砖石会风化，就是铜墙铁壁也会锈损。另外，还有人们目前无法控制的自然灾害，如地震、风暴、雷电、洪水等破坏。然而自然的物质老化毕竟非常缓慢，只要我们采取科学的保护措施，是能够加以遏制的。就是对地震、风暴、雷电等也还可以采取一些科学的办法减少或防止其破坏。

每处历史文化村镇均面临着古建筑的修缮问题，而历史文化村镇中的古建筑保护级别又各不相同，有些是文物保护单位，有些是文物保护点，有些是文物建筑，有些是传统古民居。这些建筑在具体修缮中，必须区分开来，按照不同的修缮标准进行维修。文物保护单位和文物保护点是受法律保护的，必须严格按照《文物保护法》的保护要求来进行修缮，

5.5.2 文物保护工程的分类

文物的保护必须严格遵守文物保护法规的有关规定，按照法律程序进行报批。在历史文化村镇中，基本上涉及文物保护单位和文物保护点的保护多为古建筑维修。

文物保护工程是对文物古迹进行修缮和相关环境进行整治的技术措施。文物保护工程分为：保养维护工程、抢险加固工程、修缮工程、保护性设施建设工程、迁移工程等。

a. 保养维护工程，系指针对文物的轻微损害所作的日常性、季节性的养护。日常保养是及时化解外力侵害可能造成损伤的预防性措施，适用于任何保护对象。必须制订相应的保养制度，主要工作是对有隐患的部分实行连续监测，记录存档，并按照有关的规范实施保养工程。这是文物保护单位和文物保护点最主要的保护措施。

b. 抢险加固工程，系指文物突发严重危险时，由于时间、技术、经费等条件的限制，不能进行彻底修缮而对文物采取具有可逆性的临时抢险加固措施的工程，是为了防止文物古迹损伤而采取的加固措

施。所有的措施都不得对原有实物造成损伤，并尽可能保持原有的环境特征。

c. 修缮工程，系指为保护文物本体所必需的结构加固处理和维修，包括结合结构加固而进行的局部复原工程。是在不扰动现有结构，不增添新构件，基本保持现状的前提下进行的一般性工程措施。主要工程有：归整歪闪、坍塌、错乱的构件，修补少量残损的部分，消除无价值的近代添加物等。修整中清除和补配的部分应保留详细记录，是保护工程中对原物干预最多的重大工程措施，主要工程有：恢复结构的稳定状态，增加必要的加固结构，修补损坏的构件，添配缺失的部分等。要慎重使用落架修复的方法，经过落架后修复的结构，应当全面减除隐患，保证较长时期不再修缮。修复工程应当尽量多保存各时期有价值的痕迹，恢复的部分应以现存实物为依据。附属的文物在有可能遭受损伤的情况下才允许拆卸，并在修复后按原状归安。经核准易地保护的工程也属此类，图5-23是金华市城隍庙修缮工程。

d. 保护性设施建设工程，系指为保护文物而附加安全防护设施的工程，新增加的建（构）筑物应朴素实用，尽量淡化外观。保护性建筑兼作陈列馆、博物馆的，应首先满足保护功能的要求。

e. 迁移工程，系指因保护工作特别需要，并无其他更为有效的手段时所采取的将文物整体或局部搬迁、异地保护的工程。

图5-23 金华市城隍庙修缮工程

另外，原址重建是保护工程中极特殊的个别措施。经依法核准在原址重建时，首先应保护现存遗址不受损伤。重建应有直接的证据，不允许违背原有形式和原格局的主观设计。

文物保护单位的保护，有人认为，政府既然已经公布为文物保护单位了，它的保护维修就是政府的事情，古建筑因为年久失修而朽坏坍塌，就产生"等、靠、要"的思想，希望政府拨款维修。却不知道根据文物法规定"一切机关、组织和个人都有依法保护文物的义务"。政府在财力允许的范围内，应拨专款维修，但这不是唯一的。总之，对文物保护单位和文物保护点的保护应依法进行，按照法律要求实施保护工作。

5.6 拟推荐文物保护单位或文物保护点的古建筑

5.6.1 选择作为拟推荐文物保护单位或文物保护点的条件

除了国家公布的文物保护单位和文物保护点之外，我们在历史文化村镇中也选择一些尚未公布为文物保护单位的古建筑作为文物保护对象，这些古建筑在历史、艺术、科学价值上基本或已经达到文物保护单位和文物保护点的条件，但由于程序报批时间或者某些具体原因尚未公布为文物保护单位或文物保护点。对于这些确定保护的古建筑的选择，其实也可以作为推荐文物保护单位和文物保护点的价值评估，主要还是从历史、科学、艺术三大价值进行评估：

（1）典型代表的实物

现存古建筑的建筑布局、材料、结构、艺术造型等，大多是相同的，如北京城里的四合院、江南水乡的民居以及各种庙宇、寺观。我国拥有的古建筑数量之多难以统计，全部保护下来没有必要，也没有可能。因此，我们只能选择其中相对比较典型的，作为古建筑文物加以保存。

什么是典型实物？第一，要有概括性。我国古建筑是工匠们手工建造的，不可能像现代施工一样一毫不差，但是它们也有许多共同之处，特别是地区性的典型建筑，如北京四合院住宅，都是由大门、正门、二门、北房、耳房、东西房等组成，而许多庙宇、古塔则是由当时的官府将样式发到州、县建造的。又如彩画也有一定的粉本。我们要选择的典型实物就是能够概括多座建筑共同性的实物。它所能概括的共同性越多、概括的范围越大，代表性就越强，作为研究问题例证也就更有力。第二，选择典型的古建筑要保存的比较完整。比如说几座形制相同、时代相近的石桥，有的栏杆已缺，有的雕饰已无。我们在选择的时候就应当选择那些完整的作为文物保存。第三、要选择那些设计完善、规模完备的实物。比如说有许多座寺庙，朝代都相同，但是有的在设计或建造时就不完善，或是缺少钟鼓楼，或是缺少藏经楼，或是缺少天王殿。又如文庙有的缺泮池，有的少棂星门。我们在选择时就应当选择那些设计完善、规制完备的。一般地，考虑以下几种典型实物：

1）建筑类型的典型实物

我国古代建筑的类型非常丰富，有住宅、工场、作坊、桥梁、堰坝、城池、关塞、宫殿、园林、坛庙、佛寺、道观、清真寺、书院、考棚、戏台、坊、表等。这些古建筑类型从不同的角度反映了我国古代的社会生活，如政治、经济、科学技术等。有的建筑类型保存不多，如反映我国儒教文化的孔庙，现在仅山东曲阜和浙江衢州还有两处，是应当加以重点保护的。有的建筑类型数量很多，如桥梁、民居等，只需从中选择一部分保存较好的典型实物，予以保护、保存。

2）民族和地区的典型实物

我国是一个多民族的国家，疆域辽阔，地形复杂，不同民族和不同地区的古建筑都有不同的布局、结构和艺术风格。这对于研究我国的历史和文化艺术是很重要的。因此，在选择作为文物保护的古建筑时，应当注意具有民族特点和不同地区特点的典型实物。如浙江丽水一带的畲族村落，房屋建筑质量与汉族地区相比很差，但出于保护民族建筑的要求，我们对很多少数民族典型建筑进行了保护，图5-24浙江丽水市去和县内一畲族村。

图 5-24 浙江丽水市去和县内一畲族村

图 5-25 南方古建筑内的彩画

3）建筑材料、结构以及建筑艺术装饰方面的典型实物

我国古代建筑工匠们运用了各种建筑材料修造建筑物，并且因材施用，创造出不同的结构方法。这是研究建筑材料和建筑技术发展的重要实物例证。在建筑材料方面，有砖、瓦、木、石、竹、铜、铁、琉璃等。在结构方面，有木构架的抬梁式、穿斗式，有框架结构、承重墙、非承重墙、砖石发券、叠涩及铜铁铸制等等。在平面形式上有方形、长方形、菱形、多边形、圆形、半圆形、日形、月形以及各种形状组合的复杂平面。屋顶有庑殿、歇山、悬山、硬山、攒尖、卷棚、平顶、勾连搭及多种形式组合的屋顶。在选择作为文物保护的古建筑时，各种建筑形式、结构和材料都应当考虑。古代建筑艺术的内容非常丰

富，有彩画、砖石雕刻、木雕、泥塑、壁画、琉璃瓦兽、面饰、镶嵌等等。在选择作为文物保护的古建筑时，要注意这些装饰艺术的实物，图 5-25 是南方古建筑内的彩画。

4）各时代的典型实物

我国古代建筑在每个历史时期都有不同的发展和变化。在选择时应注意时代的典型实物。

（2）早期遗物和孤例、特例

指在有许多座相同的古建筑可以选择的条件下，我们选择那些要求概括性强、设计完善、规制完备、保存完整的，但如果已经保存不多或是只存一座的时候，就没有选择的余地，纵使残缺也需要保存了。在选择作为文物保护的古建筑的时候，对于年代愈久远的，愈是要注意。因为早期古建筑存世已经稀少了，如果被漏掉或被破坏，就不易再得了，因此，必须将它们保护下来。

还有孤例，也是在我们选择保存古建筑时必须注意的。所谓孤例，是从建筑类型、建筑材料、建筑结构、建筑时代、艺术形式等方面而言的，图 5-26 是温州瓯海区四连碓造纸作坊。它们产生的原因，一种是原来就只有这一处，为了特殊用途而设计建造的。其建筑布局、造型、艺术等与一般建筑不同。另一种则是本来有许多座相同的建筑，由于人为或自然的摧毁而仅存一座，这样便没有选择的余地了，因此，凡属孤例的建筑都要注意保存。一些古建筑中的孤例有时还可以转化。由于我国历史悠久，疆土辽阔，

图 5-26 温州瓯海区四连碓造纸作坊

有些类型或结构上的孤例目前尚未发现，或是经普查和复查之后可能发现同样的实物，就不是孤例了。如全国第五批重点文物保护单位浙江四连碓造纸作坊在当时申报时作为一个孤例，但事实上国内许多省份均有造纸作坊。这就要按照它们保存的情况分等级予以保护、保存。

（3）在建筑史上有创造、发明的古建筑和与重大科学发明或科学上重大成就有关的古建筑

这是从科学价值上来考虑的，在我国建筑史上，每一个时期都有新的发展或创造。我们在选择作为文物保存的古建筑时，要特别注意这方面的古建筑实物，如打破原来规划布局的实物，在建筑结构设计上有改进和创造发明的实物，采用新发明的建筑材料、新创造的建筑类型及新创造的建筑装饰的实物等等。建筑发展史上重大改进或创造发明是推动建筑发展的重要因素，同时又是生产力发展的水平及社会生活变化的反映。对这种在建筑史上有重大改革创新或发明的建筑实物，应当注意选择加以保护、保存。

有些古建筑，它本身在建筑技术、艺术各方面价值并不大，但与其他科学技术的成就有密切关系。如我国的一些天文观象台、水文观测点，在建筑工程上只不过是一个普通的砖砌城台，或者小型亭台而已，建筑艺术上也无特殊之处，但是它在天文史、水利史上的意义却十分重大，因此，就必须重点保存了。

（4）大型古建筑群

在我国古代建筑中，有许多大型古建筑群，虽然年代比较晚，在工程技术方面也没有特别突出的地方，但是它们保持着完整的布局，建筑物也较多。特别是与风景名胜区相结合的大型建筑组群，是游览参观、文化活动的场所。

（5）名人纪念性建筑和与重大事件有关的建筑物

对于一些与名人有关的纪念性建筑物以及与历史发展有一定关系的建筑物也应当视其历史价值的

图 5-27 粟裕将军宿舍和办公室旧址

大小加以保护，图 5-27 是粟裕将军宿舍和办公室旧址。

选择古建筑公布为文物保护单位或文物保护点是一种保护的形式，而对那些尚未宣布为文物保护单位和文物保护点的古建筑也应加以保护，其中或者有许多将陆续被宣布为文物保护单位和文物保护点。以上所述的是在选择作为文物保护、保存的古建筑的几个条件，有的在一座古建筑身上同时具备了多个条件，有的则只具备一两个条件，但只要具备了一个条件，就可以作为选择的对象。至于具体到选择某一座建筑时，还需要作科学的调查研究、分析类比，才能确定下来。因此，绝不能说尚未公布为文物保护单位的古建筑就没有保护价值了，或是不保护了。目前还是要加强对这些古建筑的保护，通过普查、复查，尽快把那些具有历史、艺术、科学价值的古建筑定为各级文物保护单位和文物保护点，妥善加以保护。

5.6.2 拟推荐文物保护单位或文物保护点的传统建筑保护要求

作为拟推荐文物保护单位和文物保护点的传统建筑保护，虽然在法律上并没有要求按照文物保护单位或文物保护点的要求保护，但在实际工作中应自觉按照文物保护的要求进行严格保护，以文物保护法规定的原则指导这些建筑的保护工作。同时，在条件允许的情况下，将保护要求列入保护规划内容。

5.7 传统古民居及其保护要求

5.7.1 传统古民居与文物保护单位、文物保护点的区别

除了文物保护单位、文物保护点和拟推荐为文物保护单位、文物保护点的传统建筑外，历史文化村镇里还有许多的传统古民居。传统古民居一般均有居民生活在其中，而且保存的文物价值也不如以上几类，一般不太可能推荐为文物保护单位或文物保护点，但这些古民居作为历史文化村镇传统格局的组成部分，同时也是体现文物保护单位、文物保护点和拟推荐为文物保护单位、文物保护点的传统建筑历史风貌的重要元素，同样必须加以保护。但是，在具体保护上的要求又有所区别。

对待传统古民居保护，我们没有像文物保护单位、文物保护点保护要求那么多、有那么高的保护标准，我们在保护这些传统古民居时，一方面要求加强对古民居的外观、彩色、高度、建筑形式等进行保护，以维护历史文化村镇的风貌。另一方面努力探索采用新材料、新技术来改善生活设施，提高居住条件以适应现代生活的需要。如绍兴仓桥直街对待保护区内房屋修缮上，按照绍兴特色建筑的标准模样进行外观整治，采用灰黑色调，坡屋顶，临街门窗采用传统中式风格，不得采用与保护区风貌不协调的建筑装饰材料，重点房屋应当更突出当地民俗和风貌特色。同时，努力提高居民生活水平，安装空调室外机、有线电视、卫生设施等，使老区居民生活水平达到现代化标准。

5.7.2 古建筑的原有使用功能与现代生活

保护区面临着建筑老化的问题。由于必要的生活设施缺乏，保护区失去了许多居民，吸引人们重新回到保护区生活是政府在保护区中工作的一个目标。为此，需要制定多项措施，如在法国给予旧房改建以一定补贴，为了鼓励房东将多余的房屋出租而不是空

置，出租房屋的房东可以享受更多的免税。可以申请一部分补贴作为建筑维修的资金，这些资金主要用于对建筑立面的维修等等。

被保护的历史建筑代表某一地区、某一时期的建筑形式和建造方式，因而就其建筑个体本身的价值而言处于被保护对象的最高层。但人的生活方式和运转方式的更替以及生活的人变化，一部分历史建筑的原始使用功能不再适用于当代城市生活。尤其是现代社会，发展和功能更替的节奏越来越快，不论是历史建筑内部改造还是在其周围新建，其目标都是通过功能的优化或更替使历史建筑继续体现其特征，对历史建筑的改变归根结底是出于功能的改变。宗祠、庙宇、戏台、古民居等历史建筑占据了绝大部分，图5-28是宁波安澜会馆内戏台。他们之所以能够保存至今，有些是因为当时在建造时使用了最好的工匠，材料和建造技术，有些是因为缺乏人力和财力来更新。这些建筑已逐渐丧失了原始的使用功能，因为有些功能我们今天已经不再需要了。建筑因人而存在，没有人使用的建筑，建筑也就失去了存在的基本价值。没有人用的建筑，将逐渐衰落并最终沦为废墟。要使历史建筑继续生存下去并继续成为生活中不可缺少的一部分，必须使它成为人经常使用的场所，这并不是靠长期修缮维持其漂亮的外表能够实现的，最积极的方式就是改善或改变使用功能，使之以新的功能重新适应于当代生活。改建为博物馆、展览馆等公共设施是对历史建筑最常用的使用方式。

图 5-28 宁波安澜会馆内戏台

被保护的历史建筑都有十分重要的历史、科学和艺术价值，对它们进行改动的可能性是有限的，同时，历史建筑的特殊形象决定了它们在当地的标志性。因而，明确界定历史建筑能够被改动的范围对历史建筑而言尤为重要，对许多历史建筑尤其是传统建筑而言，并不是所有要素都有充分的保留理由，因而夹杂的要素被一分为二，那些体现价值的要素，尤其是建筑结构，得以充分保护。除此之外的其他要素则可以通过现代技术的改造被新的内容所取代，也就是界定哪些要素是代表了原有的物质形态的价值和特征而必须得到保护的，哪些是在此范围之外作为新的使用功能的介入而提供空间的。改变的方式和介入的要素可以多种多样，但都必须以此为前提，且新要素的介入须保持一定的规模，必须尊重并适应被保护的要素，新要素的介入的目的归根到底是提升历史建筑的价值，使建筑内部空间能够适应新的使用功能，并体现当代建筑艺术，从而使历史建筑获得新的生命力，而不是抛弃原有形态特征，以新的内容取代。

法国的巴黎城共有 5 道城墙，其中建于 12 至 13 世纪的菲利普·奥古斯特（Phlippe Auguste）城墙是现存最古老的城墙，长约 120m，在保护这段城墙时，并没有将它与世隔绝，而是使它成为建筑的一部分——建筑的墙而继续使用。又如 1961 年，法国铁路公司进行一场工程招标，希望将奥赛火车站和旅馆拆除，建一座新的豪华旅馆。与此同时，人们对奥赛火车站是否要拆除也进行了讨论，最后当时的文化部长 Jacgues Duhamel 决定撤销该项目的建设许可，并提出将奥赛火车站和旅馆列为历史建筑予以保护，作为法国 19 世纪后期至 20 世纪初期的艺术作品，尤其是印象派作品集中收藏的地方。作为一幢被保护的历史建筑，建筑的原始结构是不允许被破坏的。对奥赛火车站和旅馆的改建是对空间的重新划分。而原有的结构，包括墙体和屋顶等要素则受到完整的保护。同时，对空间的重新划分后必须加入新的建筑要素，一方面应用现代的技术和材料，另一方面则需同保留的结构相匹配。

新要素介入的另一种方式是对历史建筑的加建，与改建的原因类似，加建的通常也是由于建筑使用功能的改变，不同的是这些新的功能需要更多的空间。改建工程一般只涉及建筑的内部，而对建筑外观则以修缮为主，因而改建的结果不会对城市景观产生重大影响，而加建工程则需要在原有建筑之外加出新的部分，除了位于地下的加建部分外，其他加出的部分都会改变原有的空间与景观关系。因而，对历史建筑的加建工程，不仅需要考虑加建部分与原有建筑部分的衔接，也必须考虑对周围环境的影响。

加建部分应尽量做到谦虚，但不至于谦虚到被忽略的程度，它应成为原建筑不可缺少的一部分。这部分没有使自己在外观上成为主角，而是以突出被保护建筑以及与之协调为基本出发点。其建筑外观首先要考虑的就是与原有街道和相邻建筑的协调性，建筑外观最基本的意义是在这一前提下产生的，而不是突现新建筑本身。为了取得与环境的协调，新建筑的形象不一定要超越老建筑，建筑的环境性是第一位的，其次才是建筑各个部分给人的印象。

历史建筑周围地段空间改造。在保护历史建筑地段介入新要素的目的是使保护建筑的周围空间焕发新的活力，使这些地方继续或再次成为聚人的场所，同时使保护建筑的本身价值再现。这种价值既可以是建筑的使用价值，也可以是建筑作为该地区标志或背景的环境价值。与保护建筑的改建相似，对建筑周围历史地段的改建也大多出于对原有功能的不适应。但这种不适应不在于保护建筑，而更多地在于建筑周围的空间。历史环境作为一种重要的空间区域要素，是居民户外活动的载体。而以保护建筑为核心的历史环境，还应与这种特殊的背景相匹配。这不仅反映在保护建筑与周围空间对景观产生的共同影响，还在于它们在历史文化村镇中扮演的重要角色。因而，对保护建筑周围地段的改建，必须同时考虑两个方面的因素：优化生活和景观。

5.8 文物古迹的展示

5.8.1 文物古迹展示的意义

文物古迹价值研究一直以来都在专家的圈子内进行交流，很少顾及公众对这些知识的渴望。随着文物研究的深入、文物保护的完善，我们也需要思考如何向公众阐释文物的内涵。通过文物内涵的展示使公众了解文物的价值及其重要性，从而唤醒人们保护文物的自觉性，使上至决策者，下至平民百姓，人们都自觉自愿地保护文物。文物古迹内涵展示有多方面的意义，主要表现在以下四个内容：

首先，可以加深对文物古迹价值的认识；其价值不仅在于文物古迹本身，也包括文物古迹与环境的关系。文物古迹总是在一定背景产生的，它的结构、形状、材质等是其价值的组成部分，它所处的周围环境即使不是其价值的组成部分也会对本身有很大的影响，因此，环境对于文物古迹内涵的展示是十分重要的，我们需要最合适的环境氛围来向公众展示文物古迹各方面的价值。

其次，文物古迹的展示可以充分发挥它的教育功能。对文物古迹的价值而言，除了传统意义上的历史、文化和科学价值之外，往往还具有自然价值、社会价值或公众价值、精神价值、宗教价值、标志性或同一性价值、经济价值和教育价值。越来越多的文物古迹成为旅游资源，人们不满足于仅仅来旅游一下，而是将文物古迹作为获取知识的场所，大量游客渴望从参观中获取有益的信息以满足对知识的需求，因此，文物古迹作为历史的见证和精神世界的物质存在，其教育价值日益凸现。我们要充分发挥文物应有的教育功能，让观众不只是看到文物古迹的外形，而是要通过内涵的展示使他们认识文物的价值所在。进而培养对文物古迹的兴趣和感情，使他们理解、支持并参与到对文物古迹的保护工作中来。

再次，文物古迹的展示是创造其社会效益的主要手段。文物古迹保护的目的是真实、全面地保存并延续其历史信息及全部价值。最终目的是使公众通过每一具体的历史片段来加深对历史的了解，更真切地体会历史的发展进程，增加民族凝聚力，促进民族文化多样性的可持续发展。

5.8.2 文物古迹展示的条件

文物古迹的展示是有条件的。首先必须满足完整保护和可持续利用的原则。文物的不可再生性决定了任何形式的展示都必须以文物的完整保护和可持续利用为前提条件。我们应在确保文物古迹不被造成破坏的前提下考虑展示的问题，做到文物资源的可持续利用。文物古迹的展示还应尊重历史、满足真实性的原则。真实性是文物古迹的灵魂，如果文物古迹的真实性受到质疑，则内涵和价值也就无从提起了。真实性的损害主要是指对文物古迹原结构、材质、技术等的破坏和替代以及文物古迹虽然得到完整的保护，但修复时添加的部分与原有部分真假难辨，造成观众对真实性的怀疑。保持文物的真实性是对历史的尊重，是对子孙后代的尊重，也是对观众权利的尊重。展示时需要从观众的角度来考虑展示的方式，但不应以牺牲真实性为代价。观众有权利、也应该看到真实的东西。

文物古迹的展示应将具体的文物古迹这个"点"置于社会发展的"链"中，重视具体文物的背景。每一个具体文物，均有其独特的意义，因此，只有将其置于本身所处的特定社会背景中，才能充分体现出其所有的价值。所以，文物古迹的展示过程应重视文脉，在历史文化背景中介绍文物古迹。

5.9 培养专门的文物建筑保护人才

我们的文物保护工作需要专业化，我们需要有完整的、独立的文物建筑保护专业，需要有经过系统培养的专门人才，他们要全面熟悉文物建筑保护的专业理论和它的价值观、原则、方法，这些在当今一些发达国家早已经实现。许多大学都设有文物建筑保护

系。人口不多的比利时，它的鲁汶大学的文物建筑保护系在世界上居于前列。在西方，没有专门资质的人是不可以从事文物建筑保护工作的。即便是最有名的建筑师也不行。

1988年，联合国教科文组织派专家来中国考察申报世界遗产项目，他们在写的报告里说：中国"没有真正的专门训练过的保护专家"，因此，"培训的问题是第一位的"。而且说："培训和教育问题应在国家总的体制上提出。"他们还建议，要在普通教育的各个层次上介绍关于文物建筑保护的概念，尤其对政府官员进行这方面的教育。这些中肯的意见到现在，基本上没有太多的变化，有些保护单位都不是由经过相当训练的专家从事管理和维修的，甚至是由旅游部门"开发"的，许多人连文物建筑保护的基本概念都没有听说过。因此，认识这门专业和培训专门的人才是我们面临的迫切问题。从历史上看，现代文物建筑保护这门专业最初诞生在欧洲，从19世纪中叶才起步，到20世纪中叶才成熟，文物建筑保护成了一个内容丰富的专门学科。文物建筑保护成为一个专门学科，经历了整整100年，西方文物建筑保护专业的成立和成熟，是以形成自己独特的价值观、基本原则和方法为标志，文物建筑保护专家已不是工匠也不是建筑师，他们需要综合的、专门的知识结构。文物建筑保护工作也不仅仅是修缮文物建筑，而是从普查、研究、鉴定、评价、分类、建档开始，以及再往下一系列的系统性工作。

文物建筑保护成为一个专门学科，经历了整整100年，这说明，第一，文物建筑保护专业的成熟，需要整个社会达到相当高的文明程度。第二、文物建筑不同于古老建筑，古老建筑不都是文物。文物建筑保护不同于修古老建筑，修古老建筑不同于文物建筑保护。工匠和建筑师可以把一座文物建筑修缮得美轮美奂，比原来的更实用、更坚固、更漂亮，但是，很可能，从现代文物建筑保护的眼光来看，他们却破坏了文物建筑最重要的东西。所以，培养一支优秀的文物建筑保护队伍是目前文物古迹保护工作的重中之重。

6 绿色建筑与生态景观

6.1 绿色建筑概述

进入新世纪以来，为了应对在我国经济快速发展条件下资源、能源与环境的压力，有关部门在建筑领域提出了节能、节地、节水、节材的要求，以指导建筑行业的健康发展，绿色建筑正是满足这些要求的新型建筑。

由中华人民共和国建设部和中华人民共和国质量监督检验检疫总局联合发布的《绿色建筑评价标准》（GB/T 50378—2006）中定义绿色建筑为："在建筑的全寿命周期内，最大限度地节约资源（节能、节地、节水、节材）、保护环境和减少污染，为人们提供健康、适用和高效的使用空间，与自然和谐共生的建筑。"绿色建筑具有如下四个主要特点：运用新材料，提高围护结构各方面的指标；使用新能源，使建筑用能多元化；注重环境保护；建筑因地制宜，从而具备个性化的要求。可见绿色建筑与传统建筑相比，近期及长远优势都是明显的。

6.1.1 绿色建筑的要义

由绿色建筑的定义可见，"绿色建筑"的要求是对立的统一，既强调以人为本提供健康、适用和高效的使用空间，又要"四节—环保"，把握好"度"是实施绿色建筑的关键。

绿色建筑的要义和精髓是因地制宜，既要学习国外的经验，又不能套用他人的做法，觅寻适合当地条件的绿色指标，批准符合本土特色的绿色靓点。

绿色建筑的建设应对规划、设计、施工与竣工阶段进行过程控制。各责任方应按本标准评价指标的要求，制定目标、明确责任、进行过程控制，并最终形成规划设计、施工与竣工阶段的过程控制报告。

绿色建筑已经不是一时的风尚，而是未来建筑发展的主导趋势。从长远看，绿色建筑发展带来的是经济效益、社会效益和环境效益的统一，为解决人类面临的全球性资源和能源危机等与人类生存发展密切相关的问题指明了出路。国外发达国家发展和推广绿色建筑的实践和经验表明，绿色建筑的发展一方面需要政府、利益相关者和公众的积极支持和参与；另一方面，促进绿色建筑的发展更需综合采纳各种策略，既包括通过立法或政策等措施促进绿色建筑的开发及推广，也包括鼓励建筑行业通过绿色建筑评估及认证等积极推动其发展。同时，还要通过教育和培训等渠道广泛传播绿色建筑的理念，加强公众对绿色建筑的认识，从而使公众能够逐渐接受、认同并支持绿色建筑的发展。

目前，深圳走在我国绿色建筑推广发展的前列。深圳坚持用示范工程带动绿色建筑规模化建设。深圳市推出的绿色建筑示范项目包括泰格酒店式公寓、万科城四期等居住建筑，也包括万科中心、软件大厦、三洋厂房等公共建筑。不仅如此，深圳还着手建立绿色建筑示范城。2008 年 3 月，深圳市人民政府与住房和城乡建设部签订《关于建设光明新区绿色建筑示范区合作框架协议》，确定以绿色建筑为基础，将光明新区建设成为建筑与人、城市与环境和谐发展的绿色建筑示范区。这是迄今为止全国最大的国家级绿色建筑示范区。

同样，上海政府充分发挥各方力量打造出一些精品绿色建筑，然后将这些绿色建筑列为示范性项目展示给消费者，加强消费者对于绿色建筑的认识和理解，调动他们的购买积极性，从而提高消费需求。为了达到展示和宣传的目的，选择示范性工程时，可以把重点放在体育馆、博物馆、公园、商场、车站、机场等与社会大众接触较多的公共项目上，同时发动以央企、国企为主的房地产行业、建筑行业的大型企业单位，主动做好模范带头作用。如果发展态势良好的话，上海也可以借鉴深圳的经验，打造绿色建筑示范城，除了建造更多精良的个体绿色建筑项目外，可以通过政府的支援将上海的某一个区建立成绿色建筑示范区，形成上海级别的绿色建筑示范，供其他区借鉴参考，最后实现上海整个城市的绿色建筑改造。

6.1.2 绿色建筑设计与实施的原则

我国在绿色建筑设计与实施中秉承以下原则：

1）实现生态平衡性

绿色建筑应该对环境无害，能充分利用环境自然资源，并且在不破坏环境基本生态平衡条件下建造的一种可持续发展的建筑。应该充分利用太阳能，采用节能的建筑围护结构以及采暖和空调，减少采暖和空调的使用。根据自然通风的原理设置风冷系统，使建筑能够有效地利用夏季的主导风向，以充分利用环境提供的天然可再生能源。

2）突破传统的结构模式

绿色建造不应禁锢在传统的结构模式下，绿色建筑应采用适应当地气候条件的平面形式及总体布局。如黄铁屿的"生态节能屋"，其主人的宅基地上有一颗直径需 2 人合抱，十多米高的老橡树，为了保护这棵树，建筑师煞费苦心，将其建筑平面图设计成为"凹"字形，其凹进去的部分，刚好怀抱这棵大树，结果这棵大橡树成为该幢建筑物的一把"遮阳伞"。

3）利用先进的科学技术

在过去的一些年里，纳米技术及传感技术等材料科学有了飞速发展，由其产生的许多高科技成果在汽车制造、飞机制造、航空航天方面也有很广泛的应用。而与其相反的是建筑学在进入 21 世纪以来，还停留在几十年甚至上百年以来一直沿用的设计理念、技术和建筑材料。绿色建筑应该利用现代的先进科学技术，建造现代的建筑。

4）采用节能型建筑材料

尽可能循环利用绿色应以人、建筑和自然环境的协调发展为目标，在利用天然条件和人工手段创造良好、健康的居住环境的同时，尽可能地控制和减少对自然环境的使用和破坏，充分体现向大自然的索取和回报之间的平衡。在建筑设计、建造和建筑材料的选择中，均应考虑资源的合理使用和处置。要减少资源的使用，力求使资源可再生利用。

6.2 绿色建筑的评价

当可持续发展成为人类和自然协调发展的全球化战略的时候，绿色建筑也成为建筑业发展的必然趋势，而绿色建筑的评价是绿色建筑发展的关键问题。

6.2.1 绿色建筑评价体系的建立

在我国，绿色建筑评价体系的建立经历了几个阶段：

2001 年建设部住宅产业化促进中心出台了《绿色生态住宅建筑要点及技术导则》。与此同时，多家科研机构、设计单位的专家合作，在广泛研究世界各国绿色建筑评价体系的基础上并结合我国特点，完成了我国生态住宅技术评估体系的制定，并出版了《我国生态住宅技术评估手册》（第二版），该指标体系涉及环境规划设计、能源与环境、室内环境质量、水环境、材料与资源五个方面共 118 个指标，对住宅从选址、规划、设计、施工、运行管理的全过程进行全方位评价。并且为了推广绿色住宅小区的开发，建设部自 2003 年开始，在全国大中型城市重点推广绿色生态住宅小区的试点建设工作。

在 2005 年 10 月，为了贯彻落实中央提出的发展节能省地型住宅和公共建筑的重要举措，为加强对我国绿色建筑建设的指导，促进绿色建筑及相关技术健康发展，中华人民共和国建设部和中华人民共和国科学技术部联合组织编制了《绿色建筑技术导则》，更加有效的引导、促进和规范了绿色建筑的发展。

在此基础上，我国建筑科学研究院、上海市建筑科学研究院、我国城市规划设计研究院、清华大学、中国建筑工程总公司、中国建筑材料科学研究院，国家给水排水工程技术研究中心、深圳市建筑科学研究

院、城市建设研究院等单位联合制定了《绿色建筑评价标准》（GB/T 50378—2006），并于 2006 年 6 月 1 日起由住建部发布实施。该标准于 2017 年进行修订，新修订后的标准为《绿色建筑评价标准》（GB/T 50378—2017）该标准的发布实施，给绿色建筑一个权威的评价标准，对积极引导社会大力发展绿色建筑，促进节能省地型建筑的发展具有十分重要的意义。

6.2.2 绿色建筑评价指标体系

绿色建筑评价指标体系由节地与室外环境、节能与能源利用、节水与水资源利用、节材与材料资源利用、室内环境质量和运营管理六类指标组成。每类指标包括控制项、一般项和优选项，控制项为绿色建筑的必备条件；一般项和优选项为划分绿色建筑的可选条件；优选项是难度大、综合性强、绿色度较高的可选项。表 6-1 是划分绿色建筑等级的项数要求（住宅建筑），表 6-2 是划分绿色建筑等级的项数要求（公共建筑）。

（1）节地与室外环境

1）关于节地

人均居住用地指标：低层不高于 43m²、多层不高于 28m²。中高层不高于 24m²、高层不高于 15m²。

表 6-1 划分绿色建筑等级的项数要求（住宅建筑）

等级	一般项目（共 40 项）						优选项目（共 9 项）
	节地与室外环境（共 8 项）	节能与能源利用（共 6 项）	节水与水资源利用（共 6 项）	节材与材料资源利用（共 7 项）	室内环境质量（共 6 项）	节地与室外环境（共 8 项）	
★	4	2	3	3	2	4	-
★★	5	3	4	4	3	5	3
★★★	6	4	5	5	4	6	5

表 6-2 划分绿色建筑等级的项数要求（公共建筑）

等级	一般项目（共 40 项）						优选项目（共 14 项）
	节地与室外环境（共 6 项）	节能与能源利用（共 10 项）	节水与水资源利用（共 6 项）	节材与材料资源利用（共 8 项）	室内环境质量（共 6 项）	运营管理（共 7 项）	
★	3	4	3	5	3	4	3
★★	4	6	4	6	4	5	6
★★★	5	8	5	7	5	6	10

目前常出现居住用地人均用地指标突破国家相关标准的问题，与节地要求相悖。国外偏于用户均指标来评价，在此用人均居住用地指标是与其他规范一致的。

2）关于施工

施工现场是典型的污染源。施工常会引起大气污染、土壤污染、噪声影响、水污染、光污染等影响，是等级过程控制中的重要环节。《绿色建筑评价标准》要求施工单位提交环境保护计划书、实施记录文件、自评报告及当地环保局或建委等部门对环境影响因子如扬尘、噪声、污水排放评价的达标证明。

3）热岛效应

热岛效应是指一个地区（主要指城市内）的气温高于周边郊区的现象，可以用两个代表性测点的气温差值（城市中某地温度与郊区气象测点温度的差值）即热岛强度表示。由于受规划设计中建筑密度、建筑材料、建筑布局、绿地率和水景设施、空调排热、交通排热及炊事排热等因素的影响，住区室外也有可能出现热岛现象，以 1.5℃作为控制值，是基于多年来对北京、上海、深圳等地夏季气温状况的测试结果的平均值。可通过热岛模拟预测分析或运行后的现场测试取得数据。

4）风环境

自然通风是亚热带地区建筑节能的一个重要方面。另外，由于建筑单体设计和群体布局不当而导致行人举步维艰或强风卷刮物体撞碎玻璃等的事例很多。建筑物周围人行区距地 1.5m 高处风速 V < 5m/s 是不影响人们正常室外活动的基本要求。因此，对住宅建筑与公共建筑均提此要求，鼓励用软件对室外的风环境作模拟预测分析。

5）透水地面

透水地面是生态环境的一个重要内容。透水地面具有涵养土地、减少地表径流、降低洪峰、调节环境温度、降低热岛效应等作用。透水地面包括自然裸露地面、公共绿地、绿化地面等地面。

（2）节能与能源利用

1）节能设计标准

我国 960 万 km² 被分为严寒、寒冷、夏热冬冷、夏热冬暖和温和 5 个不同的建筑气候区，除温和地区外，建设部已经颁布实施了分别针对各个建筑气候区居住建筑的节能设计标准，同时还颁布实施了《公共建筑节能设计标准》。

2）计量收费

城镇供热体制和供热方式改革是节能工作中的一个方面。用户能自主调节室温是必需的。因此应该设置室温可由用户自主调节的装置；然而，收费与用户使用的热（冷）量多少有关联，作为收费的一个主要依据，计量用户用热（冷）量的相关测量装置和制定费用分摊的计算方法是必不可少的。

3）节能设计

建筑体形、朝向、楼距、窗墙面积以及遮阳均是节能设计的基本要素，而且还影响住宅的通风及采光。提倡建筑师充分利用场地的有利条件，尽量避免不利因素，在这些方面进行精心设计。

4）可再生能源

太阳能、地热能是建筑上最易获得的再生能源，即应用太阳能热水器供生活热水、采暖等；以及应用地热能直接采暖，或者应用地源热泵系统进行采暖和空调。条文中提出 5% 的可再生能源的使用占建筑总能耗的比例可用以下指标判断：a. 小区中有 25% 以上的住户采用太阳能热水器；b. 小区中有 25% 的住户采用地源热泵系统；c. 小区中 50% 的住户采用地热水直接采暖。

（3）节水与水资源利用

1）规划管理

我国是个缺水国家，包括资源型缺水和水质型缺水。对住宅建筑，除涉及室内水资源利用、给排水系统外，还与室外雨污水排放，再生水利用以及绿化、景观用水等有关。各地应结合当地气候条件、经济状况、用水习惯和区域水专项规划等，综合考虑节水措施。

2）管网漏损

我国的管网漏损达21%，远高于发达国家。为此：a.管材、管件必须符合产品行业标准要求；b.选用高性能的阀门；c.合理设计供水压力；d.选用高灵敏度计量水表；e.加强施工管理，做好管道基础处理和覆土，控制管道埋深。

3）雨水利用

对年平均降雨量在800mm以上的多雨但缺水地区，应结合当地气候条件和住区地形、地貌等特点。除增加雨水渗透量外，还应建立完整的雨水收集、处理、储存和利用等配套设施。雨水处理方案及技术应根据当地实际情况而定。单独处理宜采用渗水槽系统；南方气候适宜地区可选用氧化塘、人工湿地等自然净化系统。

4）非传统水源

非传统水源利用率指的是采用再生水、雨水等非传统水源代替市政自来水或地下水供给景观、绿化、冲厕等杂用的水量占总用水量的百分比。住区周围有集中再生水厂的，优先采用市政再生水，没有再生水厂的，要综合考虑是否建造再生水处理设施，并依次考虑优质杂排水、杂排水、生活排水等的再生利用。

（4）节材与材料资源利用

1）材料安全性

我国的装修材料发展迅猛。装饰装修材料主要包括石材、人造板及制品、建筑涂料、胶粘剂、壁纸、聚氯乙烯卷材地板、地毯、木制家具等。材料中的有害物质是指甲醛、挥发性有机物（VOC）、苯、甲苯和二甲苯以及游离甲苯、二异氰酸酯及放射性素等。作为绿色建筑，绝不允许有损人体健康的现象出现。

2）节约材料

建筑业中的浪费材料的两大特点是：a.业主自行装修，拆除原有厨卫的墙、地瓷砖，既大量浪费材料，又造成噪声和建筑垃圾；b.为片面追求奇，特，怪。设计了不必要的曲面、飘板、构架等异型物件，不符合绿色建筑的基本理念。

3）循环利用

a.首先在设计选材时考虑材料的可循环使用性能，包括金属材料、玻璃、铝合金型材、石膏制品、木材等；

b.拆除旧建筑时的可再利用材料（不改变物质形态），包括砌块、砖石、管道、板材、木地板、木制品（门窗）等；

c.使用以废弃物为原料生产的建筑材料，包括建筑废弃物、工业废弃物和生活废弃物。

（5）室内环境质量

1）声环境

住宅建筑的声环境已成为市场需求的一个重要内容。条文中所提出的卧室、起居室的允许噪声级相当于现行《民用建筑隔声设计规范》中较高的水平。楼板、分户墙、外窗和户门的声学性能要求均是为满足卧室、起居室的允许噪声级要求所必要的水平。绿色建筑既要创造一个良好的室内环境，又要考虑节约资源，不可片面地追求高性能。

2）自然通风

自然通风既提高居住者的舒适感，有利于室内空气排污，更有助于缩短空调设备的运行时间，降低空调能耗。绿色建筑应特别强调自然通风。

自然通风与通风开口面积大小密切相关。本条文针对不同地区分别规定通风开口面积与地板最小面积比为5%和8%。此外，还与通风开口的相对位置密切相关，避免室内出现通风死角。与住区风环境模拟分析结合考虑自然通风是发展中必然要考虑的工作。

3）结露

绿色住宅应满足围护结构内表面不结露的要求。导致结露除空气过分潮湿外，表面温度过低是直接的原因。结露大都出现在金属窗框、窗玻璃表面、墙角、墙面上可能出现的热桥附近。在设计和建造过程中，应核算可能结露部位的内表面温度是否高于露点温度，采取措施防止在室内温、湿度设计条件下产生结露现象。

4）遮阳

遮阳能取得较好的节能效益，同时能避免夏季阳光透过窗户照到室内引起居住者的不舒适感。遮阳是一种简单实用的措施，列入一般项中。

近几年，遮阳技术发展甚快，有内遮阳、外遮阳之分。外遮阳中又有卷帘式、上下推拉式、平开式、水平推拉、可调节与固定式之分。从材质角度有木质、布质、金属、塑胶布等品种。

遮阳产品的选定要根据当地的气候、经济、文化情况综合决定。

（6）运营管理

1）垃圾处理

垃圾处理是环保中的一项重要内容，特别在人口增长、经济发展的境况下，住宅建筑中的垃圾处理尤为重要。

a. 在源头将垃圾分类投放；

b. 垃圾收集、运输等整体系统的合理规划；

c. 垃圾容器的放置；

d. 垃圾站的景观美化及环境卫生；

e. 在有条件的地方就地处理，达到减量化，资源化的效果。

2）绿化问题

a. 选择乡土植物，少维护，耐候性强，病虫害少，对人体无害；

b. 绿化率不低于30%，人均公共绿地面积不低于1m²；

c. 乔、灌、草合理搭配，每100m²绿地不少于3株乔木；

d. 绿化用水采用非传统水源；

e. 采用喷灌、微灌等高效节水灌溉方式；

f. 采用无公害病虫害防治技术，有效避免对土壤和地下水的损害；

g. 栽种和移植的树木成活率大于90%，植物生长状态良好。

6.3 绿色建筑的设计与实施

6.3.1 建筑布局

（1）建筑选址和现场设计

所有建筑都是处于一定环境条件下。根据当地的气候和地理条件，为建筑物选择一个好的建设地址对实现建筑物的绿色设计至关重要。通常建筑选址所应考虑的因素如下：a. 与公共交通系统的距离要短，方便人们步行去乘坐公共交通系统。b. 尽量在已经城镇化的区域内，具有必要的城镇基础设施，方便人们的日常生活。c. 避免选择生态敏感区域，以免对周围的生态环境造成影响。d. 根据当地的气候条件和地理环境，尽量选择便于利用自然能源的地段。

一旦选定建筑的建设地址，对建设地段进行现场设计是保证建筑与自然环境和谐的必要条件，只有与自然环境协调的建筑才能称得上绿色建筑。绿色建筑的现场设计应根据当地的地理环境，具体问题具体分析。绿色建筑现场设计的基本原则为：a. 现场设计要保护现场的生态完整性和生物的多样性。b. 要尽量少的干扰现场的水源系统，尽量减少现场因暴雨造成的水土流失，尽量减少使用自来水进行浇灌。c. 尽量减小现场的热岛效应，使绿地面积尽量最大化。

（2）建筑布局设计

一个好的建筑布局可以最大限度地利用现场的资源来减少建筑得热和改善室内的环境质量，采用以下措施可使建筑的布局得到优化：a. 使用现场已存在的树木或其他植物来减少建筑的热负荷。b. 根据当地的纬度和主要风向，对建筑物的朝向进行优化，最大限度地利用太阳能和风能，最大限度地利用其他形式的自然能源。c. 利用已存在的地形作为建筑的围护结构，可以减小建筑物的能源消耗。d. 仔细划分建筑内的使用功能区，使不需要窗户的功能区域尽量安排在建筑物的北面，使具有相似使用功能的功能区域尽量位于同一区域，以利于建筑物通风和空调系统的设计及节能。

美国亚利桑那州南部城市 Tucson 的一个小镇 Civano 的民居，这些民居的墙体是采用稻草压制而成，可以产生很好的节能效果，其能耗比这个地区的正常建筑能耗低约 50%。这些民居所采取的措施主要有：窗户采取了可调式遮阳措施，根据当地纬度优化太阳能的使用，根据当地的主流风向，考虑风能的利用等。Civano 的民居还采取了节水措施，采取了雨水回收措施，将屋顶的雨水回收至地下的蓄水池内，用空调冷却和冲洗，采用两套水系统，一套为自来水系统，另一套为其他回收的不能饮用水系统，与其他建筑相比，可以节水约 65%。

（3）建筑及其配套系统设计

建筑及其配套系统设计是保证建筑物室内环境的舒适性和健康性，以及是否高效的关键。除了在设计中采用各种环保型建筑材料外，绿色建筑中建筑及其配套系统设计还可以采取的措施有：

1）新风系统设计

是保证建筑室内环境质量的关键手段，要想提高室内空气的质量，势必加大新风量的使用。无论在寒冷的冬季，还是在炎热的夏季，从外部环境进入建筑物内的空气（新风）的温度与室内环境空气相比都有较大的温差，较大的新风量意味着对新风的处理需要耗费更多的能源。为了既能保证室内环境的质量，而又不至于耗费太多的能源，建立独立新风系统是解决这一问题的一个非常好的方法。为了进一步减小新风负荷，可在新风系统中采用全热交换器，在春、秋过渡季节采用自然通风系统等措施。

2）自然能源的使用

绿色建筑最大的特点之一就是节能，一般绿色建筑的能耗水平大约是同类普通建筑的 1/4 ~ 1/2，绿色建筑的要求是在节能的同时，又不能降低建筑室内环境的质量，自然能源的利用对实现绿色建筑的节能至关重要。可利用的自然能源大体包括以下几种：太阳能是不需要耗费成本的清洁能源，最大限度地使用太阳能对实现绿色建筑的节能意义重大。太阳能的使用有以下三种方式：利用太阳光作为照明、太阳能加热系统和太阳能光伏发电。在白天，尽量利用太阳能作为室内照明能源，日本大林组建筑设计公司本部大楼即为采用太阳能照明的一个工程实例，根据建筑结构，利用阳光天井来实现建筑内部的照明。为提高太阳能的使用效率，可以与自动控制系统相结合，采用主动式太阳跟踪系统。在我国西部、北部和许多沿海，风能充沛，可以利用风能作为建筑能源的供应。风能利用的方式一般是利用风能发电，再将电能用于建筑的照明、空调等。除了太阳能和风能外，由于各地的地理条件差异，还可以利用当地所独有的自然能源，例如地热和海洋能源等。烟台就是一个美丽的沿海城市，烟台海域的海水温度在夏季约为 20 ~ 25℃，冬季约为 0 ~ 4℃，海水是一个巨大的能源储藏库，若能将海水用于热泵系统，夏季利用海水热泵进行建筑空调，与常用的冷却塔形式的空调系统相比，效率可提高 10% 以上；冬季利用海水热泵供暖，与气源热泵相比，效率可提高 15% 以上。

3）利用自然通风

自然通风是利用大气的热压作用而进行的一种通风方式，该方式最大的特点是不需耗费任何能源，就能达到改善室内环境质量的效果，同时还可以达到空调的效果。但自然通风受到当地气候条件和建筑结

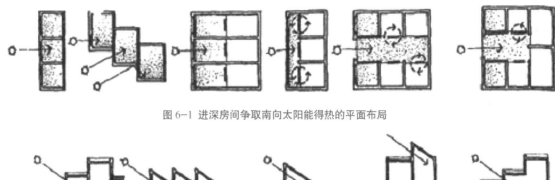

图 6-1 进深房间争取南向太阳能得热的平面布局

图 6-2 进深房间争取南向太阳能得热的剖面布局

构的限制，为了能达到预定的效果，还需配备其他自动控制措施。

因此，建筑布局对于绿色建筑设计而言至关重要。绿色建筑设计不仅仅是建筑室内环境的绿色设计，还应当充分考虑选址和与环境的协调，利用一切可以利用的当地自然条件和自然能源，从建筑现场设计、建筑布局设计、建筑配套设施设计三方面都达到绿色设计，使建筑既舒适、健康、高效，又与环境和谐，才是真正意义上的绿色建筑。

6.3.2 节能设计

建筑节能设计主要考虑两个手段：第一是"开源"，即开发利用自然能源；第二是"节流"，即阻止热量流进或流出室内。因此，具体的方法主要包括建筑本身设计时对自然能源的利用和采暖空调设备系统节能设计以及加强围护结构的热工性能设计。建筑本身的节能设计主要包括对太阳能、自然通风、建筑蓄热和蒸发降温被动式手法以及加强建筑的保温隔热性能的相关手段。主动式的设备系统设计手段主要包括主动式太阳能系统、地源热泵等技术在建筑中的应用。而针对围护结构的热工性能方面，应主要考虑新型保温材料的性能同时发掘传统材料热工性能的优缺点。

（1）被动式太阳能设计

被动式太阳能设计要点集中在设法争取太阳辐射得热和夜间储热量；提高围护结构保温性能，减少热量的散失上。建筑方案设计时需要考虑建筑的形体、朝向和热质量材料的运用，主要包括以下几种设计手段：

a. 增加建筑南向墙面的面积；房间平面布置可以采用错落排列的方法，争取南向的开窗，建筑的南向立面，其窗墙面积比应大于30%，同时考虑南北向空气对流（图6-1）；此外可以利用建筑的错层、天窗、升高北向房间的高度等使处于北向的房间和大进深房间的深处获得日照（图6-2）。

b.为了获得更多的太阳辐射热，建筑必须朝南向，最大偏角在偏南向30°。太阳房的采暖性能随着南向窗偏离的角度的增加而降低，在30°偏角内会降低10%。

c.室内表面（地板、顶棚、墙面及家具）最外层材料须采用蓄热性大的材料（钢筋混凝土、砖、石和土坯）作为温度的"调节器"。在白天有日照的时候，吸收一部分太阳辐射热，在没有日照的时候释放出来，调节室内温度避免过大的波动。直接暴露在阳光照射下的蓄热性材料的太阳能储存效率是空气对流换热效率的四倍。

（2）建筑蓄热与自然通风降温

利用建筑围护结构的蓄热性与夜间通风降温方式适合于夏季室外温差大的气候条件，白天室外温度过高，通风会给室内带来多余的热量。因此，白天需要关闭门窗，利用高蓄热性结构材料吸收室外传来的热量。到了夜间温度降下来的时候，打开门窗使建筑充分通风，将储存在结构层内的热量尽快释放出来。其可采用的设计手段如下：

a. 建筑围护结构采用具有足够热质量的材料，墙体以重质的密实混凝土、砖墙或土墙外加具有一定隔热能力的材料为佳，提高围护结构的蓄热性，通过吸收室外传来的热量降低室外温度波动，降低最高温度值。

b. 在室内均匀布置热质量材料，使其能够均匀吸收热量。夜间有足够的通风使白天储存在材料内的热量尽快散失，降低结构层内表面的温度。

c. 建筑物宜与主导风向成 45° 左右，并采用前后错列、斜列、前低后高、前疏后密等布局措施。尽量在迎风墙和背风墙上均设置窗口，使能够形成一股气流从高压区穿过建筑而流向低压区，从而形成穿堂风。在建筑剖面设计中，可以利用自身高耸垂直贯通的空间来实现建筑的通风，常用的利于通风的剖面形式有跃层、中庭、内天井等，也可通过设置通风塔来实现自然通风。

（3）蒸发降温设计

针对夏季酷热、降雨量多、室外温度高于 35℃ 的天数较多的地区，建筑需要利用蒸发冷却降温。这种方式需要设计使室外气流通过蒸发冷却降温后流经室内的通风通道，称为"冷却塔"。冷却塔置于建筑的屋顶之上，其高处的进风口用浸水的垫子覆盖。室外高温的干燥空气经过进风口时，蒸发垫子中的水分，空气温度随之降低，由于重力作用向下运动，将室内的热空气排出室外。当室外温度低于室内时（夜间），冷却塔又可以作为热压通风的通道，进行

图 6-3 电动机翼百叶外遮阳

图 6-4 天津植物园 FTS 电动天篷帘

夜间通风。冷却塔在屋顶的上面吸入空气，它们可以与热干旱气候的窑洞形式、院落式布局良好结合。另外可用水作为冷媒，通常在屋顶上实现蒸发冷却，带有活动隔热板的屋面水池就是这种方法的特例。也可利用蒸发及辐射散热的作用使流动的水冷却，此时冷却的水可贮藏于地下室或使用空间的内部，冷水由贮藏空间经过使用空间再回到进行冷却的地方。

（4）建筑防风设计

建筑防风最常用的手段是利用防风林或挡风构筑物创造避风环境。一个单排、高密度的防风林，距 4 倍建筑高度处，风速会降低 90%。同时可以减少被遮挡的建筑物 60% 的冷风渗透量，节约常规能源 15%。利用防护林做防风墙时，其背风区风速取决于

树木的高度、密度和宽度。防风林背后最低风速出现在距离林木高度 4 到 5 倍处。在较寒冷地区应减少高层建筑产生的"高层风"对户外公共空间的不舒适度影响：高层建筑形体设计符合空气动力学原理。相邻建筑之间的高度差不要变化太大。建筑高度最好不要超过位于它上风向的相邻建筑高度的 2 倍。当建筑高度和相邻建筑高度相差很大时，建筑的背风面可设计伸出的平台，高度在 6 ~ 10m，使高层背后形成下行的"涡流"，不会影响到室外人行高度处。

（5）建筑遮阳

遮阳是控制透过窗户的太阳辐射得热的最有效的方法。研究表明，大面积玻璃幕墙外围设计 1 米深的遮阳板，可以节约大约 15% 的空调耗电量。另外，室外遮阳构件又是立面的一个重要构成要素。在进行遮阳设计时，需要考虑遮阳形式和尺寸。遮阳的形式分为永久性遮阳和活动遮阳，其中永久性遮阳分为水平遮阳、垂直遮阳、综合遮阳和挡板式遮阳。根据需遮阳窗户所处的方位，应选择不同的遮阳形式。而确定遮阳设计时，首先需要确定一些设计参数：需要确定遮阳的时间，即一年中哪些天，一天中的哪些时段需要遮阳，根据遮阳时间提出合适的遮阳形式(图 6-4)。

6.3.3 节水设计

从众多的绿色建筑的评估体系内涵来看，绿色建筑应充分考虑了建筑物的节地、节能、节水、节材、提高室内空气质量等环境因素，从而最大限度地节约资源，保护环境，提高人类的居住水平。其中节水是十分重要的一点，也是容易取得重大进展的一点。下面就结合一些评估体系的具体要求，分析绿色建筑中与节水相关的内容。

（1）管道系统和洁具设计

1）采用合理的管道系统

低区充分利用市政给水压力；高层建筑给水系统合理分区供水，控制超压出流。

2）选用优质的管材、阀门

使用低阻力优质阀门和倒流防止器等，淘汰劣质产品，推广应用塑料管热熔连接技术，替代管箍（卡口）、丝扣连接方式，避免因管道锈蚀、阀门的质量问题导致大量的水跑冒滴漏。

3）节水器具

公共浴室及设公共淋浴器的场所，宜采用系统设可靠恒温混合阀等阀件或装置的单管供水，有条件的地方宜采用高位混合水箱供水，多于 3 个淋浴器的配水管道宜布置成环形；在水嘴、淋浴喷头内部宜设置限流配件；小便器、蹲式大便器应配套采用延时自闭式冲洗阀、感应式冲洗阀或脚踏式冲洗阀；所有用水器具必须满足《节水型生活用水器具》（CJ 164—2002）及《节水型产品技术条件与管理通则》（GB 18870—2002）的规定，节水率不得低于 20%。

（2）节能供水技术

合理利用市政管网余压，分区给水优先采用管网叠压供水等节能的供水技术，避免供水压力过高或压力骤变（图 6-5）。与传统的由市政管网供水至水池后再由水泵供应至屋顶水箱的二次加压方式相比，使用无负压给水设备加压有以下优点：减少投资；减少污染；节省大量能源；减少水资源浪费。

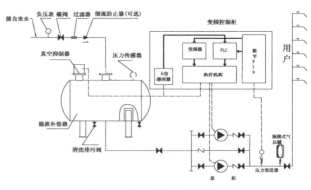

图 6-5 无负压供水设备技术图

（3）合理配置水表等计量装置

1）按照使用用途分别设置水表

在住宅建筑的每个居住单元、景观及灌溉用水等均应设置水表，分别统计用水量。对公共建筑中对不同用途的用水，如餐饮、洗浴、中水补水、空调补水等，应分设水表进行计量。所有水表计量数据宜统一输入建筑自动化管理系统（BMS），以达到漏水探查监控的目的。

2）提高水表计量的准确

由于选型和水表本身的问题，水表计量的准确性较差。如有的建筑物水表型号过大。用水量较小时，水表指针基本不动。为此应采取选用高灵敏度计量水表提高水表计量的准确度。

3）限制使用年限

由于水表自身零件的机械磨损，水表的使用年限越长，其准确度就越低。所以为了保证水表的工作精度，物业部门和自来水公司有必要对水表进行经常性检查。

（4）设置分质供水系统，开发利用再生水、雨水等非传统水源

1）中水的收集利用

中水，是指水质次于"上水"，优于"下水"的水，故称为中水。在日常生活中，并非所有的用水场合都需要优质水，有时只需满足一定的水质要求即可，如果供水系统只采用一种给水方式，即不管什么用途都按照标准饮用水供给，是对水资源的一种浪费，也是对人力与能量的浪费。

采用中水系统可以节约大量饮用水源及经常性水净化费用、动力费用等。中水系统技术即在一定规模的宾馆、机关、院校或住宅小区，将生活污水处理成中水后，回用于市政和生活杂用的技术，可以达到对污水和废水的重复利用。目前我国的中水利用已进入推广使用阶段，自 20 世纪 80 年代以来，已建成了不少中水系统试点工程，如北京市政设计院设计的中国外文出版发行事业局、中央民族学院等一批"个别式"的中水系统，1985 年北京市环保所在所内建成了小区方式的中水系统，以上系统投产运行后，效果稳定，运行可靠，证明中水系统在经济上、技术上的可行性，在节约水资源方面效果显著。

2）雨水的收集利用

雨水是一种既不同于上水又不同于下水的水源，但弃除初期雨水后水质较好，而且它有轻污染、处理成本低廉、处理方法简单等优点，应给予特别对待，要物尽其用。在建筑物中，可以使用渗水性能好的材料，并设计贮水设备，以收集和贮存雨水，并加以利用。例如，德国有一座生态办公楼，屋顶设了贮水设备，收集并贮存雨水。贮存的雨水被用来浇灌屋顶花园的花草，从草地渗出的水回流贮水器，然后流到大楼的各个厕所，用于冲洗。

雨水收集利用的目标和系统类别见表 6-3。

3）空调冷凝水回收利用

空调冷凝水利用技术主要有两个方面，一是利用空调冷凝水作水资源，二是利用空调冷凝水的冷量。

表 6-3 雨水利用的目标和系统类别

系统种类	收集回用	入渗	调蓄排放
目标	将发展区内的雨水径流量控制在开发前的水平，即拦截利用硬化面上的雨水径流增量		
技术原理	蓄存并消除硬化面上的雨水		贮存缓排硬化面上的雨水
作用	1. 减小外排雨峰流量	2. 减少外排雨水总量	减小外排雨峰流量
	替代部分自来水	补充土壤含水量	
适用的雨水	较洁净雨水	非严重污染雨水	各种雨水
雨水来源	屋面、水面、洁净地面	地面、屋面	地面、屋面水面
技术适用条件	常年降雨量大于 400mm 的地区	1. 土壤渗透系数宜为 10-6m/s ~ 10-3m/s 2. 地下水位低于渗透面 1.0m 及以上。	渗透和雨水回用难以实现的小区

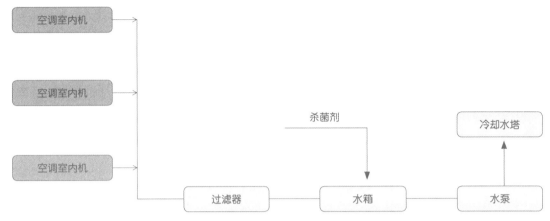

图 6-6 空调冷凝水作冷却水塔补给水流程

空调运行时产生的冷凝水量是可观的，尤其在火车站候车室等人流量很多的公共场所，中央空调产生的冷凝水量比较多。目前利用空调冷凝水作水资源的技术可用于冷却水塔补给水、卫生用水、绿化灌溉等。

空调冷凝水温度通常在 10 ~ 15℃，如果再加上冷凝水的蒸发潜热，那么冷凝水的冷量是比较大的；空调冷凝水的冷量利用技术可用于工业冷却水（图 6-6）。以广东某注塑厂为例，该厂注塑机冷却用水是通过冷却水塔来冷却的，冷却水温低于 32℃；工作环境是全新风的中央空调系统，据计算和测量，空调系统每小时可产 15℃左右的冷凝水 6 吨，这 6 吨冷凝水就这样白白排放到下水道。该厂扩大规模后，增加了 19 台注塑机，但由于场地小，没有办法再安装冷却水塔，为此，考虑将利用空调冷凝水来冷却注塑机。经计算，完全可以保证新增加的注塑机冷却用水。把空调各室内机产生的冷凝水排到储水箱收集，再用水泵泵之注塑机冷却用，投入运行后收效良好。

（5）真空节水技术

为了保证卫生洁具及下水道的冲洗效果，将真空技术运用于排水工程，用空气代替大部分水，依靠真空负压产生的高速气水混合物，快速将洁具内的污水、污物冲洗干净，达到节约用水、排走污浊空气的效果。真空泵在排水管道内产生 40 ~ 50kPa 的负压，将污水抽吸到收集容器内，再由污水泵将收集的污水排到市政下水道。生活污水真空收集系统主要由真空泵站、真空坐便器、真空控制装置、序批处理器、真空收集管几部分组成。

1）真空泵站

真空泵站是一个由生产厂家组装成的一体化装置。它的作用是使真空收集器和管道系统产生负压，并维持这个负压在一个设定的范围内。

2）真空坐便器

它是一种特制的并和系统配套的坐便器。它的核心部件是一个气动的真空控制阀，作用是负责连接或切断真空。真空阀打开的时间是可调的，一次排水一般为 2 秒。真空阀关闭后，给水管自动向坐便器补入约 1L 自来水，浸润坐便器底部。

3）真空控制装置

它直接连接于卫生洁具（如脸盆、小便器、净身盆、浴盆、淋浴盆等），这些洁具产生的废水靠重力流入真空控制阀，当控制阀内的水位上升到设定位置时，液位控制器依靠弹簧打开真空阀，并向外排水。

4）序批处理器

序批处理器的作用就是积累每次冲洗产生的污水，当到达一定量时，依靠液位传感器的指令打开真空阀，对真空管道进行水力冲洗，以防止其结垢。

5）真空收集管

用以传递真空状态和传输污水。其材质可以是进口或国产的 PVC-U 或 PE 管等，连接方式随管材而定。

6.4 既有建筑改造

从对既有建筑改造的角度,从屋顶改造、墙体保温改造、节能改造、节水设施改造、景观提升等方面,介绍相关适宜技术。

6.4.1 墙体保温技术

在对既有建筑墙体进行节能改造时,外保温做法是墙体节能改造的最佳选择,一般情况下对旧建筑的节能改造,应优先选用墙体外保温技术。

在对原有墙体进行改造时,应该先修复原墙面因为冻害、析盐或侵蚀所造成的涂料饰面破坏,并清洗墙面油迹,更换损坏的砖或砌块,填补密实墙面上的缺损和洞孔,清楚墙面上的疏松的砂浆,不平的表面应该事先抹平,拆除墙外侧管道、线路,在可能的条件下,可改成地下管道或者暗线,原有窗台宜接出加宽,窗台下宜设滴水槽,脚手架宜采用与墙面分离的双排脚手架。在施工时以常用的粘贴式聚苯板保温为例,保温板应从墙壁的基部或坚固的支撑处开始,自下而上逐排沿水平方向依次安设,拉线校核,并逐列用铅坠校直,在阳角与阴角的垂直接缝处应交错排列。安设时,应采用点粘或条粘的方法,通过挤紧胶黏剂层,使保温板有规则地牢固地粘接在外墙面上。保温板安设时及安设后至少24小时之内,空气温度和外墙表面温度不应低于5℃。在整个保温板表面上,应均匀抹一层聚合物水泥砂浆,并随抹随铺增强网布。抹灰层厚度宜为3~4mm,且应均匀一致。增强网布应拉平,全部压埋在抹灰层内,不应裸露。遇门窗口、通风口不同材质的接合处(配电箱、水管等),应将增强网布翻边抱紧保温板,洞口的四角应各贴一块增强网布,并用聚合物砂浆将网布折叠部分抹平封严。每块保温板宜在板中央部位钉一枚膨胀螺栓。螺栓应套一块直径5cm的垫片,栓铆后应对螺栓表面进行抹灰平整处理。应在抹灰工序完成后,进行外

装修,宜采用薄涂层。适用于主体结构为实心砖墙的墙体外保温改造做法很多,通常的构造做法有以下几种:聚苯板外保温(粘接式)、岩棉板外保温(挂装式)、聚氨酯外保温(喷涂式)及聚笨颗粒外保温(抹灰式)。目前国家规定在民用建筑外墙外保温需要用A级防火材料。由于某些保温材料在防火性能上达不到国家要求,易引发火灾事故,所以国家正在逐步禁止一些保温材料的使用。有很多有机保温材料都达不到A级防火标准,需要经过改性、复合等技术措施来达到A级防火标准,其中无机保温砂浆是目前广泛应用的环保型外墙保温材料。

6.4.2 屋顶改造技术

在对既有建筑屋面进行节能改造时,平改坡和种植屋面已经成为现在最主要的屋面节能改造方法。

(1)平改坡

平改坡方案由于社会政策,产权资金、建筑技术、设备结构、建筑施工等因素的影响。所以平改坡方案绝对不是一种标准化方案就能解决问题,它应有灵活的解决方法。具体的方案大致有如下几种:方案一是在保温平屋顶上再加一个坡屋顶,保温仍然由原平屋顶承担,新的坡屋顶解决防水问题,并由新坡顶、新材料带来新的建筑形象。这种方案实施起来相对比较简单容易,对下层住宅影响最小。方案二是拆除原有建筑旧平顶,换成坡屋顶,此方案实施难度较大,对下层住户影响很大,不具备一定条件不宜采取此方案。方案三是原平屋顶改造成楼板,利用新的坡屋顶的三角形空间做成阁楼,这实际上是借平改坡的机会,比方案一增加一些投资,就可以增加建筑面积。如果阁楼中最低点保证2.2m净高甚至可增加一层的建筑面积。这是凡有条件的多层住宅应首选的平改坡方案。平改坡在建筑改造时应该遵循建筑技术原则:第一,平改坡建筑技术要与结构方案有机结合,无论采用哪种改造方案都要保证房屋结构的整体完整性。

第二，新建筑坡屋顶在选材构造上既要满足防水、防火、保温等功能，也要少增加建筑的静荷载量。第三，平改坡建筑技术方案应该做到标准化、装配化，为减少湿作业量、缩短施工周期创造条件。第四，有条件的平改坡项目，应把平改坡与建筑其他部分改造结合起来，做到社会效益、环保效益、改造效益的统一。

（2）种植屋面

种植屋面作为一种有效的节能环保措施，越来越受到人们的重视。种植屋面是改善城市生态环境的有效途径之一。

种植屋面（图6-7）技术即在屋顶上种植植物，利用植物的光合作用，将热能转化为生化能；利用植物叶面的蒸腾作用增加蒸发散热量，大大降低屋顶的室外综合温度；利用植物培植基质材料的热阻与热惰性，降低内表面温度与温度振幅。研究显示，种植屋面的内表面温度比其他屋面低2.8 ～ 7.7℃，温度振幅仅为无隔热层刚性防水屋顶的1/4。

图6-7 种植屋面

6.4.3 门窗改造技术

（1）降低入户门的传热系数

入户门的改造主要是可以设置耐久性和弹性良好的密封条（样胶、聚乙稀泡沫塑料、聚氧酯泡沫塑料等）在缝隙部位，加贴高效保温材料（聚苯板、玻璃棉、岩棉板、矿棉板等）在入户门的门芯板内，并使用强度高且密封性能好的板面加以保护，以提高

其保温性能。或者把保温性能差的入户门更换成保温门，更换时建议采用的门的类型有中间填充玻璃棉板或矿棉板的双层金属门、内衬钢板的木或塑料夹层门等入户门及其他能满足传热系数要求的保温型门。

（2）降低窗户的传热系数

建筑窗户是建筑围护结构的组成部分，是建筑物热交换最活跃、最敏感的部位，一般是墙体热损失的5 ～ 6倍。将原有住宅的普通玻璃窗扇换成双玻、中空、LOWE中空甚至真空或真空LOWE等节能窗扇。将原有住宅的普通窗框和窗扇骨架换成节能的材料，如断热铝材，断热钢材、玻璃钢材及复合材料（铝塑、铝木等）。

（3）增加窗扇

在窗扇的窗框上增加一层窗扇，使窗户变成双层窗的构造形式，双层窗可以根据用户需求或者立面改造等要求下设计成是平开窗和推拉窗的自由组合形式，这样就可以增加窗扇和密封材料，实现节能优化。

（4）加强窗户的密封性

许多既有居住建筑的门窗的密封性很差，有的甚至在安装使用后很短的时间内，窗户密封条就出现断裂、脱落的现象，这就要求在改造过程中使用优质密封条、密封胶。如三元乙丙密封条或者热塑性弹性体密封条。在窗户的窗顶和窗台等构造部分尤其要做好保温隔热措施。

（5）改进窗户的开启方式

应把窗扇作为引风的设施，根据建筑的方位朝向，利用窗扇把夏季的主导风引进室内，并能起到阻挡冬季寒风的作用。

（6）玻璃镀膜

玻璃镀膜即用物理或化学镀膜工艺，改变玻璃表面的热反射特性，将太阳辐射直接反射回去，从而提高玻璃的遮阳隔热性能。

（7）采用保温窗板和窗帘

给窗户加上一层保温窗板或窗帘，夏季可以阻挡阳光辐射热通过窗户进入室内，冬季可以阻止室内热量通过窗户散发到室外，能起到很好的保温节能效果。

6.5 绿色建筑的管理

绿色建筑管理是一项庞大的系统工程，不是哪一个部门能够单独完成的，有效的绿色建筑管理需要很多部门和单位的共同参与，只有构建一个和谐的绿色建筑管理模式，在全社会形成一种"绿色氛围"，才能保证绿色建筑在我国的发展前景。

6.5.1 法律法规

制定法律法规是推进绿色建筑发展政策体系建设中最为关键的一个环节。

美国法制比较完善，在建筑节能领域也有较为完善的制度，政府以立法形式制定强制性的最低能源效率标准，早在 20 世纪 70 年代末，美国政府就开始制定并实施建筑物及家用电器的能源效率标准。此后，最低能耗标准的能耗产品品种越来越多，标准经过每 3 ~ 5 年的不断更新也越来越严格。最低能效标准的制定一般采用政府组织，由相关第三方中介机构完成的方法，在标准的制定过程中主要采取工程测算法。而这些标准在不同的州有不同的具体内容和要求，加州、纽约等经济比较发达的州，建筑节能标准比联邦政府标准还要严格。比如，作为加州最主要的节能管理的政府机构，加州能源委员会（CEC）制定和实施了美国最严格的建筑物和家电的节能标准和标识体系。

英国政府也制定了强制性的建筑节能标准，并且每隔四至五年修订一次，每次均提出更新更高的标准。1986 年，政府制订了国家节能计划，将建筑节能标准分为 10 个等级，采用新标准建造的住宅，能耗比传统住宅减少了 75%。1995 年，英国又颁布

实施了《家庭节能法》，计划 10 年内使住宅能耗在 1996 年的基础上再降低 30%，并要求现有建筑执行节能新标准。2005 年，英国政府宣布将在 10 年内建设 100 万栋"零能耗"绿色住宅，并在税收上给予优惠。2006 年 4 月，英国再次出台建筑节能新标准，规定新建筑必须安装节能节水设施，使其能耗降低 40%。据调查大部分住房在屋顶和墙体上所采取的节能措施费用，可在 2 ~ 4.5 年内回收。

德国政府对绿色建筑政策上的支持，成为该国绿色建筑得以快速发展最重要的原因，政府出台硬性制度规定，给建筑发展以导向。德国许多地方根据自己的情况制定的"生态评价一览表"中要求购房者必须收集使用雨水，一定要采用太阳能装置等，这些要求都带着某种强制的成分，建房者在房屋建成后，还必须向政府报告。这个"生态评价一览表"有强烈的导向性，借助政府力量的制约，对生态建筑的发展起了很好的推动作用。

可见，政府在推动绿色建筑发展的过程中扮演着十分重要的角色，在我国绿色建筑发展的现阶段，政府对于绿色建筑发展支持力度的强弱直接影响着绿色建筑发展的前景。目前我国在这方面已经做了一些工作。2005 年，我国不仅首次颁布已编制 5 年之久的《绿色建筑技术导则》，还通过首届国际智能与绿色建筑研讨会，从国外引进了 5 项绿色建筑先进技术，其中包括：绿色建筑整体设计观念，智能、绿色建筑整体技术细节，节能建筑配套产品，生态化建筑新技术以及绿色建材和设备；6 月，发布了《建设部关于推进节能省地型建筑发展的指导意见》；此外还修订了《民用建筑节能管理规定》，颁布实施了《公共建筑节能设计标准》。2006 年颁布了《绿色建筑评价标准》。2008 年颁布了《民用建筑节能条例》。尽管如此，由于我国绿色建筑起步较晚，目前还没有专门的绿色建筑法，而且相关的绿色建筑方面的法律法规也需要进一步完善。

6.5.2 经济政策

运用强有力的经济杠杆，开动绿色建筑发展的发动机。

美国采取多种经济激励措施，对增强公众节能意识、推广绿色建筑取得了非常显著的效果。他们投入大量经费用于补贴购买高效耗能器具的用户、新建节能住宅的开发商、设计者和业主，新建节能商用建筑的设计者。

英国政府采取税收杠杆政策限制用能。首先，政府向发电公司征收矿物燃料发电税，用于补贴新能源和可再生能源发电，税率的高低视不同地区和时间而定；其次，供电公司必须承诺订购一定数量的可再生能源电力，合同定期签订，购买数量随时间推移而逐步提高，以此保证为可再生能源提供一定的市场，对可再生能源的购买未达到规定数量的，另行征收款项，用以扶持和奖励投资新能源。对可再生能源电力发展商通过竞争得到合同后，按奖励的补贴价出售其电力，价格的高低则由技术状况和竞争结果确定，原则上这种价格的补贴应随着合同的延续而降低，直到取消政府补贴，将技术完全推向市场。同时，自2001年起，英国政府每年划拨5000万英镑的"能源效率基金"，鼓励企业和家庭购买节能设备。

德国政府还出台财税政策推动建筑节能。首先，财政的资助，如国家复兴银行给予节能建筑贴息贷款。德国重建信贷机构还推出了"二氧化碳减排项目"和新的"二氧化碳建筑改建项目"，对节能措施项目提供低息贷款。

国外绿色建筑发展的实践经验告诉我们，没有激励和优惠政策，绿色建筑就难以推广。经济激励政策强调的是市场解决绿色建筑问题中的作用，这种政策鼓励通过市场信号影响政策对象来做出行为决策。这种政策相对于强制性政策的两个最为显著的特征是低成本高效率，并且鼓励绿色建筑技术的创新及扩散。从理论上来说，设计得当并得以实施的经济激励政策能以更低的社会成本实现绿色建筑的推广。

（1）财政补贴

财政补贴的方式主要有两种：一是贴息补助，即政府用财政收入或发行债券的收入支付企业因节能投资或用于节能研究与开发而发生的银行贷款利息；二是直接补贴，即政府以公共财政部门预算的形式直接向节能项目提供财政援助，如对研究与开发项目、示范项目和能源审计项目等的补贴。通过财政补贴的方式，既能调动生产者的积极性，扩大生产能力，又能刺激消费，扩大市场需求，可以极大的促进绿色建筑产业的发展。

（2）税收优惠

税收优惠，是政府通过税收制度，按照预定目的，减除或减轻纳税义务人税收负担的一种形式，包括国家在税收方面给予纳税人的各种优待。通过税收的手段来激励节能的形式主要是两种：一种是减免的税收优惠；一种是征收能源消费税。

使用减免税的优惠政策，主要是因为这种政策可以激励企业和消费者的投资和消费行为，鼓励绿色建筑产品或设备的生产和使用。

征收能源消费税包括对碳税、天然气税、二氧化碳排放税的征收，其主要是对能源过度消耗者征收税费，一方面抑制能源浪费的行为，另一方面为鼓励节能筹集资金。其实，征收能源消费税的同时也是间接地对节能产品的减免税，因为在制定征收能源消费税的同时都有相应的减免条款，例如对可再生能源的利用可以免税等。

（3）设立绿色建筑专项资金

绿色建筑的节能措施必然需要增加投资，而私人投资者在进行投资决策时，往往首先会考虑如果采取节能措施，增加的部分投资能否很快地收回。考虑的结果多数是投资回收期较长，因此他们最终选择放弃节能投资。从绿色建筑的特点可以看出，私人投资者的选择不无道理。从个体利益的角度来看，节能的短期收益并不显著，绿色建筑的收益主要体现在社会效益和环境效益上，从全社会的角度来看，投资才是有显著效益的。因此，政府作为宏观调控者，有理由合理分配公共财政来支持开展绿色建筑发展工作。

设立绿色建筑专项资金可用于支持建筑节能的政府采购、新能源和可再生能源利用、节能技术示范和推广、节能产品的研究与开发，既有建筑节能改造、建筑节能示范项目以及绿色建筑的宣传与教育等，也有部分资金用于绿色建筑的管理、监督体系的建设等。

6.5.3 技术支持

科技是第一生产力，发展绿色建筑更不能缺少科技的投入和参与。绿色建筑相关的科学研究是绿色建筑发展的基础，没有绿色建筑相关的新技术、新成果的不断涌现，绿色建筑的发展将成为空中楼阁。

（1）促进绿色建筑关键技术的开发应用

积极引进、消化、吸收国外先进适用的绿色建筑技术，鼓励技术创新，加快具有自主知识产权的绿色建筑关键技术开发以及产业化进程，提高绿色建筑关键技术、产品、软件以及设备的自主研发能力和装备能力。

继续加大科技投入，开展绿色建筑基础性和共性关键技术与设备的研究开发与产业化。加大绿色建筑方面的科研经费投入，加强技术制度的建设，包括各项专利技术制度、绿色建筑市场管理体系制度、绿色建筑设计与建造资质许可制度等，对科研人员的成果实施保护，调动科研人员积极性。加强绿色建筑技术情报搜集工作，建立有效的情报网络，及时掌握国内外建筑领域最新的技术成果和研发动态，迅速反馈市场信息。对通用技术，可以适当引进，以抢占技术领域的制高点。同时，积极开展国际环境合作与交流，为我国的技术开发活动提供有益的借鉴。

在绿色建筑结构体系、绿色建材技术与设备、绿色建筑水综合利用技术与设备、建筑节能技术与设备、绿色建筑室内环境控制技术与设备、绿色建筑绿化配套技术与设备以及绿色建筑技术集成平台建设等方面，继续深入地开展研究开发工作；发展符合本地条件的绿色建筑成套产品和新技术，积极推动先进、成熟的绿色建筑技术和产品的产业化进程。

（2）制定和完善绿色建筑技术标准

建立完善的绿色建筑国家和地方标准体系，提高标准化意识，充分调动各方面积极性，加大对绿色建筑标准规范研究的支持力度，抓紧完善绿色建筑国家标准体系和地方标准体系。

绿色建筑标准体系，包括建筑节能设计、施工、验收、检测、运行标准等各方面标准的工作，此外，为便于今后进行实际能耗监督，应在广泛调查研究的基础上分地区、分建筑类型制定公共建筑及居住建筑能耗定额标准。大型公共建筑能耗很大，要制定大型公共建筑采暖空调节能监测标准，还要制定既有建筑节能改造标准，以及多个系列建筑节能技术及产品标准。尽快使这些标准互相配套，并不断更新完善。

（3）推广绿色建筑一体化设计技术

绿色建筑各项目标之间的实现存在相互影响、相互制约的关系，各项技术需要综合、集成。长期以来，建设项目的设计工作按照专业化分工的要求被分解为若干阶段：由建筑师提出建筑方案，然后由土木工程师和其他专业的工程师完成结构设计和水、暖、电的系统设计。随着科学技术的进步，特别是计算机辅助设计软件的广泛应用，建筑设计领域专业化分工程度越来越高，甚至于造成各专业之间的隔阂。为打破这种现状，促进绿色建筑快速健康发展，建议采用一体化设计方式。

一体化设计是在现有的成本约束条件下，进行绿色设计的合乎逻辑的途径，它要求与项目有关的各类人员，包括建筑师、土木工程师、暖通工程师、电气工程师，甚至包括承包商和物业管理人员，他们从一开始就介入设计过程，形成一体化。

一体化设计方式有助于打破各专业之间的隔阂，加强各专业之间的交流与合作，为绿色建筑设计实施提供了组织保证。一体化设计使各个专业的设计人员在设计工作的早期阶段就能够充分交换意见、共享信息，互相沟通和配合，从而增加采用"绿色方案"的可能性，同时可以减少因采用"绿色方案"而造成的初投资的增加。

6.5.4 施工管理

绿色建筑施工管理是一项系统的复杂的工程，

通过建立工作质量评价体系（图6-8）来实现对绿色建筑施工阶段的质量控制。

（1）绿色施工准备工作质量控制

施工准备工作质量控制的方法是建立质量评价体系，通过审核有关技术文件、报告，现场核查施工机械、材料与构配件质量水平，考查施工现场水、电、路、讯等施工保障情况，以及确保施工图技术交底与图纸会审工作完成，通过对施工准备工作进行全面评价，确定工程是否具备开工条件。建立两级绿色施工准备工作质量评价体系。第一级质量评价包含4个要素：绿色施工组织设计审查、施工生产要素审查、设计交底和图纸会审、开工申请审查。第二级质量评

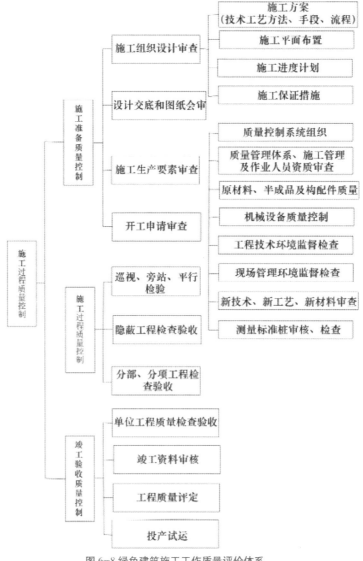

图6-8 绿色建筑施工工作质量评价体系

价包括2个部分。一是绿色施工组织设计审查,其中包含4个要素:施工方案、施工平面布置、施工进度计划、绿色施工保证措施;二是施工生产要素审查,其中包括8个要素:质量控制系统组织、质量管理体系及人员资质、绿色原材料及半成品及构配件质量、机械设备质量、工程技术环境检查、现场管理环境检查、绿色技术、绿色工艺、绿色材料审查、测量标准审查。通过对施工准备工作各项要素的审核,对工程建设施工准备工作质量进行综合测评,并根据评价的结果确定是否具备开工条件。

（2）施工过程工序质量控制

施工过程工序质量关键因素控制方法,就是在工序质量控制工作中,利用排列图法,查找影响工程质量的根本问题,然后再利用模糊因果分析的方法,查找产生质量问题的关键因素,最后采取相应对策解决质量问题,提高工程质量水平。施工过程是由一系列相互联系与制约的工序构成,工序是人员、材料、机械设备、施工方法和环境等因素对工程质量综合起作用的过程。施工过程质量控制施工组织管理以工序质量控制为基础和核心,设置质量控制点,进行预控,严格质量检查和成品检查。

工序质量包含两方面的内容:工序活动条件的质量和工序活动效果的质量。这两者是相互联系的,一方面要控制工序活动条件的质量,即每道工序投入的质量"资源"是否符合要求,另一方面又要控制工序活动效果的质量,即每道工序完成的工序产品是否达到有关标准和要求,工序质量的控制,就是对工序活动条件的质量控制和对工序活动效果的质量控制,据此来达到对整个施工过程的质量控制。

（3）竣工验收工程质量控制

竣工验收工程质量控制的方法主要是建立质量评价体系。验收内容包括:检查工程实体质量是否符合设计要求,施工资料是否真实完整,工程质量评定是否合格,联运试车是否能够正常运行并达到设计

功能与使用要求。建立工程竣工验收质量评价体系,主要包含4个要素:工程质量检查、竣工资料审核、工程质量评定、联运试车投产。通过对工程竣工验收项目的审核,对工程建设质量进行综合测评,并根据评价的结果确定工程质量是否合格。

6.6 城镇生态景观设计概述

从景观生态的定义和内涵出发,景观生态学认为城镇景观是指,城镇居民与其周围环境相互作用形成的网络结构,也是人类在改造和适应自然环境的基础上建立起来的自然、经济、社会复合系统。在城市生态环境日益恶化的今天,生态学角度的城镇景观设计,补充了以往人们对城镇景观理解的偏差,唤起对城镇中生态问题的思考,并为城镇生态问题的理论研究和实践奠定了基础。

6.6.1 城镇景观要素

城镇景观是由斑块、廊道和基质等景观要素组成的异质性区域,各要素的数量、大小、类型、形状及在空间上的组合形式构成了城镇景观的空间结构。

（1）斑块

斑块实质上是指组成景观的基本要素,即景观的基本单元,景观的各种性质要由斑块得以反映出来。

（2）廊道

廊道是斑块的一种特殊形式,是线性的景观单元,具有通道和阻隔的双重作用,几乎所有的景观都会被廊道分割,同时又被廊道连接在一起。此外,廊道还有其他重要功能,如物种过滤器、某些物种的栖息地以及对其周围环境与生物产生影响的影响源的作用。廊道的结构特征对一个景观的生态过程有着强烈的影响,廊道是否能连接成网络,在起源、宽度、连通性等方面的不同都会对景观带来不同的影响。

（3）基质

景观是由若干类型的景观要素组成，其中基质是面积最大、连通性最好的景观要素类型，在景观功能上起着重要作用，影响能流、物流和物种流，在整个景观区域内，它用凹形边界将其他景观要素包围起来，在所包围的斑块密集地，它们之间相连的区域很窄，在整体上基质对景观动态具有控制作用。

城镇空间环境具有城市化进程中未来发展趋势的特征，又有着乡镇沿袭发展而来的环境基础。科学技术是第一生产力，环境要素只有通过合乎技术法规的设计与建设，才能构筑出好的景观空间。这些要素包括道路交通、建筑、场地绿化、水体景观、公共设施、装饰小品等。

6.6.2 城镇生态景观设计的一般原则

从环境景观的历史演进和发展中，以可持续发展和生态学理念为指导，总结出城镇生态景观设计中应该把握的一般原则，具体如下：

（1）整体性原则

城镇环境本身是一个开放的、互动的巨系统，人和地球中的每一要素都是景观设计的对象，而景观的外在表达恰恰就是城镇的整体风貌的体现。"市镇的每一个部分、邻里、建筑、花园或房间各自都具有整体性，其意义有两个层次，每个部分自身是统一的，同时各部分也参与其他的统一体以便形成一个更大的整体"。景观设计是城镇规划设计重要组成部分，其自身追求城镇景观的整体修饰和美化，同时又与城镇政治、经济、文化、历史等多重要素相协调形成一个整体。

（2）地域人文原则

依山就势，因势利导，维持和保护自然地理风貌，重视地域特征，是因地制宜的首要原则。我国城镇分布广泛，平原、山地、高原、滨海、沙漠、草原等各种自然地形地貌的空间特征造就了城镇千姿百态的地域景观。同时，因地域性特征、民族、宗教和信仰不同形成了当地的建筑文化、民族文化及服饰、生活习俗的独特性，造就了富有传统地方特色、民族和宗教、民俗特色的人文景观和社会景观。

（3）经济性原则

我国国情决定了城镇的经济基础比较薄弱，居民生活水平低，在有限的资金条件下进行景观设计，就应当做到合理节约用地，不盲目贪大求全。提倡就地取材，重视新能源和新材料利用，提倡环保节能的设计目标和生活方式，依据当地特色的资源进行开发，以尽量低的造价设计出适应当时民俗民风的环境景观，延续祖辈勤俭致富的光荣传统，同时实现农村城镇的现代化。

（4）人本主义原则

人本主义要求的设计能够满足人的生理需要，如衣、食、住、行、繁衍等，更是为了满足人的心理需求包括安全、交往、感受等。人的需求是人类对于空间需求成聚居的最主要的"力"，聚居是人类生活系统的物质表现形式。在城镇精神理念方面的设计，是对人的视觉形象，包括人的物质、精神、心理、生理、行为规范等方面的综合性设计。人本设计是一种人性化的设计思维，本土化设计体现出地方文化设计才是真正为居民所能接受的空间基调，是一种亲切和归属的感觉。

（5）可持续发展原则

城镇景观设计都应遵循生态环境和时空发展的可持续发展原则。人是自然之子，景观设计应当强调人与人、人与自然的相互关系，遵从自然，效法自然。小镇的形成和发展更是于不同的时空呈现不同的景观形象和特征。它实际上也代表历史的发展和时代的交替。环境的能量来自于生态的可持续发展，也来自于人类生存与文化的延续。协调不同空间尺度上的文化圈与生物圈之间的相互关系成为景观设计所必须面对的紧迫问题。景观设计要建立在节约自然资源、保护生态环境、治理环境污染的立场上，不能以过度牺牲永久的地域自然资源和生态资源为代价，要融人工景观、人文景观于自然景观之中，康复再造更加优越的自然生态环境。

（6）视觉艺术原则

只有从美学经验和视觉吸引力的原则出发，才能使得城镇景观设计令人身心愉悦，这是最重要的技术原则，也是最富技巧的原则。用艺术的方式把握生活的能力，因为大自然给每一位健全的人都赋予了一双眼睛。一味追求功能而忽视物体外在的表现性，只会降低环境质量和工作效率。不能因为城镇设计的一些客观条件限制而忽视了艺术美的价值，应当有意控制周边环境的空间组织形态，注意保护空间视距，以及在空间中的形象，以造就尽可能大的视野领域，视觉通廊和视频来美化城镇景观。

6.7 城镇生态景观设计

6.7.1 道路景观设计

道路是城市基本骨架的主要因素，在城市中占有重要地位。道路景观对城镇的形象有重要的作用，道路景观占据着城市化进程中的不可缺失的一部分，城镇道路联系着城镇的各个组成部分，是担负交通的主要设施，同时道路空间组织也直接影响城镇的空间形态和景观，成为城镇景观的重要载体。城镇交通的组织是通过主次干道、高速公路、停车场等的布局与设计形成城镇空间骨架，对城镇的运行效率产生重大

影响。在城镇景观设计中，如何结合道路建设保护城镇的生态结构和生态过程是当前城镇道路景观设计的焦点。

目前，由于我国城镇的经济发展水平比较低，道路交通系统并不发达，往往要依托城镇体系规划和区域规划的发展契机来构建主要的对外交通干道。因此，城镇道路景观设计应融入城镇景观系统，结合城镇地形地貌、道路功能性质、城镇历史人文、绿化系统和动态、静态景观进行规划，构划出道路景观设计的诱人之处，创造出宜人又生动，富于变化的道路景观环境系统，图 6-9 是道路景观。

a. 设计应当根据城镇实际的用地范围、机动车和非机动车的交通量，合理规划道路等级：交通干道（包括全镇性和过境性）、生活服务性道路（区干道）、支路。同时，需从长远考虑城镇道路的交通负荷以及静态停车的功能拓展。

b. 合理控制城镇道路红线宽度，同时注重道路线性的功能性和景观的视觉性。不管采取何种道路形式，忌讳断头路、回头路。一般而言，主干道的断面在 30m 左右，设计车速为 60 ~ 80km/h，规划主干道间距为 600 ~ 800m；次干道道路断面在 15 ~ 18m，设计车速为 35 ~ 40km/h；次干道于主干道相间布置，间距为 250 ~ 400m。

c. 城镇道路景观设计要结合地形特征、道路功能性质，将公共绿地及滨河绿地有机地串联起来形成景观骨架，在空间重要节点处可设置道路环岛。比如，对于自然条件优越的城镇，道路网络可根据地形地貌

图 6-9 道路景观

迂回曲折，完全融合在自然环境之中。在选择路线方案时，通过仔细的踏勘，调查每个路线方案的沿线地形地貌、风景特点、确定一些风景控制目标（如名胜古迹、奇石险峰、百转千回的溪流等），同时确定须回避的特征目标（如森林保护区、农田保护区等），充分利用风景资源，使沿线视野景观多样化，使其巧妙地融入自然风景中，图 6-10 所示为道路路边绿化景观。

d. 街道空间作为城镇居民生活和进行商品交易的重要场所，也是外来人员感受最深的地方。它是城镇景观特色营造中重要的线型要素。在人行道设计上，更加多样化，增加断面形式变化，如不同宽狭变化、增加休息亭、与小广场空间相结合等。芦原义信提出"外部空间模数"大约是 25m 左右，在城镇街道大约 25m 左右距离形成较为有序的节点，能使城镇街道景观有序地出现在视觉范围内，以利于空间景观的塑造，图 6-11 是人性化街道景观。

e. 城镇道路路面必须硬化，因地制宜地采用砖、石、预制块等，采用不同颜色的路面材料来分别修筑路肩、行车道和分隔带，既加强了公路的修饰性，

图 6-10 道路路边绿化景观

图 6-11 人性化街道景观

图 6-12 路面硬化

又提供了良好的视觉导向，提高了安全性，图 6-12 是路面硬化。

6.7.2 建筑景观设计

建筑创造最直接也是最基本的含义就是通过对物质形式的安排而获得某种目的空间，从而构成对人的生活有意义的场所。建筑物是城镇景观形态中的决定性因素，建筑构筑及其群体组合的优劣直接影响整体城镇风貌的视觉评价。然而城镇在历史的积累与自然生长过程中，并非是理想发展，形象与环境视觉品质呈现良莠共存，需要通过设计的手段加以控制和引导。

关注建筑体量，即其高低、大小的形态等；要关心的是建筑的风格形式，即其形象、色彩、材质的美感等。在城镇设计范畴中，从城镇整体空间角度进行分析，对每座建筑的容积率、空地率、建筑高度、体量、质地、色彩等等方面作综合评价和控制性研究论证，并提出整治、修改或统一规划设计要求，分阶段实施。按照村庄建筑质量等级划分：①一级建筑：内外结构良好，建成时间段，为两层以上建筑，无碍村庄公共设施等；②二级建筑：结构完好或稍有损坏，

多为 20 世纪 70 ~ 80 年代所建，无碍村庄近期建设；③三级建筑：20 世纪 60 年代前后建，结构有损坏或损坏严重，多为"空心村"，有碍村庄重要公共设施或基础设施。这为设计决策时提供评价依据，需要在景观设计中注重以下几点：

（1）建筑布局与功能的统一

建筑应根据地形地质情况选址，考虑当地主导风向和日照，确定合理间距、建筑形态和总体空间组合形式。采用美学原理处理建筑的形体、比例、尺度、均衡、节奏、质感等基本元素。

（2）建筑风貌整体与美观的统一

要求把建筑空间体量与外观形象在视觉图形和符号方面进行统一整合和综合性设计；保护历史建筑景观与周围环境群体建筑物之间的协调关系，延续城镇文脉；要保证建筑物之间的空间比例关系，保证视域、视廊的通透性与天际线的视觉美感和特色；建筑本身就是一种四维的形态语汇，是本土文化在时空演化过程中的叠加，要体现场地精神的象征性。

（3）建筑材料的生态性与经济性

讲究建筑材料的原真性和生态性是城镇景观特

色的重要保证。恰当地运用材料和技术解决建筑建造问题，使建筑融入本土环境、形象持久、跨越时空、满足使用与审美的需求功能。提倡就地取材，并且严格控制不可再生材料的使用，比如利用太阳能、草砖房等生态技术。

根据当地的环境和气候特点，积极采用新型环保、节能材料；在经济效能和实用性上应努力降低建造费用。

（4）建筑细节和色彩的地方性

从宏观规划角度看，建筑色彩以"控制"为目的，以编制色彩控制图则、引导细则以及推荐城市基础色谱等方式对建筑色彩进行控制与引导，以期从视觉美学和地域文化两个层面表现城市的风格与特色。从细节特征看，从仍能看得见的那些建筑部位来说，6m以下的范围是最适合观赏。建筑的线脚、檐部、墙面、壁柱、肌理、招牌、砖雕等都是可体现细节特色的重要部位。建筑因气候、环境和本土材质色彩的变化而呈现出与地方土壤、石材、林木草场相适应、相协调的色彩。比如，在气候寒冷干燥的西北部雪域高原民族地区，建筑色彩绚丽丰富。

（5）历史建筑遗产的保护与继承。

乡土建筑的保护是历史城镇保护的重点，对乡土建筑和历史遗存的保护，延续历史文脉，可持续发展，应采取以下措施：原样保留，对于那些具有极高历史价值的建筑一般采用这一方法，如安徽的西递、宏村等古镇，就很好地保留了明清以来各时期的古镇原貌和传统建筑风貌；适当改造，对原有建筑的外表保留，对其功能进行完善，继续发挥其使用价值；新旧协调，要求新建筑的设计风格与古建筑一致，新旧建筑产生一种协调统一的美感。图6-13是安徽西递古镇图。

6.7.3 水体景观设计

水景空间规划要以生态理论作为规划的指导思

图 6-13 安徽西递古镇图

想，将涉及水景生态的所有问题（如堤岸、湿地、湖泊、集水区、植被、水生植物等）加以考虑，制定综合规划，从而达到水域生态稳定的目的。水景空间是一个复杂的系统，它既包括河流、湖泊等水体本身的空间，也包括与水体生态相关的滩地、湿地、坡地、地下水、植被、水生生物等自然元素。规划设计要保护江河、水库和地下水源，防止水质恶化。同时，利用城镇水环境特色，创造良好的城市水生态和水文化环境，在村庄建设中，整治现状中的废旧水塘与河渠水道，根据位置、大小、深度等具体情况，充分保留利用和改造原有水塘，疏浚河渠水道，有条件的可以改造为种养水塘。主要把握的原则如下：

a.合理调整河网水系布局；通过河道疏浚、拆坝建桥（涵），消灭断头浜，全面理顺和搞活水系。

b.合理确定各级河道规模，划定镇级、重要村组河道蓝线。

c.全面提高防洪除涝能力，根据农村产业结构、农村新村的规划，确定防洪除涝标准，除了农业种植区防洪标准20年一遇，其他地区均按城区防洪要求即50年一遇防洪标准；城镇、工业区20年一遇最大24h降雨确保每时段（以1h为一时段）不受涝；农业种植区20年一遇雨后一天排除，图6-14是河边绿化防护景观。

d.对河道进行美化、绿化，建设生态和景观河道，以河道水面为生态景观的核心，以绿地景观带为轴

图 6-14 河边绿化防护景观

线，加强水环境保护和水生态修复，

　　e.注重水系驳岸设计，其样式要与周围环境相协调。

　　f.按照水功能区要求，合理设置污水排放位置，逐步实行达标排放，农村生活污水逐步实行地埋式处理。

　　水旁绿化布置以生态、自由的方式为主，植物品种以亲水植物和水生植物为主，如柳树、芦苇、荷花等。

6.7.4 生态绿地景观设计

　　由于城镇的建设规模和人口密度与大中城市相差甚远，主要是从初始的聚落和农村发展而来，许多自然绿色景观是依托农田、耕地和自然山体绿化呈现出来。从城镇用地分类看，城镇绿地系统包括：公共绿地、居住绿地、防护绿地、生产绿地、交通绿地。

　　随着城镇布局的进一步合理化，绿化建设以点、线、面的形式分布于城镇体系中。点状绿化主要由工业厂区、住宅小区内部绿化以及街道旁的绿地广场等组成，体现出一种人性化的绿化景观设计；城镇中呈线型延伸的绿地主要是道路两侧的绿化带，不仅是绿色线轴，也是联系面状、点状绿地的纽带；山林、农田等形成了大块的"面"状绿化，是城镇绿化的主体，对生态环境起着极大的改善作用。基于点线面的考虑，在城镇绿化建设中引进"斑块——廊道——基质"的生态景观学概念，城镇绿色生态景观绿化应从整体

格局上来进行考虑。绿色空间的营造不仅是为了游憩和观赏，更重要的是为了保护正在破坏和失去的，作为自然一贯赖以生存的生态环境。城镇绿化能使环境达到最佳的滞尘、降温、增加湿度、净化空气、吸收噪音，美化环境的作用。

　　绿化设计要综合运用以下方法：

　　a.从生态学角度出发，在种植搭配上应综合考虑草灌木的合理配置，确保生态效益的发挥，借助树形、季相、花期的不同营造季节景观，尽可能的少用或不用纯草坪。因地制宜，尊重自然植物的生长规律，大力提倡开发和运用乡土树种，以本土植物配置为主。尊重植物的多样性，构建丰富的植物群落，发挥植物自身的特色，合理配置和适当的管理才能构成富有生机的植物景观，图6-15是城镇生态景观鸟瞰。

　　b.从空间感受出发，要考虑水平和垂直空间配置。注重绿化与房屋建筑、河湖道路的多层次、垂直立体的配置，形成"城在林中、路在荫中、宅在园中、人在景中"的总体格局。绿化应该有层次、有时序进行，即"春有花，夏有荫，秋有果，冬有绿"。注重植物艺术造型，充分运用观叶和观果的植物的季相性的形、色与气味变化，丰富人的视觉和嗅觉体验。

　　c.从历史文化角度出发，植物景观要与环境相协调，提高绿化的人文品位。要理清历史文脉的主流，重视景观资源的继承、保护和利用，以自然生态条件和地带性植被为基础，将民俗风情、传统文化、宗

图6-15 城镇生态景观鸟瞰

教信仰、历史文物等要素融合在植物景观中。比如，中国人历来善于以竹造园，在古典园林中常能让人体味纷披疏落的竹影画意，或是曲径通幽之美。

d. 古树名木保护也是城镇绿化建设中的重要环节。保护对象是指城乡范围内树龄在百年以上的树木，具有科研、历史价值和纪念意义的树木，珍稀树种，树形奇特、国内外罕见的树木以及在园林风景区起重要点缀作用的树木。它们是历史的见证，是活的文物，是具有很高的文化价值的历史遗产，另外还具有科技、科普价值，要防止"大树迁居、古树进城"这样的悲剧重演，把植物与场所精神的"根"留住。

6.7.5 公共设施景观设计

公共设施主要是面向社会大众开放的交通、文化、娱乐、商业、广场、体育、文化古迹、行政办公等公共场所的设施、设备等。与人们的户外活动关系密切，是促进人与人、人与社会交流的道具，协调着人与环境的关系，是人们物质和精神生活的真实写照。完善公共设施建设，是完善城镇的服务功能，提高生活质量的重要组成部分。

从宏观角度看，城镇中公共建筑所包含的设施、设备等是城镇居民最常面对的公共设施，主要包括镇政府、幼儿园、敬老院、活动中心、人民医院、邮电局、法院、小商品市场等文教和商业设施（表6-4）。从微观层次看，环境中公共设施的分类可以更细，按照

设施景观的服务用途，可以将景观分为七类：①休息设施，如座椅、休息亭；②服务设施，如电话亭，报亭、邮筒；③信息设施，如标志、指示牌；④卫生设施，如垃圾桶、公用厕所；⑤运动设施，如各类运动场、球场；⑥游乐设施，如儿童游戏设施，露天健身器材等；⑦交通设施，如隔离墩、路障、候车亭。

在景观设计时，应遵循以下原则：

（1）功能性和人性化

公共设施的人性化设计，具体包括设备设施的安放地点、位置、环境的适宜性；其形态、尺度、色彩、质感、识别性、和谐性等功能使用的便利性、通俗性等。各项设施、设备应该以满足使用者的需求为设计目标，在符合人体工程学的尺度下，提供舒适的设施和设备，并考虑外观美以增加环境视觉美的趣味。

（2）安全性和便捷性

城镇的公共设施建设，一定程度上反映了城镇居民的精神文明风貌，是城镇向现代化发展的具体体现。但是在当前实施过程中，为了防止设施遭到人为的损坏或者被丢失，各种设施应建造和设置必要的围护和安全措施，图6-16所示为路标。

（3）多样性和统一性

公共设施随着人类社会的不断进步而出现，对于诸如邮局等公共设施在人们脑海中已经有了固定的形象，其形象上的统一识别性能够给予人类生活以

表 6-4 城镇公共基础设施分类表

序号	公共设施分类		适建程度
1	行政管理	村委会	✓
2	商业服务	综合商店	✓
		招待所	×
		市场	×
3	文化娱乐	俱乐部	✓
		青少年活动中心	×
		影院	×
4	体育	运动场	结合学校使用
5	医疗卫生	卫生所	✓
		兽医站	✓
6	教育	幼托	✓
		小学	×
7	福利	敬老院	✓
8	通信	邮局	×

图 6-16 路标

便利。在整个公共设施系统中，应该对于环境设施进行整体的布局分类安排，考虑其尺度比例和用材着色，建立一套主次分明、形象统一的特色设施体系，体现城镇基础设施的改善和整体风貌的提升。

如座椅（具）是住区内提供人们休闲的不可缺少的设施，同时也可作为重要的装点景观进行设计。应结合环境规划来考虑座椅的造型和色彩，力争简洁适用。室外座椅（具）的选址应注重居民的休息和观景。

应满足人体舒适度要求，普通座面高 38 ～ 40cm，座面宽 40 ～ 45cm，标准长度：单人椅 60cm 左右，双人椅 120cm 左右，3 人椅 180cm 左右，靠背座椅的靠背倾角为 100 ～ 110° 为宜。材料多为木材、石材、混凝土、陶瓷、金属、塑料等，应优先采用触感好的木材，木材应作防腐处理，座椅转角处应作磨边倒角处理。

如棚架有分隔空间、连接景点、引导视线的作用，由于棚架顶部由植物覆盖而产生庇护作用，同时减少太阳对人的热辐射。有遮雨功能的棚架，可局部采用玻璃和透光塑料覆盖，适用于棚架的植物多为藤本植物。棚架形式可分为门式、悬臂式和组合式。棚架高宜 2.2 ~ 2.5m，宽宜 2.5 ~ 4m，长度宜 5 ~ 10m，立柱间距 2.4 ~ 2.7m。棚架下应设置供休息用的椅凳。

（4）地方性和文化性

要善于利用这种特征，在地域文化的背景下，结合当地自身造型和色彩上的传统特色，通过创新化和人工化的设计，将公共设施与环境相融合。事实上，在地域辽阔，多民族的中国，许多城镇在历史发展中形成了自己独特的建筑风格，如北京的四合院、黄土高原的窑洞、江南水乡的粉墙黛瓦、福建的客家土楼等。

6.7.6 装饰小品景观设计

装饰小品是属于工艺品或产品等实用艺术设计范畴，需要有绘画、雕塑等纯艺术领域的造型创作能力和环境艺术的创新设计能力。作为一种艺术形式，装饰小品通过艺术手段将人的审美感知和事物的本质美在人工环境中展现出来。按照一定的审美图式去创造环境氛围，并有效地利用装置、陈设、雕塑去提高环境的品位，以精神要素作用于物质要素，使城镇景观建设达到优化人居质量的目的。

在城镇景观设计中，装饰小品以独特的造型和大信息量的视觉艺术传播形式，成为环境中的亮点。主要设计手法如下：

（1）雕塑设计

城镇的景观雕塑设计和创作通常以有关的历史事件、名人轶事、英雄人物或动物等为题材，以生动的写实雕塑作品为主，显现当地人的自豪感。随着人们思想的开放和审美意识形态的转变，越来越多的抽象雕塑作品作为景观节点中的环境艺术品或街道家具艺术出现在大街小巷，提升了环境景观的视觉审美层面。

按照《居住区景观设计导则》的要求，雕塑小品与周围环境共同塑造出一个完整的视觉形象，同时赋予景观空间环境以生气和主题，通常以其小巧的格局、精美的造型来点缀空间，使空间诱人而富于意境，从而提高整体环境景观的艺术境界。雕塑按使用功能分为纪念性、主题性、功能性与装饰性雕塑等。从表现形式上可分为具象和抽象，动态和静态雕塑等。雕塑在布局上一定要注意与周围环境的关系，恰如其分地确定雕塑的材质、色彩、体量、尺度、题材、位置等，展示其整体美、协调美。应配合住区内建筑、道路、绿化及其他公共服务设施而设置，起到点缀、

图 6-17 雕刻小品景观

装饰和丰富景观的作用。特殊场合的中心广场或主要公共建筑区域，可考虑主题性或纪念性雕塑。雕塑应具有时代感，要以美化环境保护生态为主题，体现住区人文精神。以贴近人为原则，切忌尺度超长过大。更不宜采用金属光泽的材料制作，图6-17是雕刻小品景观。

（2）入口景观设计

城镇的入口景观，是一座城镇的"门户"，是迎宾送友的重要标志场所，其景观形象的重要性不言而喻。为了增加标识性和地方知名度，许多城镇都对交通要冲或城镇门户进行精心设计形成入口景观。景观构成形式主要以雕楼、门楼、亭子、牌坊等标志性建筑结合较为开阔的小型广场，连接入镇主要交通要道或街道，配合树木、花坛等绿化而成为良好的景观，雕塑常以地方历史传说、名人、图腾或象征城镇发展理念精神的主题性或象征性题材，强化视觉效果，使作品在环境中突出醒目。图6-18是黑龙江北极村入口。

图6-18 黑龙江北极村入口

（3）标志物设计

作为传递信息、增强形象识别的公共设施要素，标志物是城镇现代化环境景观的重要视觉要素，其包括：古树名木、指示牌、宣传牌、牌匾和灯箱等。标志物与标牌在人们视域范围之内，通过空间环境物象的对比，以突出的视觉冲击力传递信息，表达其人性化的设计。在满足视觉导向性功能的前提下，其设计应延续城镇文化，从外形风格定位到材质的选用处理都要注重与环境相协调。

（4）铺装图案设计

铺地是地面视觉景观小品，形式多样，且与人的脚底亲密接触，增加亲切感，从而起到强化景观意境的作用。设计要注重"小中见大"的原则，各式铺装样式和材料示意的图案是地面上的绘画，可从色彩、样式、图案等下工夫。铺地宜采用当地的自然石材，如石条、石砖、青砖、青瓦、卵石等，铺地艺术是劳动人民勤劳和智慧的象征，图6-19是地面铺装景观。

图 6-19 地面铺装景观

（5）灯光灯具设计

古往今来，照明工具的功效不断提高，灯饰的形式日益丰富多彩，灯具的材质也日趋科学合理。城镇亮化体系的形成是城镇现代化的一项标志性工程，照明和灯具的设计与选择，是体现景观设计细节的重要方面。在照明设计中，需要把握以下原则：合适的照度，避免光污染。注重可识别性和视觉导向。保证安全感，尺度宜人，坚固耐用。考虑经济和能源效应。结合照明功能，创造视觉趣味，见图6-20是灯光景观。

图 6-20 灯光景观

7 村镇整治与风貌保护

我国现有的广大村镇，大多数是在过去的小农经济条件下产生的。落后的生产力和交通条件等基础设施深刻地反映在每一个村镇的建设中。这些村镇布点零乱，内部结构不合理、缺少公共服务设施与公用设施，严重地阻碍了农业机械化，现代化生产的发展，影响了农村新生活的建设。因此，迅速地改善村镇的生产、生活条件是当前新农村建设的重要任务。

7.1 村镇整治的意义和目标

有一些村镇受经济条件的影响和技术条件的限制，未进行过规划，它们是在小农经济基础上自发形成的，存在不少问题，不能满足农业现代化和生活水平提高的需要，迫切需要改造。村镇中带普遍性的问题有如下几个方面：村镇规模小，分布分散、零乱；村镇建设布局混乱，建筑密度不合理；过境交通对村镇内部活动严重干扰；基础设施简陋不全；村镇环境"脏""乱""差"。

7.1.1 村镇整治的意义

村镇进行整治具有以下意义：

a. 可充分利用现有建筑，节约资金。现有村镇大多是多年形成的，必然具有一些可利用的条件，如避风向阳、适于居住、地势高爽，排水通畅等，这些条件均可充分利用，避免造成不必要的浪费。

b. 村镇内现有四旁绿化可以在统一规划下充分利用，从而使村镇内绿化体系尽快形成，以利在较短时间内美化村容，改变面貌。

c. 由于改造是在原有村镇上进行的，可使原有村镇风貌得到保护，符合群众对往昔的依恋之情。

d. 可不另占大片耕地。新选址建村镇，一般来说需要几年的时间才能建成，因此村镇不能很快还田，形成新址旧基两处占地，不仅荒废了土地资源，有碍景观，还往往成为环境污染源。

7.1.2 村镇整治的目标

村镇环境整治是指与农村生产、生活相结合，以开展环境和景观综合整治为重点，以落实"七好"为工作要求，治理规划建设无序、环境"脏、乱、差"和配套不完善等突出问题，打造房屋美观、环境整洁、配套完善、自然生态的宜居新村，明显改善村镇景观面貌的系列工作。"七好"指村镇规划好、建筑风貌好、环境卫生好、配套设施好、绿化美化好、自然生态好、管理机制好。

7.2 村镇分类与整治要求

7.2.1 村镇分类

a. 按城乡区位划分：按村镇区位、经济发展水平和周边地区城镇化推进策略等因素，现状村镇一般可分为乡村型、城郊型、城镇型等。

乡村型是指距离城镇较远，主要是处于第一产业区域的基本农田保护区域或林区范围内的村镇；是最常见又最基本的村镇类型。

城郊型是指位于城镇规划建设用地外围近郊区的村镇，仍保留着一定的耕作用地，但真正从事农业生产的人口比例比乡村型村镇低，许多村民的经济收入主要来自二、三产业。

城镇型主要是指城镇规划建设用地范围的村镇。已经受到城镇经济、产业、文化等各方面的综合影响，村民一般不再从事第一产业，居住形式较远郊村镇更为接近城镇形式，村镇空间已经（或即将）与城镇结合在一起，常常难以鲜明区别。

b. 按特色划分：按生产活动特点划分，现状村镇可分为种植业型、林果花木业型、水产业型、旅游型等。按地形地貌特征划分，又可分为平原地区型、丘陵山区型、海岛型、水网地区型等。

7.2.2 整治要求

a. 村镇整治应重点解决农民群众最迫切、最现实的问题，加强环境卫生治理。营造整洁、自然的村容村貌。

b. 城郊型、城镇型村镇应按照城镇社区的标准进行村镇环境整治，其公共服务设施配套应纳入城镇公共设施配套体系，配套内容和规模应考虑远期由于城镇发展而带来的服务人口和范围的变化。垃圾消纳运输、给水排水、电力通讯等基础设施由于与城（镇）区无缝对接，共建共享。村镇环境和景观综合整治、建筑风貌整治还应充分考虑城镇生活方式的影响。乡村型村镇应配置基本的公共服务设施，并更加慎重地对待村镇乡土风情与地方特色的保护与彰显。规模较小的村镇鼓励与相邻村镇共建共享。

c. 特色村镇既要关注基本的整治内容，更要充分结合村镇的资源禀赋、地形地貌、生产活动特点、

发展优势等条件，针对特色类型提出能强化其特色的重点建设项目和行动计划，目标明确地整治、提升，使其特色更加鲜明。

d. 公路铁路交通沿线两侧的村镇，是展示城乡容貌的窗口，应保持风貌整体协调、观瞻整洁有序、环境生态自然，达到房前屋后整齐干净、广告招牌布置有序、绿化景观层次丰富、建筑造型风貌协调，形成"村在林中"的沿线景观。

7.3 村镇整治的原则

村镇整治是一项十分复杂的工作，既要照顾村镇现状条件，又要考虑远景发展；既要合理利用现有基础，又要改变村镇不合理的现象。因此，村镇整治的指导思想是很重要的，指导思想正确，整治就能够顺利完成，指导思想"左"倾或"右"倾，都会适得其反，功亏一篑。

7.3.1 规划要远近结合，建设要分期分批

村镇整治一方面要立足现状，从目前现实的可能性出发，拟定出近期整治的内容和具体项目，另一方面又要符合村镇建设的长远利益，体现出远期规划的意图，近期整治的项目应避免成为远期建设和发展的障碍。同时，为了达到远期规划的目标，村镇整治要有详细的计划，周密的安排，并分期分批，逐步实现，保证整个整治过程的连续性和一贯性。

7.3.2 改建规划要因地制宜，量力而行

村镇整治应本着因地制宜，量力而行的方针。在决定改建规划的方式、规模、速度时，应充分了解当地的实际情况，如村民的经济实力，经济来源，有无拆旧房盖新房的愿望和能力。条件好的尽量盖楼房，条件差一些的也可以先盖一层，待条件改善以后再盖楼房。在改建过程中应避免几种错误做法，

一是大拆大建，不顾村民的经济状况，强人所难，这样对村民的生活非常不利，也是难于实现的；二是不管实际情况如何，地形地貌如何，家庭构成如何，生产方式如何，强调千篇一律，千村一面、百镇同貌，没有地方特色；三是修修补补，没有远见。

7.3.3 贯彻合理利用，逐步改善的原则

村镇整治应合理利用原有村镇的基础条件。凡属既不妨碍生产发展用地，又不妨碍交通、水利、居民生活的建设用地，且建筑质量比较好的，应给予保留，或按规划要求改建、改用，对近几年新建的住宅、公共建筑以及一些公用设施等要尽量利用，并注意与整个布局相谐调。但是对那些破烂不堪，有碍村镇发展，有碍交通，且位置不当，影响整体布局和村容镇貌的建筑，应当拆的就拆，必须迁的就迁，先迁条件差的、远的、小的，后迁条件较好的。此外，如有果园、池塘等有保留和发展价值的应结合自然条件，给予保留，这样既有利生产，又丰富了村镇景观。

7.4 村镇整治的内容

村镇整治的内容应根据村镇的现状情况，包括该村镇及周围的经济水平、发展速度、现有建筑物的数量、质量，位置，街道网的质量等因素而定。由于各村镇的实际情况不同，故整治的内容、侧重点也就不同。一般来说，整治规划的任务包括以下几个方面：

a.确定村镇的用地标准：包括人均建设用地标准、建设用地构成比例、人均各项建设用地标准，是否需要调整，如何调整。

b.确定各项建筑物的数量和等级标准。如考虑长远利益和远景规划，哪些建筑因质量不好或位置不当而需拆除，哪些建筑物需要补充新建等。

c.提出调整村镇布局的任务。如确定生产建筑用地、住宅建筑用地和公共建筑用地的范围界限，改变

原来相互干扰的混杂现象，修改道路骨架，调整村镇功能布局。

d.根据需要与可能，适当调整村镇用地，根据功能布局和村镇的发展方向，把村镇不规则的用地变为整齐规则用地，把破碎、零乱的村镇用地变为完整、紧凑的用地。

e.根据改建规划的总体要求，改变某些建筑物的用途，调整某些建筑物的具体位置。

f.分清轻重缓急，做出近期改建地段的规划方案，安排近期建设项目。

g.根据现状条件，改善村镇环境，并逐步完善绿化系统、给水、排水和供电等公用设施。

7.5 村镇整治的方式

村镇整治，其内容是主要编绘整治规划设计图，它是在已经实测好的现状图和对其他资料分析的基础上进行的。由于整治对象的要求与内容不同，整治规划的深度也有差别，村镇整治牵涉内容多，影响因素复杂，进行整治规划时应按一定的顺序，逐个内容予以解决。

7.5.1 调整用地布局，使之尽量合理紧凑

村镇整治，有的可能不存在重新进行功能分区的问题，而有的则可能因为原来生产建筑（及其地段）分布很乱，不利生产和卫生，且考虑到今后生产发展，需要新增较多的生产建设项目，则根据用地布局的原则及当地具体条件进行用地调整，此时，通常采用以下几种方法。

a.以现有的某一位于适宜地段的生产建筑为基础，发展集中其他零散的生产建筑于此处，形成生产区。

b.在村镇之一侧方向新选一生产区，同时将原来混杂、分散在住宅建筑群中的生产建筑迁出，并合

理安排新增生产项目。这样，使整个村镇的功能结构有了较为合理的范围和界限。

c.适当地集中旧有公共建筑项目，形成村镇中心。

7.5.2 调整道路，完善交通网

对村镇现有道路加以分析研究，使每条道路功能明确，宽度和坡度适宜。注意拓宽窄路，收缩宽路，延伸原路，开拓新路，封闭无用之路，正确处理过境道路等。

道路改造应在总体规划指导下进行，从全局通盘考虑。对于道路改造引起的拆迁建筑问题，要慎重对待。街道的拓宽、取直或延伸应根据道路的性质、作用和被拆建筑物的质量、数量等来考虑，分清轻重缓急。应避免过早拆迁尚可利用的建筑物，同时，要使道路改造与各建筑用地组织、设计要求等密切配合。

7.5.3 改造旧的建筑群、满足新的功能要求

建筑群改建的任务是对村镇现有建筑物决定取舍，调整旧建筑，安排布置新建筑，创造功能合理、面貌良好的建筑群。对建筑群改建时，首先要分析村镇现状图和建筑物等级分布图，务必对村镇内原有的各种建筑物的分布位置和建筑密度是否合适、建筑物质量的好坏做到心中有数。其次是根据当地经济情况和发展需要，初步确定各种建筑地段的用地面积。旧建筑群的改建通常采用调、改、建三者兼施的办法。

（1）调

就是调整建筑物的密度，使之满足改建规划的要求。其办法是"填空补实，酌情拆迁"。"填空补实"是在原来建筑密度较小的地段上，适当配置新的建筑物，以充分、有效地利用土地。如黑龙江某地住宅建筑庭院面积高达 $1000m^2$，而适宜庭院面积在 $300m^2$ 左右，因此可新辟两个庭院，变一为三，提高建筑密度。反之，对原来密度大的建筑地段或有碍交通的建

筑物，则应考虑适当拆除，这就叫"酌情拆迁"。

（2）改

就是改变建筑物的功能性质。对现状中有些建筑物在功能上的位置不合理，但建筑质量尚好的，可以用改变建筑物的用途来处理。如为了充分利用原有建筑，按改建要求，可以把原来公共建筑改为住宅建筑，把原有生产建筑改为仓库，以调整各种建筑物在功能上的布局。

（3）建

按照发展的需要，对将来新建的建筑物，或改建拆去的部分民宅和外地迁来的村民住宅等，对它们进行合理的布置（或留出地方），以便按计划建设。

7.5.4 村镇用地形状的改造

村镇用地的形状应根据当地的地形、地貌，对外交通网分布情况等因素而定。不能追求形式主义，强调用地形状的规整。但是，在有条件的地方，应尽可能地使用地形状规整一些，这有利于村镇的各项建设。

用地形状改造的方法有：

a. 外形规整。即将原来不规整的零碎用地外形，加以整理，使之规整，便于道路和管线的布置。

b. 向外扩展。根据村镇的形状、当地的地形条件以及村镇改造规划布局的要求，决定用地扩展的方向和方式。

7.5.5 完善绿化系统、改善环境、美化村镇面貌

利用村镇内坡地、零星边角地等栽花育苗，把一切可以利用的地方都绿化起来，建设"园林村镇"。

7.6 村镇风貌的保护

我国是一个具有5000年历史的文明古国，中华

文明是世界上四个具有独立体系的古文明中唯一未被中断和散失的古文明，不仅是中国人民的瑰宝，也是全人类的共同财富。保护好中华文明的历史就是保护中华民族的根。

遍布在祖国大地的乡镇和村落，尽管历经沧桑，但依然遗留着丰富的历史遗产，每个乡镇和村落都有着其形成和发展的历史痕迹，通过文物、古迹、古树名木，都可以让人们在直观地认识历史、理解历史的同时，聆听到历史文明的远远回声，激发人们的民族自豪感。这不但可以弘扬祖国的灿烂文化，也还可以为新农村建设增辉。

在相当长的一段时间内，由于种种原因，使得很多旧乡镇和古村落已发生不同的变化，尤其是在经济比较发达的地区，不少已完全是旧貌换新颜，少量的遗存，更应该珍惜。因此，在村镇的整治中，千万不能再采取"三光"（见房推光，见水填光，见树砍光）政策。

村镇整治中的风貌保护，是对村镇聚落在历史的变迁中，大量历史遗产已遭破坏，未能进行较为完整地古村落保护者，也应对其尚存的局部的历史遗产和历史文化进行挽救性的保护，并做好保护规划。

7.6.1 深入调查研究，做好遗存保护

每个乡镇和村镇无论其历史的久远，都有着自身形成和发展的过程，在这历史历程中各个时期都有着其历史的遗存。在村镇的整治中，必须特别重视对各种遗存进行深入细致的调查分析和研究，将凡能保存继续使用的建筑物，必须根据其安全质量和使用特点，认真研究，分别采取修缮、加固和整修等措施，严加保护。对于古树名木严禁砍伐，并采取有效的保护措施，其他放映村镇风貌的广场、水流、古街巷也都应严加保护。浙江省三门县亭旁镇的下叶村在整治规划设计中，对其叶家祠堂稽核卵石的古街巷、

小河流、古樟树以及原有的村民休闲小广场都提出了加以保护的措施，以确保古村落的风貌。

7.6.2 加强重点规划，留住历史文化

对于村镇的一些有代表性的重要节点、古建筑和以古树名木为主的休闲广场应在保护中进行重点规划设计，使其历史文化风貌得到保留和延伸。浙江省三门县亭旁镇的下叶村，在保护叶家祠堂和古街巷的同时，组织以原有村民交往的休闲空间为主的"十"字形绿化补充，既留住历史文化，又加强了绿化系统的组织，使其展现出时代的精神。

7.6.3 调谐新旧建筑，形成地方面貌

在村镇的整治中，首先应该努力吸取传统民居的精华，创造适应现代生活需要、具有地方风貌的住宅设计，并以此作为基本风貌，对已建的新建筑进行修缮和改造，使其新旧融为一体，形成各具特色的地方风貌。

7.6.4 优化环境建设，融入自然环境

村镇的每一个聚落在历史上都是遵循着我国传统建筑文化的风水学，进行选址和营造，在适应小农经济的条件下，形成依山傍水独具特色的生态环境和田园风光；在村镇的整治和风貌保护规划设计中，必须弘扬这种融于自然环境的设计观念，使村镇与自然环境更好地融为一体。浙江省三门县亭旁镇下叶村，在整治规划中，通过"十"字绿化带，加强了与山、水、田的密切关系，使得山村融入自然环境之中。

7.7 村镇整治规划的编制和管理

村镇整治规划要因地制宜，切合实际，突出特色。要体现村民意愿，形成村规民约，让全体村民共同遵守。

7.7.1 规范村镇规划编制

（1）村镇规划编制框架（图 7-1）

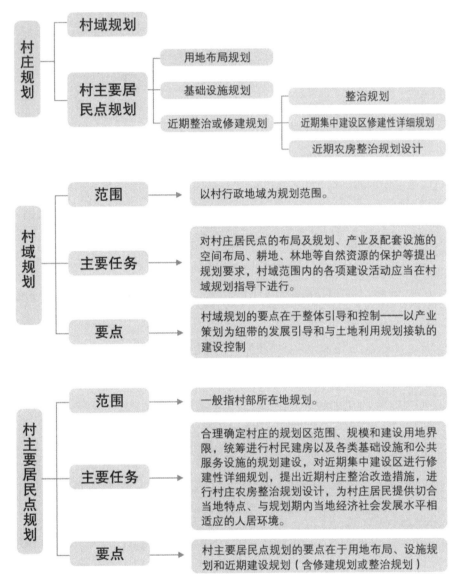

图 7-1 村镇规划编制框架示意

（2）村镇规划成果要求

1）简洁的成果构成

村镇规划成果的构成应简洁，基本要求为"五图二书三表"（图 7-2）。

2）直观的成果表达

村镇规划的使用对象为基层工作人员和广大村民，规划成果的图文表达方式应在保证规范的前提下，力求简明扼要、平实直观。方案完成后，规划人员应以形象直观的展板、探讨互动的形式、通俗易懂的语言向村民宣讲整治规划方案，便于广大村民关心规划、了解规划、支持规划，进而保障规划的顺利实施。

7.7.2 重视编制整治规划

（1）整治规划的主要任务

村镇整治规划是指导和规范村镇居民点旧设施和旧面貌的修建性详细规划，是对现有村镇各要素

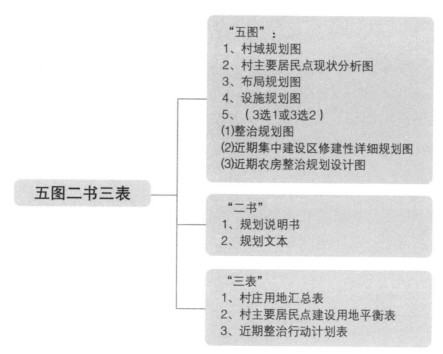

图 7-2 村镇规划成果构成示意

进行整体规划与设计，保护乡村地域和文化特色，挖掘经济发展潜力，保护生态环境，推动农村的社会、经济和生态持续协调发展的综合规划。整治规划是村主要居民点规划的重要组成部分。当村镇规模较大、需整治项目较多、情况较复杂时，可编制村镇整治的专项规划。村镇整治建设应在整治规划或近期整治行动计划的基础上进行。

（2）整治规划的编制原则

1）切合村镇实际，注重因地制宜

一切从村镇实际出发，结合当地地形地貌特点，因地制宜进行村镇整治。应避免超越当地农村发展实际，大拆大建、急于求成、盲目照搬城镇建设模式的做法，防止出现"负债搞建设""夸大搞新村建设"等不良现象。

福建省安溪县湖头镇山都村用地布局规划的（图7-3）。遵照"大分散小集中"和保护原生态肌理的原则。对现状的五阆山森林群落和石钟溪等自然地貌形态予以充分尊重。不进行大规模人工干预。保持了原有村落的基本格局，突出"大分散、小集中"现代乡村

图 7-3 福建省安溪县湖头镇山都村规划效果图

空间结构特征。尽量减少对耕作的占用。以居住与农业生产紧密结合的串珠状空间结构来保持山、林、茶、溪、宅之间相对和谐的关系。

2）强化产业支撑，凸显村镇特色

村镇规划整治建设应充分依托区位和资源优势，强化主导产业，鼓励发展特色农业、精品农业、观光农业及生态、休闲、观光旅游业，围绕主导产业需求统筹配置土地、调整布局、整修房屋、完善设施、整治环境、塑造风貌，倡导"一村一品""一村一特色"。

福建省福安市穆云乡溪塔村（图7-4）地处峡谷、群山环抱。村中有溪涧交汇南流。茂密生长的葡萄藤蔓覆盖溪面，连绵数里，形成南国独有的"葡萄沟"景观。村镇依托此资源优势，强化主导产业，塑造村镇特色。

3）科学功能分区，合理调整结构

在整治过程中应当充分利用原有用地，尽量不占用耕地和林地，根据需要为农民生产生活配置作业场地（如晒场、打谷场、堆场等）、公共设施和活动场地，促进村镇各项功能的合理集聚，做到"两个分离"——生活区与养殖区分离、居住区与工业区分离，通过规划引导分散的农户养殖区向村镇集中养殖区集中，把分散的农村工业企业向乡镇以上的工业集中区集中。

图7-4 福建省福安市穆云乡溪塔村景观

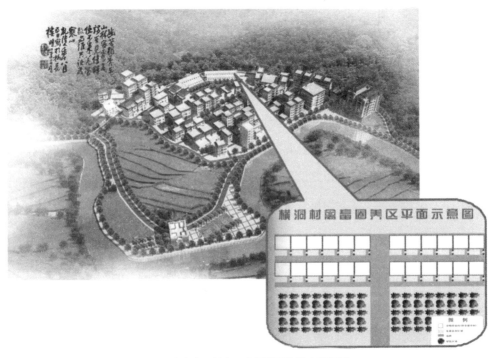

图7-5 广东省云浮市云安县横洞和谐宜居名村

| (a) | (b) | (c) | (d) | (e) |

图 7-6 三江村规划方案

(a) 单排式　(b) 双排式　(c) 院落式　(d) 台地式　(e) 综合式

广东省云浮市云安县横洞和谐宜居名村（图7-5）。实现"三分两无"（雨污分流、人禽分离、垃圾分类；路无尘土、墙无残壁），农村环境综合整治获得明显的成效。其重要举措之一是规划和建设了家禽圈养区。

4）**村落精心布局，避免单调模式**

村落整体布局应结合地形地貌、山形水系等自然环境条件，延续传统肌理及空间格局，处理好山形、水体、道路、建筑的关系，不应"大开挖、高切坡、深填方"，并应避免把城市居住区的布局方式简单复制到农村；村落建筑布局应结合地形和农民生产生活需求，采用多样化的组织方式（如自由式、院落式、集中式、错落式等），避免单调乏味的行列式。

过于统一的排列、城镇小区化的组群布局方式会失去村镇固有的自然生态特色，但精巧的行列布局也可以获得现代文化意义上的良好村镇布局形态。如三江村规划。结合山地特征，提出几种住宅组合模式，如单排式、双排式、院落式、台地式、综合式等（图7-6），来适用于不同坡度和不同宽度的需求。同时也满足村民建房时根据实际情况灵活选择。

5）**完善配套设施，构建宜居环境**

因地制宜地完善村镇公共服务设施体系，满足村民最迫切的需求，为构建村镇宜居环境奠定良好的物质基础。各类设施整治应做到安全、经济、方便使用与管理，注重实效，不应简单套用城镇模式大兴土木、铺张浪费。同时，通过整治乱搭乱建、提升美化绿化等措施，全面构建宜居环境。

通过整治的村镇应建成包含村委会、医疗室、文化室、村广播站、老人活动室、公共活动场地、公厕等村镇公共服务设施。

6）**保护传统文化，体现乡土气息**

具有地方风貌的农村景观是千年历史传承下来的文化痕迹，村镇整治应在不破坏当地民族特色、传统文化、人文风俗、自然风貌的基础上进行整治和完善，并应尽量做到不推山、不砍树、不填塘、不盲目改直道路、不改变河流的自然流向，同时还应注意保护古树名木和名人故居、古建筑、古村落等历史文化遗址。整治规划方案应保护传统文化，体现乡土气息。

宁德上金贝村（图7-7），是一个具有悠久人文历史的少数民族村落，这里畲族风情浓郁，植被景观和自然田园风光优美。在规划中尽量做到不推山、

图 7-7 宁德上金贝村

不砍树、不填塘、不盲目改直道路。保护了历史村落，留住了田园风光。

7) 整治闲置用地，坚持一户一宅

闲置房屋与闲置用地整治，应坚持一户一宅的基本政策，对一户多宅、空置破旧住宅造成的空心村，应合理规划、民主决策，拆除质量面貌较差或有安全隐患的旧宅（图 7-8）。村镇内部废弃的农民住宅、闲置房屋与建设用地，可采取下列措施改造利用：闲置且安全可靠的村办企业、仓库、教学楼等集体用房应根据其特点加以改造利用（图 7-9）；原有建筑与新功能要求不符时，可进行局部改造；废弃的破旧农民住宅应根据一户一宅和村民自愿的原则合理整治利用；暂时不能利用的村镇内部闲置建设用地，应整治绿化。

图 7-8 农村危房属整体危险（D 级）的应拆除重建，属局部危险（C 级）的应修缮加固

图 7-9 徐江新村将村内闲置且安全可靠的小学教学楼，改造为村镇活动中心

8) 体现村民意愿，形成村规民约

村镇整治必须充分发挥村民的参与作用，在整治规划过程中必须广泛听取村民意见，规划方案必须通过村民会议或村民代表大会决议。以体现村民意愿、符合村镇实际，并形成村规民约。建立长效的管理维护制度。图 7-10 是金塘村村规民约暨农村长效管理办法，图 7-11 是武夷山太庙等四个自然村制定的村镇住宅修建原则。

图 7-10 金塘村村规民约暨农村长效管理办法

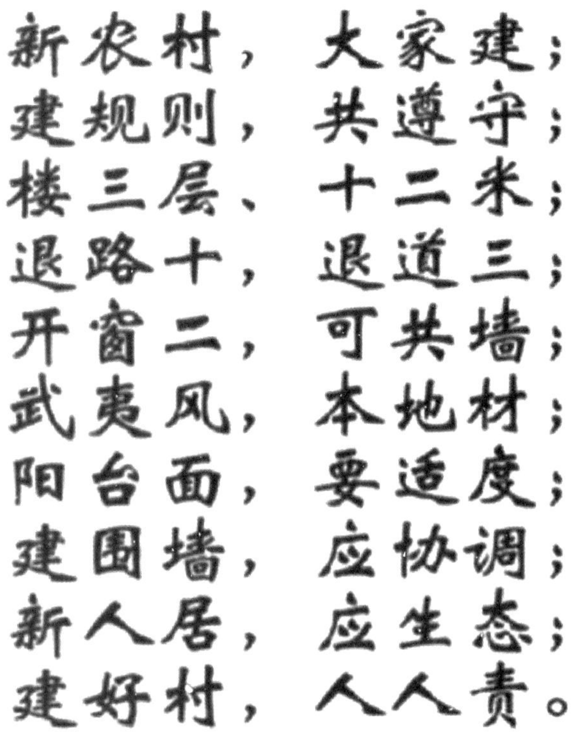

新农村，大家建；
新建规则，共遵守；
建楼三层、十二米；
退路十二，退道三；
开窗十二风，可本地材；
武夷台围，要适度；
阳台居，应协调；
建新人居，应生态；
建好村，人人责。

图 7-11 武夷山太庙等四个自然村制定的村镇住宅修建原则

7.8 村镇整治的规划设计

7.8.1 建筑风貌整治

保护历史建筑，整治旧房，统一住房格调，体现乡村风貌和地域特色，做到人畜分离、墙无残壁，形成比较好的整体建筑风貌。新建住房要结合实施"造福工程"，引导集中建设"三统一特"（统一规划、统一设计、统一配套、特色明显）的村镇住宅小区；符合规划要求的零星建房，应进行科学设计。

（1）建筑整治原则

a. 体现村镇乡土韵味，注重与环境的协调；

b. 强调地域文化的保留与传承；

c. 因地制宜，鼓励就地取材；

d. 技术与经济相结合，采用适用且易实施的技术手段；

e. 根据村镇实际情况，相应制定具有针对性的整治措施。

（2）一般性建筑整治及提升性建筑整治

1）一般性建筑整治

一般性建筑整治措施具有广泛适应性，根据建筑的历史价值、建筑品质、与环境的关系、结构安全性等，采用不同的方法。

a. 具有较高历史价值的建筑

对于具有较高历史价值的建筑应进行重点保护，保留建筑原始结构与风貌，适当清洁、修复，修旧如旧。图7-12是修葺一新的武夷山市下梅镇邹氏家祠，图7-13是修复后的三明市大田县土堡，图7-14是修旧如旧的传统闽南某民居。

b. 具有一定历史价值的建筑及品质较好、与环境较协调的新近建设的建筑。仅需对外立面进行必要的清理、修整，大体上保留建筑原貌，图7-15是依山地地势的新建民居。

c. 整体品质一般，与环境没有明显不协调的建筑。可基本维持现状，局部适当调整，修饰更新，图7-16(a)整治前立面颜色杂乱，门窗各异，形体部分凹凸不一；

图 7-12 武夷山市下梅镇邹氏家祠

图 7-13 三明市大田县土堡

图 7-14 传统闽南某民居

图 7-15 依山地地势的新建民居

图 7-16(b) 整治后统一立面颜色，添补缺漏立面。屋顶加建半坡屋檐，门窗统一规格布置。图 7-17(a) 整治前墙面及柱子暴露．影响美观及使用， 图 7-17(b) 整治后拆除金属隔断，加砌墙体，墙面柱子加贴面砖，底部设勒脚。

d. 完成度不高、与环境不太协调的建筑。建筑外立面大部分需要重新修饰，局部进行必要建筑处理，如适当增加装饰构件。图 7-18(a) 为整治前，墙体结构裸露，私自搭建雨遮影响美观，外底层商业杂乱不一；图 7-18(b) 为整治后，对影响立面的雨棚等构件进行拆除，墙面进行统一粉刷处理，檐部在儿女墙处局部增加坡檐。

(a)

(b)

图 7-16 整治前后比较之一

(a) 整治前　　(b) 整治后

(a)

(b)

图 7-17 整治前后比较之二

(a) 整治前　　(b) 整治后

(a)

(b)

图 7-18 整治前后比较之三

(a) 整治前　　(b) 整治后

e. 少量整体品质差、与环境很不协调、存在安全性问题、无保留价值的建筑。建议结合村镇规划拆除，图 7-19(a) 为整治前，简易搭建的木屋破败不堪。图 7-19(b) 为整治后，拆除破旧搭建木屋，在原立面上新贴面砖。

(a)

(b)

图 7-19 整治前后比较之四

(a) 整治前　(b) 整治后

2) 提升性建筑整治

在一般性建筑整治基础上，针对特色村镇、近城村镇中的重点区域以及村镇重点公共建筑等可采取相应的提升性建筑整治，制定特定建筑或建筑局部的相应整治方案，提升村镇风貌，使其具有示范意义。

a. 根据建筑所处村镇总体改造目标要求，对影响村镇整体风貌具有特殊作用的建筑物或公共建筑，可采取屋面平改坡、立面整体整治等方法、提升建筑风貌，图 7-20(a) 是屋面平改坡整治前，整体布局上平屋面与坡屋面混杂，屋面材料、做法、完成程度上各有差异，村落建筑群第五立面（屋面）景观杂乱。图 7-20(b) 是屋面平改坡整治后，统一坡屋面的颜色，材质及构造做法，在一定程度上提升了村落的整体风

貌，改造后的坡屋面与环境关系较好协调。图 7-21(a) 是立面整体整治前，墙面裸露，加建二层立面与底层立面完成度均不高。图 7-21(b) 是立面整体整治后，墙面加贴面砖，使用同一规格门窗，使上下两层立面统一，墙面原有裸露的混凝土结构层补做粉刷处理。

(a)

(b)

图 7-20 屋面平改坡整治前后比较

(a) 屋面平改坡整治前　(b) 屋面平改坡整治后

(a)

(b)

图 7-21 立面整体改造前后比较

(a) 立面整体改造前　(b) 立面整体改造后

b. 各地独特的地理与历史环境积淀着深厚的建筑文化传统，造就了众多具有浓烈地域特色的传统村落，依据其相应地域性对建筑色彩、屋顶、细部统筹。制定特定的村镇整治方案。图 7-22 是宁德上金贝村改造后景观，图 7-23 是永春大羽村改造后景观。

图 7-22 宁德上金贝村改造后景观

图 7-23 永春大羽村改造后景观

（3） 整治参考措施

1）外墙

a. 清洗、修补；b. 墙面改造；c. 外墙勒脚处理；d. 注意色彩的协调，建筑单体立面色彩不应超过三种颜色。

2）屋顶

a. 清理杂乱；b. 修补；c. 平改坡。

3）其他构件

a. 窗户（加窗套处理、采用一些传统窗扇形式进行装饰）。

b. 在腰线部位可适当地增加些装饰线条。

c. 栏杆。弘扬传统民居的处理手法，可采用仿古栏杆，或采用较简洁的栏杆形式。

4）地域特色

根据各地建筑风格的明显特征、各异形态和深厚的优秀传统建筑文化，特归纳以下几种建筑立面造型要素，按地域特色分类阐述，以供提升性整治实施时参考。

a. 建筑色彩（以福建省村镇整治为例，表 7-1）。

b. 建筑风格（以福建省村镇整治为例，表 7-2）。

c. 建筑细部（以福建省村镇整治为例，表 7-3）。

表 7-1 各地区建筑色彩

闽南地区		
建议选用颜色搭配		示意图片
墙体颜色	砖红色为主，缀灰白石色	闽南民居装饰丰富，色彩浓艳，"红砖古厝"是闽南传统建筑所独具的鲜明特色。红砖与白石强烈的色彩对比，使之更显华丽
墙裙颜色	灰白石色	
屋顶颜色	砖红色	
燕尾颜色	灰色 灰白色	

（续）

莆仙地区		
建议选用颜色搭配		示意图片
墙体颜色	砖红色 青色 石色	莆田民居通常砌筑红砖护墙以防水，并规则地镶嵌小条石（俗称"护墙石"）拉结，这种以护墙石点缀，红白相间的外墙是莆田地区独特的做法，具有很强的识别性。仙游民居的外墙装饰有别于莆田民居，其柱间墙的勒脚用方形青石斜砌，并用白粉勾缝。墙面用红砖砌筑，红砖与白粉墙拼贴成精美的图案
墙裙颜色	灰色	
屋脊颜色	白色	
燕尾颜色	砖红色 黑灰色	

闽西地区		
建议选用颜色搭配		示意图片
墙体颜色	白色 土黄色	客家民居的色彩中以两坡的黑瓦屋顶和土黄色夯土墙为基本要素，灰砖墙与土黄色墙面构成了闽西客家民居建筑的色彩基调
墙裙颜色	灰色	
屋顶颜色	深灰色	

（续）

闽北地区		
建议选用颜色搭配		示意图片
墙体颜色	灰色 白色 棕褐色 （穿斗式木架）	闽北民居受徽派建筑风格的影响，建筑色彩以白墙、灰砖、黑瓦为基调
墙裙颜色	深灰色	

闽东地区		
建议选用颜色搭配		示意图片
墙体颜色	白色	
墙裙颜色	灰色	
屋顶颜色	灰色 黑灰色	福州传统民居外墙的色彩黑白交映，格外素雅

(续)

闽东地区（宁德地区）		
建议选用颜色搭配		**示意图片**
墙体颜色	白色	
墙裙颜色	灰色	
屋顶颜色	灰色 白色 棕褐色 （穿斗式木架）	宁德地区民居以黑瓦屋顶，土黄色夯土山墙面及灰砖空斗墙为主要色彩基调

闽东地区		
建议选用颜色搭配		**示意图片**
墙体颜色	白色 黄色	
墙裙颜色	灰色	
屋顶颜色	红色	平潭岛以红色屋顶瓦面，墙身以条石砌筑，颜色古朴。东山岛则是红瓦石墙或抹灰墙，强调屋顶与墙身的颜色对比

表 7-2 各地区建筑风格

地区	示意图片	建筑风格
闽南地区		闽南古民居，多以土木为材料，砖石结构的闽南民居俗称"皇宫起"。"红砖古厝"是闽南传统建筑所独具的鲜明特色，其中"出砖入石"和"角隅石"为其独具特色的墙体形式。屋顶分段错落的处理，形成丰富的天际轮廓线，屋顶或"燕尾式"或"马背式"。民居装饰丰富、色彩浓艳。其石刻的柜台脚、石雕的壁饰、木雕的吊筒、红砖壁画、水车堵以及山尖的悬鱼饰，都独具地域特色
莆仙地区		莆田仙游城镇传统民居为纵向多进合院式布局，近代中西合璧的民居大量涌现，墙面布满装饰，异常华丽。民居的屋顶形式最具地域性特色，歇山或悬山屋顶常分三段，中段最高，两侧跌落。屋面呈双曲面翘起，屋脊呈弓形，筒瓦屋面在两端升起的最高处加贴一片平瓦。外墙通常砌筑红砖护墙以防水，并镶嵌小条石俗称"护墙石"拉结
闽西地区		闽西作为客家人的主要居住地，客家民居有其特的建筑形式，如土楼、围龙楼、五凤楼、九厅十八井、殿堂民居等。古朴的灰砖空斗墙带色差的不同的拼砌方式以及灰砖墙配砖红色漏花的做法是客家民居特有的装饰形式。灰砖墙与土黄色墙面构成了闽西客家民居建筑的色彩基调
闽北地区		闽北民居受微派建筑风格的影响，周围外墙封闭、天井窄小，常采用马头墙的形式，马头墙呈阶梯形层层跌落。常见砖雕牌楼式门楼，精致、华丽

（续）

地区	示意图片	建筑风格
闽东地区		福州传统民居主落多为纵向组合的多进式布局。屋顶通常不采用跌落的处理方式，两坡直檐。屋脊平直，以翘起的鹊尾收头。两侧风火山墙夹峙 宁德地区民居以福安民居最具特色，布局常用"一明两暗"三开间带前后天井的形式。陡峭的悬山屋顶悬挂着修长的木悬鱼。层层出挑的山墙披檐，造成丰富的光影变化。高高扬起的曲线型风火山墙，造型变化极其丰富
闽中地区		闽中地区民居按平面布局可以分为"一明两暗"，"三合天井"，"连排屋"和"土堡"几种类型。"土堡"是闽中民居最为独特的形式。它是由生土夯筑厚实的"城墙"环绕中心合院式民居构成，具有很强的防卫功能。环周的防卫走廊，前方后圆，后部依山就势高高升起，屋顶层层迭落，独具个性

（续）

地区	示意图片	建筑风格
海岛地区		海岛民居因其所处的地理环境和气候条件特殊，形成了渗透着海洋文化底蕴的海岛建筑风格。其中最有代表性的是平潭岛、马祖岛和东山岛。平潭岛民居以石头厝为主体的聚居村落，多依山而建，次第上升，建筑外观古朴，没有过多装饰，花岗石外墙上只开小窗，并以条石作竖棂，屋顶通常不出檐，最突出的特点是屋顶红瓦面上均匀地压上块石以防强风。东山岛民居则是红瓦石墙或抹灰墙，屋顶出檐很小。正立面设外廊，栏杆采用西式宝瓶装饰。窗眉及窗边灰塑的装饰独具一格。建筑多采用硬山形式，山墙线条硬朗。外墙只开小窗洞，并辅以条石竖棂

表 7-3　各地区建筑细部

莆仙地区			
屋顶	架梁斗拱	外墙做法	墙身

莆田地区屋顶形式常见歇山和悬山的做法。屋脊或武脊或文脊粗壮有力。屋面分段跌落。双曲屋面在升起的端部，在筒瓦屋面上又贴板瓦，形成莆田民居独特的屋面装饰	梁架斗栱雕饰彩绘繁复，好用刺眼强烈的色彩，形成莆田民居的装饰风格	莆田传统民居外墙在土墙体外又包砌红砖墙，土墙与砖墙之间以条石拉结，形成红砖墙面上均匀分布的白石点块	侧墙多以毛石砌筑墙脚，有的高达一层，二层为砖墙。石砌墙面常做侧脚

（续）

闽南地区			
山墙	出砖入石	燕尾	归垂
两侧山墙如山形，形状变化诸多，有金木水火土五行之象征意义，俗称"马背"	利用形状各异的石材、红砖和瓦砾的交错堆叠，构筑墙体，交垒叠砌	屋顶主脊向两端延伸并超过垂脊，身上翘起，在尾端分叉，俗称"燕尾脊"，有轻灵飞动之势	闽南民居山尖处均泥塑浮雕式悬鱼，俗称"归垂"、"脊坠"，图案题材丰富、色彩鲜艳、极富装饰性

闽西地区			
屋顶	木构架	门窗漏花	门楼
合院式民居，两坡瓦屋面、马头墙等多种元素形成丰富多样的群体效果	木穿斗结构形式质朴。大型府第中厅其月梁及雀替的雕刻彩绘精美	门窗漏花雕刻精美，形式多样，题材丰富	永定、长河、宁化、连城各地的门楼造型独具个性

闽东地区（福州地区）			
风火山墙	屋顶	门楼	山水头
风火山墙有马鞍形、有国公帽形、有圆弧形、有尖形，其起伏的高低适应瓦屋面的坡度，往往可以体现其时代特征	福州民居屋顶坡度平缓，常见悬山和硬山两种做法，歇山做法比较少见	福州地区民居门楼简洁、朴实，常见单坡披檐门罩，由大门两侧墙体中伸出的木栱支撑。也有用两片山墙与披檐组成入口门廊	福州地区风火山墙头作燕尾翘起，且灰塑彩绘精美的线脚及堵框，彩塑狮子、山水等装饰

（续）

闽北地区			
门楼	风火墙	柱础	青砖墙面

泰宁民居覆盆式柱础，建瓯民居阁楼式石雕柱础及木质柱础都独具地域特色

闽北地区民居墙体大多是灰砖空斗墙，或下部灰砖墙，上部夯土墙泥灰粉面

有曲线型风火山墙，也有类似徽州民居的阶梯形风火山墙，形式多样

闽北地区民居砖雕牌楼式门楼雕刻精致、个性独特

闽东地区（宁德地区）			
风火山墙	屋顶悬鱼	门窗镂花	门楼

风火山墙常见弧线形、弓形、马鞍形、折线型等，曲线优美舒展，大起大伏，成为民居形体造型的重要元素

福安民居修长的木悬鱼独具特色，悬鱼长达 1-1.5 米，刻有花卉图案及吉祥文字，隐含余（鱼）庆及以水治火等寓意

门窗漏花镂空木雕精细。阴雕、镂雕等手法结合，精心布局，构成丰富的拼字、人物、花鸟或几何形图案花饰，且各个县市各具特色

宁德民居门楼，只在门头墙上出挑装饰华丽的墀头墙，青瓦披檐。福安民居门楼则是在门头墙面上出挑泥塑屋脊及门匾装饰。各个县市门楼形式各不相同

（续）

闽中地区			
屋顶	穿斗山墙	门楼	墙身

屋顶形式多为双坡悬山顶，坡度平缓。大型土堡或民居常顺应地形，屋顶层层迭落。屋脊端部弧形隆起的收头造型独具地域特色	木穿斗结构构架完全暴露，清水木构立柱与横梁完美的组合。本色的木构件与白粉墙之间鲜明的质感、色彩对比，形成极富个性的立面形象	闽中各县民居的入口门楼简洁、朴实。各不相同，各具特色	灰砖空斗墙仍是闽中民居常见的外墙形式。闽中土堡外墙均为厚实的夯土墙。墙基石砌或底层外包石墙，外观稳固坚实

海岛地区			
屋顶	穿斗山墙	门楼	墙身

屋顶形式多为硬山顶，屋面坡度较缓；屋面施红板瓦，面上多有压瓦石，强调屋面与墙身的色彩对比；屋脊线条硬朗，屋面无明显的起翘、升起	墙体多就地取材，以规则条石和不规则的毛石作为外墙材料，有些并在外墙抹灰。朴实的外观不做过多的修饰与装饰	檐口做法明显区别于其他地区，没有深远的出檐，在外立面上常常有沿廊相连	建筑多采用硬山形式，平潭岛建筑山墙多采用毛石砌筑，山墙曲线相对东山柔和。东山岛建筑山墙线条较硬朗，脊头处理独具特色

7.8.2 村镇构筑物整治

（1）围墙、菜园隔断

围墙主要包括住宅建筑、公共建筑的围墙，以及路边、水边、菜园、绿地、活动场地等周边围墙。围墙能为丰富村镇空间层次、展现乡村风貌和乡土风情以及地域特色，起着极为重要的作用。因此，提倡采用乡土材料，达到做法简洁朴实、尺度适宜、风貌自然的显明效果。

1）实围墙

a. 保持青砖围墙清水风格，无需粉刷

b. 常见的白墙黑瓦的闽东建筑围墙

c. 红砖砌筑的围墙，底部采用石材墙裙

d. 墙头结合入口大门和里面造型形成高低错落的形式

e. 用石材砌墙，展现乡土地方特性的围墙

f. 采用地方石材堆垒的围墙，体现地域特色

g. 实围墙与爬藤类经济作物有机结合，生气盎然

h. 围墙与植物相融合，丰富了院落景观

2）花窗围墙（图 7-24 花窗围墙的几种型式）

在围墙上开设花窗，有利通风、采光和透景。

(a)

(b)

(c)

(d)

(e)

(f)

图 7-24 花窗围墙的几种型式

(a) 简洁的十字形镂空花窗围墙 　(b) 圆组合形式的花窗围墙 　(c) 同一墙上采用圆形组合花窗与花蕾窗花两种形式
(d) 冰裂纹形式的窗花围墙 　(e) 大窗花的围墙更有利于将院落中的景色透出来 　(f) 围墙结合绿化统一设计

（2）栅栏（图 7-25）

(a)

（3）菜园周边围合（图 7-26）

(b)

图 7-25 栅栏的做法

(a) 竹篱笆体现乡土气息，很好地将院落景色透露出来，丰富视觉景观　(b) 木栅栏适用于农家庭院周边，富有韵律感，能很好地展现出田园风光

(a)

(b)

(c)

(d)

图 7-26 菜园周边的几种围栏做法

(a) 植草空心砖用作围栏材料，既简单又美观　(b) 将碎石块堆垒在菜地边，富有乡土气息与地方特色
(c) 简单竹篱笆，制作方便，效果较好　(d) 栅栏用于菜地周边，较好地展现出田园风光

（4）禽舍

农村中禽畜散养的情况较为普遍，对村镇环境与卫生防疫状况带来很大的影响。家庭散养禽畜应做到人畜分离，结合沼气池建设，改造分散的畜禽圈舍，确保环境卫生，合理集中布置养殖点，逐步实现家养畜禽集中圈养。对于禽畜饲养场（点），均应建立并严格执行及时清扫和消毒等防控疫病等管理制度，对村中禽畜房可以通过绿化植物对它们进行适当的遮挡。对于废弃的猪圈、禽舍，应进行拆除。

（5）安全网

安全网应充分考虑沿街的立面感观效果，尽量做到统一设计、统一风格；安全网不应凸出建筑物和构造物外（如阳台、飘窗等）。拆除违章安全网，建议用户将安全网改装到居室的窗内侧。对不明显影响建筑外立面感观效果的安全网，可给予保留并做防锈和油漆翻新处理，见图7-27是几种安全网的做法。

安全网设计和使用中的一些参考意见：

a. 最好采用隐形安全网，有利于建筑外立面保持简洁性，利于展现沿街建筑的造型效果。

b. 安全网的设计，应尽量采用统一的款式，保持建筑外立面的统一外观。

c. 安全网的设计，尽量使用不锈钢、铝合金材质，以免锈迹斑斑，有碍观瞻且不利于使用。

d. 安全网的安装不适合大面积的安装：可在必要的阳台、窗等位置适当的安装使用。

（6）广告招牌

广告招牌布置原则：统一、整齐、协调。做到沿街的广告牌位统一设计，保证建筑立面完整性。广告牌位布置整齐，保持建筑立面造型的简洁性和有机组合；广告招牌的设计风格（包括颜色、字体）应与建筑风格相协调。在具有旅游功能的村镇中，多采用地方材料来制作广告招牌。木制的、竹制的，都是不错的选择；不要盲目的照抄城市里的招牌样式，越是乡土的便越是特色的；招牌的大小要与悬挂的建

(a)

(b)

(c)

(d)

图7-27 几种安全网的做法

(a) 采用廉价的铁质喷漆安全网　　(b) 铝合金安全网　　(c) 复合钢铝安全网　　(d) 中式铁艺不锈钢安全网

筑体量相适应；悬挂的位置要注意，不要挡住窗户，影响通风采光建筑立面造型，放在屋顶也是不妥当的。颜色和建筑的颜色要协调。

7.8.3 环境卫生整治

合理选用雨水排放和生活污水处理方式，实施雨污分流，生活污水和养殖业污水应处理达标排放，不得暴露或污染村镇生活环境。结合农村环境连片整治，深化"农村家园清洁行动"，推行垃圾分拣、分类收集，做到环境净化、路无浮土。进行无害化卫生户厕建设或整治。按需求建设水冲式公厕，梳理、规范村镇各种缆线。

（1）环境卫生整治原则

1）城乡一体化原则

按照"户分类、村收集、镇中转、县处理"四级联动的城乡垃圾处理一体化管理原则，进行环境卫生整治。鼓励"以城带乡、纳管优先"，城镇生活污水管网尽可能向周边村镇延伸，优先考虑"纳管"集中处理。

2）综合利用、设施共享原则

积极回收可利用的废弃物；提倡垃圾、污水处理设施的共建共享。

3）重点和专项整治原则

对生态环境较脆弱和环境卫生要求较高的村镇，应重点进行整治。针对有时效性，临时产生的垃圾进行专项整治。

4）完善机制、设施配套原则

建立日常保洁的乡规民约、责任包干、督促检查、考核评比、经费保障等长效机制。配套生活垃圾清扫、收集、运输等设施设备。

5）群众参与、自我完善原则

积极整合社会力量和资源，发动群众，引导群众出资或投工投劳，增强群众参与的责任感和主人翁意识。

（2）垃圾收集与处理

1）整治生活垃圾

建立生活垃圾收集——清运配套设施。提倡直接清运，尽量减少垃圾落地，防止蚊蝇滋生，带来二次污染。

2）整治粪便垃圾

3）整治禽畜粪便

逐步减少村内散户养殖，鼓励建设生态养殖场和养殖小区，通过发展沼气、生产有机肥和无害化畜禽粪便还田等综合利用方式，形成生态养殖—沼气—有机肥料—种植的循环经济模式。

4）整治农业垃圾

农业生产过程中产生的固体废物。主要来自植物种植业、农用塑料残膜等，如秸秆、棚膜、地膜等。

提倡秸秆综合利用，堆腐还田、饲料化、沼气发酵。

提倡选用厚度不小于 0.008mm，耐老化、低毒性或无毒性、可降解的树脂农膜；"一膜两用、多用"，提高地膜利用率。

5）整治河道垃圾

定期对河道、渠道等水上垃圾打捞清淤，保证水系的行洪安全。

6）整治建筑垃圾

居民自建房产生的建筑渣土应定点堆放，不应影响道路通行及村镇景观。

（3）整治排水设施

1）理清沟渠功能

弄清现状各类排水沟渠的功能。主要分三类：雨污合流沟渠、排内部雨水的沟渠、排洪沟渠（包括兼排内部雨污水的排洪沟渠）。

2）疏通整治排水沟（管）渠及河流水系

3）建设一套污水收集管网

4）建设污水处理设施

a.城镇周边和邻近城镇污水管网的村镇应优先选择接入城镇污水处理系统统一处理；居住相对集中的

村镇，应选择建设小型污水处理设施，相对集中处理；地形地貌复杂、居住分散、污水不易集中收集的村镇，可采用相对分散的处理方式处理生活污水。

b. 污水处理设施的处理工艺应经济有效、简便易行、资源节约、工艺可靠，可按照相关农村生活污水处理技术，进行具体工艺选择。

5）污泥处置和资源化

a. 为避免污水处理产生的污泥对环境产生二次污染，应对污泥进行合理处置，利用农村优势将其作为农业利用和林业利用。

b. 农业利用：以"还田堆肥"为目标，在适宜地点设置污泥堆肥场地，将脱水污泥进行堆肥发酵处理后用于农业生产，但污泥农用有害物质含量应符合国家现行标准的规定。

c. 林业利用：林地不是食物链作物，公共健康的考虑及土地利用的规定不像农田那样严格，可通过施用污泥提供树木生长所需的营养元素，是污泥处置一条理想途径，此外林地需要更新时，也可充分利用污泥的作用。

7.8.4 配套设施整治

合理配套公共管理、公共消防、日常便民、医疗保健、义务教育、文化体育、养老幼托、安全饮水等设施，硬化修整村内主要道路，设置排水设施，次要道路和入户道路路面平整完好，满足村民基本公共服务需求。

（1）道路桥梁及交通安全设施

村镇道路桥梁及交通安全设施整治要因地制宜。结合当地的实际条件和经济发展状况，实事求是，量力而行。应充分利用现有条件和设施，从便利生产、方便生活的需要出发，凡是能用的和经改造整治后能用的都应继续使用，并在原有基础上得到改善。

1）畅通进村公路

a. 提高道路通达水平

进村道路既要保证村民出入的方便，又要满足生产需求，还应考虑未来交通工具发展的趋势。对宽度不满足会车要求的进村道路可根据实际情况设置会车段，选择较开阔地段将道路向侧边局部拓宽。

b. 完善城乡客运网络

围绕基本实现城乡客运体化的目标。加快城乡客运基础设施建设，完善城乡客运网络，方便村民生产、生活，促进农村地区的繁荣。

2）改善村内道路

a. 线形自然

村镇道路走向应顺应地形，尽量做到不推山、不填塘、不砍树。以现有道路为基础，顺应现有村镇格局和建筑肌理，延续村镇乡土气息，传承传统文化脉络。

b. 宽度适宜

根据村镇的不同规模和集聚程度，选择相应的道路等级与宽度。规模较大的村镇可按照干路、支路、巷路进行布置，规模过大的村镇干路可适当拓宽，旅游型村镇应满足旅游车辆的通行和停放。

c. 断面合理

村镇道路从横断面上可以划分为路面、路肩、边沟几个部分。路面主要是满足道路的通行畅通的需要。路肩和边沟则满足保护道路路面的需要，道路后退红线则满足在建筑物与路面间形成个安全缓冲区的需要。道路路肩在实际使用中主要用来保护路基、种植树木和花草、可铺装成为人行道。道路边沟在实际使用中主要用来排放雨水、保护路基。

d. 桥梁安全美观

村镇内部桥梁在功能上有别于农村公路桥梁，其建设标准低于公路桥梁的技术标准，按照受力方式，桥结构简单、外形平直。桥梁的建设与维护，除了应满足设计规范，还应遵循经济合理、结构安全、造型美观的原则。可通过加固基础、新铺桥面、增加护栏等措施，对桥梁进行维护、改造。重视古桥的保护，特别是那些历史悠久的古桥，已经成为了村镇乡土特色中不可忽略的重要部分。

廊桥造型优美，结构严谨，既可保护桥梁，亦可供人休憩、交流、聚会等。

3）设置停车场地

a. 集中停车

充分利用村镇零散空地，结合村镇人口和主要道路，开辟集中停车场，使动态交通与静态交通相适应，同时也减少机动车辆进入村镇内部对村民生活的干扰。有旅游等功能的村镇应根据旅游线路设置旅游车辆集中停放场地。

b. 路边停靠

沿村镇道路，在不影响道路通行的情况下，选择合适位置设置路边停车位。路边停靠不应影响道路通行，遵循简易生态和节约用地原则。

4）地面铺装生态

村镇交通流量较大的道路宜采用硬质材料路面，一般情况下使用水泥路面，也可采用沥青、块石、混凝土砖等材质路面。还应根据地区的资源特点，优先考虑选用合适的天然材料，如卵石、石板、废旧砖、砂石路面等，既体现乡土性和生态性，也有利于雨水的渗透，又节省造价。具有历史文化传统的村镇道路路面宜采用传统建筑材料，保留和修复现状中富有特色的石板路、青砖路等传统街巷道。

5）配置道路交通设施

a. 道路安全设施

对现有农村道路进行全面的通车安全条件验收，对存在安全隐患的农村道路，要设置交通标志、标线和醒目的安全警告标志等措施保障通车安全。遇有滨河路及路侧地形陡峭等危险路段时，应根据实际情况设置护栏。道路平面交叉时应尽量正交，斜交时应通过加大交叉口锐角一侧转弯半径，清除锐角内障碍物等方式保证车辆通行安全。村镇尽端式道路应预留一块相对较大的空间，便于回车。

b. 道路排水

路面排水应充分利用地形并与地表排水系统配合，当道路周边有水体时，应就近排入附近水体；道路周边无水体时，根据实际需要布置道路排水沟渠。道路排水可采用暗排形式，或采用干砌片石、浆砌片石、混凝土预制块等明排形式。

c. 路灯照明

路灯一般布置在村镇道路一侧、丁字路口、十字路口等位置，具体形式应根据道路宽度和等级确定。路灯架设方式主要有单独架设、随杆架设和随山墙架设三种方式，应根据现状情况灵活布置。路灯应使用节能灯具，在一些经济条件较好的村镇，可以考虑使用太阳能路灯或风光互补路灯，节省常规电能。

d. 路肩设置

路肩是为保持车行道的功能和临时停车使用，并作为路面的横向支承，对路面起到保护作用。当道路路面高于两侧地面时，可考虑设置路肩。路肩设置应"宁软勿硬"，宜优先采用土质或简易铺装，不必过于强调设置硬路肩。

路缘石及道牙把雨水阻止在排水槽内，以保护路面边缘，维持各种铺砌层，防止道路横向伸展而形成结构缝，控制路面排水和车辆，保护行人和边界。路面低于周边场地，道路排水采取漫排的不可做道牙；路面高于周边场地，设有排水边沟、暗渠的可根据情况设置道牙。

（2）公共服务设施

1）公共活动场地

公共活动场地宜设置在村镇居民活动最频繁的区域，一般位于村镇的中心或交通比较便利的位置，宜靠近村委会、文化站及祠堂等公共活动集中的地段，也可根据自然环境特点。选择村镇内水体周边、现状大树、村口、坡地等处的宽阔位置设置。注意保护村镇的特色文化景观，特色村镇应结合旅游线路、景观需求精心打造。

公共活动场地应以改造利用村内现有闲置建设用地为主要整治方式，严禁以侵占农田、毁林填塘等方式大面积新建公共活动场地；建设规模应适中，不宜过大；建设内容应紧扣村民生活需求，不可求大求全。公共活动场地可通过建筑物、构筑物或自然地形地物围合构成，公共服务设施、住宅、绿化、水体、山体等建筑物、自然地形地物都可以用作围合形成场地。

公共活动场地可配套设置座凳、儿童游玩设施、健身器材、村务公开栏、科普宣传栏及阅报栏等设施，提高综合使用功能。公共活动场地可根据村民使用需要，与打谷场、晒场、非危险物品临时堆场、小型运动场地及避灾疏散场地等合并设置。公共活动场地兼作村镇避灾疏散地，应符合有关规定。

2）公共服务中心

村镇公共服务设施应尽量集中布置在方便村民使用的地带，形成具有活力的村镇公共活动场所，根据公共设施的配置规模，其布局可以采用点状和带状等不同形式。

3）学校

小学、幼儿园应合理布置在村镇中心的位置，方便学生上下学，学校建筑应注意结构安全、规模适度、功能实用，配置相应的活动场地，与村镇整体建筑风貌相协调，并进行适度的绿化与美化。

4）卫生所

通过标准化村卫生所建设、仪器配置和系统的培训，改善农村医疗机构服务条件，进一步规范和完善基层卫生服务体系。卫生所位置应方便村民就医，并配置一定的床位、医药设备和医务人员。

5）公厕

结合村镇公共设施布局，合理配建公共厕所。每个主要居民点至少设置 1 处，特大型村镇（3000人以上）宜设置两处以上。公厕建设标准应达到或超过三类水冲式标准。

结合村镇公共服务中心、公共活动与健身场地，合理配建公共厕所。有旅游功能的特色村镇应结合旅游线路，适度增加公厕数量，并提出建筑风貌控制要求。公厕应与村镇整体建筑风貌相协调。

6）其他

其他公共服务设施包括集贸市场农家店、农资农家店等经营性公共服务设施，参考指标为 $200 \sim 600 m^2/$ 千人，有旅游功能的村镇规模可增加，配置内容和指标值的确定应以市场需求为依据。

（3）给水设施

1）优先实施区域供水

临近城镇的村镇，应优先实行城乡供水一体化。实施区域供水，城镇供水工程服务范围覆盖周边村镇，管网供水到户。在城镇供水工程服务范围之外的村镇，有条件的倡导建设联村联片的集中式供水工程。

2）保障农村饮水安全

3）加强水源地保护

（4）安全与防灾设施

村镇整治应综合考虑火灾、洪灾、震灾、风灾、地质灾害、雪灾和冻融灾害等的影响，贯彻预防为主，防、抗、避、救相结合的方针，综合整治、平灾结合，保障村镇可持续发展和村民生命财产安全。

1）保障村镇重要设施和建筑安全

村镇生命线工程、学校和村民集中活动场所等重要设施和建筑，应按照国家有关标准进行设计和建造。村镇整治中必须关注建造年代较长、存在安全隐患的建筑，并对村镇供电、供水、交通、通信、医疗、消防等系统的重要设施，根据其在防灾救灾中的重要性和薄弱环节，进行加固改造整治。

2）合理设置应急避难场所

避震疏散场所可分为紧急避震疏散场所、固定避震疏散场所和中心避震疏散场所等三类，应根据"平灾结合"原则进行规划建设，平时可用于村民教育、体育、文娱和粮食晾晒等生活、生产活动。用作避震疏散场所的场地、建筑物应保证在地震时的抗震安全性，避免二次震害带来更多的人员伤亡。要设立避震疏散标志，引导避难疏散人群安全到达防灾疏散场地。

3）完善安全与防灾设施

a. 消防安全设施

民用建筑和村镇（厂）房屋应符合农村建筑防火规定，并满足消防间距通道要求。消防供水宜采用消防、生产、生活合一的供水系统，设置室外消防栓，间距不超过120m，保护半径不超过150m，承担消防给水的管网管径不小于100mm，如灭火用水量不能保证时宜设置消防水池。应根据村镇实际情况明确是否需要设置消防站，并配置相适应的消防车辆，发展包括专职消防队、义务消防队等多种形式的消防队伍。

b. 防洪排涝工程

沿海平原村镇，其防洪排涝工程建设应和所在流域协调一致。严禁在行洪河道内进行各种建设活动，应逐步组织外迁居住在行洪河道内的村民，限期清除河道、湖泊中阻碍行洪的障碍物。村镇防洪排涝整治措施包括修筑堤防、整治河道、修建水库、修建分洪区（或滞洪、蓄洪区）、扩建排涝泵站等。受台风、暴雨、潮汐威胁的村镇，整治时应符合防御台风、暴雨、潮汐的要求。

c. 地质灾害工程

地质灾害包括滑坡、崩塌、泥石流、地面塌陷、地裂缝、地面沉降等，村镇建设应对场区作出必要的工程地质和水文地质评价，避开地质灾害多发区。

目前常用的滑坡防治措施有地表排水、地下排水、减重及支挡工程等；崩塌防治措施有绕避、加固边坡、采用拦挡建筑物、清除危岩以及做好排水工程等；泥石流的防治宜对形成区（上游）、流通区（中游）、堆积区（下游）统筹规划和采取生物与工程措施相结合的综合治理方案；地面沉降与塌陷防治措施包括限制地下水开采，杜绝不合理采矿行为，治理黄土湿陷。

d. 地震灾害工程

对新建建筑物进行抗震设防，对现有工程进行抗震加固是减轻地震灾害行之有效的措施。提高交通、供水、电力等基础设施系统抗震等级，强化基础设施抗震能力。避免引起火灾、水灾、海啸、山体滑坡、泥石流、毒气泄漏、流行病、放射性污染等次生灾害。

4）生活用能设备

当前，我省大部分农村地区还存在能源利用效率低、利用方式落后等问题，重视节约能源，充分开发利用可再生能源，改善用能紧张状况，保护生态环境，是村镇整治的重点内容之一，各村镇应结合当地实际条件选择经济合理的供能方式及类型。

a. 提高常规能源利用率

b. 积极发展可再生能源

可再生能源主要包括太阳能、风能、沼气、生物质能和地热能等。发展可再生能源，有利于保护环境，并可增加能源供应，改善能源结构，保障能源安全。

c. 家庭独立使用的新型秸秆气化炉可以解决烟雾大、火力不稳定、加料不方便、保暖性能差等难题。

d. 可利用太阳能为建筑物提供生活热水、冬季采暖和夏季空调。并结合光伏电池技术为建筑物供电。太阳能热水器安装要整齐划一，美观安全。

e. 使用太阳能、风能作公共照明的能源，风光互补路灯可以弥补风能和太阳能各自的不足。

5）提倡使用节能减排设备

采用综合考虑建筑物的通风、遮阳、自然采光等建筑围护结构优化集成节能技术。通过屋面遮阳隔热技术，墙体采用岩棉、玻璃棉、聚苯乙烯塑料、聚胺酯泡沫塑料及聚乙烯塑料等新型高效保温绝热材料以及复合墙体、采取增加窗玻璃层数、窗上加贴透明聚酯膜、加装门窗密封条、使用低辐射玻璃、封装玻璃和绝热性能好的塑料窗等措施，有效降低室内空气与室外空气的热传导。同时，垂直绿化也是实现建筑节能的技术手段之一。

使用符合国家能效标准要求的高效节能灯具、水具、洗浴设备、空调、冰箱等，都可以降低生活用能的消耗，减少温室气体排放。

7.8.5 绿化美化整治

积极创建绿色村镇，大力开发"四旁四地"（村旁、宅旁、水旁、路旁；宜林荒山荒地、低质低效林地、坡耕地、抛荒地）等林地和非规划林地，种植珍贵和优良乡土树种，大幅增加村镇绿量；有条件的村镇应建设面积适宜、乡土气息浓郁的小型休闲广场和公共绿地。

（1）绿化美化原则

规划以尊重农民意愿、增进农民福祉为宗旨，以经济适用为指导，通过见缝插绿、拆违建绿、能绿则绿的方式，构建"村在林中、路在花中、房在树中、人在景中"的绿色田园风光。

（2）四旁四地绿化美化

1）路旁绿化美化

a.进村道路绿化

进村道路主要处于村镇生活区外围，周边多是农田、菜地、果园、林地，局部可能因道路施工而形成的突地、边坡或是不利景观的道路结构。建议结合不同的路段特点提出相应整治方案。

b.村内道路绿化

农村村内道路可绿化用地有限，村内道路景观主要结合宅旁绿地进行综合整治。宅间道路由于用地局限难以绿化，建议做垂直绿化。弱化挡墙的硬质景观。

2）水旁绿化美化

水是村镇景观的重要组成部分，与村民的生活息息相关。实现河道两岸绿化美化，能全面提升河道的引排功能、生态功能和景观功能，实现"水清、畅通、岸绿"的农村水环境。

a.水塘绿化美化

水塘水位较稳定，是乡村景观的重要元素。杜绝在池塘内丢弃垃圾，及时清理垃圾杂物及漂浮物；清除岸边堆放杂物，防止杂物腐烂，影响水质；定时清理池塘内淤泥，保证水质清澈。浅水塘可种植荷花、莲花等水生植物提高池塘自净能力；池塘边以亲水植物为主，多种植开花或色叶乔木。

b.河流绿化美化

河流以防洪防汛的安全功能优先，河流护岸水利部门多采取硬质驳岸处理，景观生硬、单调，不作为理想的河岸景观处理方式。对于用地条件允许的区域尽量使用自然的驳岸形式，既美观，又满足生态需求。对已形成硬质驳岸的河道景观，后期通过多层绿化、垂直绿化的形式进行弥补。

c.沟渠绿化美化

乡村沟渠与村民生活息息相关，乡村沟渠的整治，首先满足行洪排涝通道的畅通；其次满足日常安全防护，保证村民安全生产、生活；三是美化沟渠两岸景观，能绿即绿。

3）宅旁绿化美化

宅旁绿化主要指房前屋后的绿化美化，充分利用闲置地和不宜建设用地，做到见缝插绿。宅旁绿地绿化美化，以适宜的瓜果蔬菜和果树为主，既美观又经济适用，不宜追求城市园林绿化的设计手法，以致增加成本及后期养护费用。

a.公共设施绿化美化

强化公共设施内院及周边绿化水平，是提升村镇绿化水平的主要途径。主要包括学校、宗祠、村委会、公共活动中心、老年活动中心等。提升公共设施的绿化水平，完善内部服务设施，如增设休息座椅、健身器材等，作为村民的主要活动场所。

b.住宅四周绿化美化

宅前屋后依场地而定，以菜地为主，配植适宜的果树，如柑橘、柿子、枇杷、枣树等，达到绿化美化效果的同时，提高土地经济及实用性；宅侧可种植爬藤植物，增加绿量，倡导绿色、节能环保。

c.特殊用地绿化美化

对于有安全防护需求、景观隔离需求的市政公用设施，如变压器、垃圾处理设施、牲畜饲养区等，用大量植物进行景观分隔。

4）村旁绿化美化

a.村旁山体绿化美化

村镇外围一重山的绿化美化是形成村镇良好自然环境的基础，首先保证一重山视线范围内能绿则绿，重点对荒林荒山荒地、低质低效林地、坡耕地、抛荒地进行绿化；其次，在条件允许的情况下，对一重山进行林木的美化处理，凸显四季变化，种植开花或是变色树种。

b.村旁农田菜地绿化美化

村镇外围多与农田菜地衔接，应保护好周边的农田景观，禁止随意围田造房。提高农田的利用率，利用植物的季节特征，提高土地复垦率，发挥最大的土地价值，尽量避免农田空置、裸露。

c.村旁林地绿化美化

村头村尾的风水林是村镇与外围环境很好的衔接与过渡，对风水林的保护不仅能达到很好的景观效果，同时也起到很好的生态效益，对调节村内小气候起到重要作用。

d.村旁园地绿化美化

果园是乡村绿化美化的重要形式，既能达到绿化美化的效果，同时为村民带来经济效益，且极富季节变化，既能观花、观果，还能开展农家的采摘活动。

5）公共绿地绿化美化

a.扩充公共绿地空间

对于乡村的财力而言，成规模的公园绿地建设存在一定的难度，主要问题在于公园用地与建设资金筹措。尽量利用村内不可建设用地、废弃地的改造，作为村民的主要活动场所，绿化配置应简洁实用，以本土的乔木为主，减少后期养护成本。

b.丰富公共绿地类型

作为乡村的公共绿地可根据村镇的实际情况设置，一般村镇可化整为零，多设置小游园、村头绿地、村民集结点，作为村镇绿地的主要类型。对于经济条件好、用地许可的村镇，可进行一定规模的公园绿地建设，其植物配置提倡以乡土乔木为主，避免大草坪、模纹色块等城市绿化造景形式，创造亲切的乡村色彩。

c.完善公共绿地设施

村镇公共绿地在考虑绿化美化的同时，需兼顾公共绿地的实用性，多考虑村民休闲活动设施如：儿童活动设施、休息座椅、户外健身器材、花架亭廊等，完善村民交流、活动的空间。

（3）绿化树种选择及应用

村镇绿化美化应重点突出乡村地方特色，有别于城市公园绿化，绿化品种应选用季节鲜明、乡土气息浓郁的适生作物和植物，既方便养护，又能产生经济效益。

（4）整治乱堆乱放

1）整治杂物堆放

村镇杂物类型多样，主要有柴草、建筑材料、劳动工具、生产成果等，改动部分以整治为主、清理为辅，在方便村民的前提下，对堆放场地和堆放形式作定限定，降低其对村镇环境的影响。

2）治理乱搭乱建

拆除村内露天厕所及严重影响乡村风貌的违章建筑、构筑及其他设施，对暂时不能拆除的设施进行绿化遮挡处理。

3）规范广告招贴

广告与宣传语应选用固定地点设置，大小适宜、色彩协调。对影响村镇风貌、与环境不协调的墙体广告应及时清除。店面招牌样式宜具有乡村特色，多采用地方材料，位置需固定，大小适中、色彩协调。

7.8.6 管理机制整治

结合村规民约的制定，建立健全农村社区（村镇）环境综合整治长效管理机制，配足规划建设执法和设施维护养护管理人员，落实长效管理经费，巩固规划整治建设成果。

（1）管理方面

1）加强宣传动员

要加强宣传，全面动员，让群众感受到村镇整治实实在在的变化，得到实实在在的好处。进一步提升村镇管理水平，最大限度尊重群众意愿，最大限度扩大社会参与面，使工作深入人心、氛围浓厚、群众理解。

2）制定村规民约

引导制定农民群众普遍接受和遵守的村规民约；实行"门前三包（包卫生、包绿化、包治安）"责任制，细化垃圾处理、污水排放、公园绿地、公共设施等长效管理办法，以制度规范行为。

（2）人员方面

1）村民成为主体

尊重和突出农民的主体地位，让农民担当村镇整治的决策主体、实施主体、受益主体，营造人人参与、自觉维护的浓厚氛围，最大限度调动和发挥农民的积极性、创造性。动员广大农民亲手参与到自己居住环境的改善、生活水平的提高中来，投工投劳自觉维护环境卫生。

2）组建管护队伍

组建设施维护、渠道管护、绿化养护、垃圾收运、公厕保洁等队伍，实现事事有人管、事事有人抓，保持干净整洁的村容村貌。要配足规划卫生执法人员，对有技术要求的管护项目，如道路桥梁、污水处理设施、供水设施等，应选择专业人员进行管护；对一般管护项目，可根据村镇经济状况，选择市场化运作，或采取专（兼）职相结合的方式组建管护队伍。

3）注重长效管理

加强日常监控，定时间、定路段、定人员、包责任、强督查，做到运行有序、管理到位、群众满意。建立健全管护项目和管护队伍的专项管理制度，要尽可能明确要求量化标准指标，以便于检查、评比和考核奖惩，使村镇环境管理逐步走上规范化、制度化、长效化轨道，确保环境整治有成效、不反弹。

（3）经费方面

1）落实经费来源

采取政府投入为重点和"一事一议"的筹集资金办法，最大限度减轻群众负担，保障运转经费采用多种投融资渠道，动员组织各行各业、社会各界尽其所能为村镇整治提供支持和服务，形成全社会支持、关爱、服务村镇整治的浓厚氛围。

2）厉行节俭节约

坚持有机改造、绿色改造，不大拆大建、大挖大变，能省则省、能简则简、能用则用，做到财尽其力、物尽其用，让有限的人力、物力、财力发挥最大的效用。

3）强调实用利民

注重配套设施的实用性，以群众所需、产业发展为出发点，加快完善各类配套设施，将环境整治与发展现代农业、乡村旅游等结合起来，将村镇环境整治与推动产业发展有效融合，促进农业增效，农民增收。

（4）监督方面

1）建立管理机制

要建立"政府主导、农民主体、部门协调、社会参与"的工作机制。建立强有力的组织协调机构将农办、国土、规划、建设、农业、交通、水利、卫生、林业等涉及村镇整治工作的相关部门整合起来，明确各部门责任分工，形成合力，搞好服务。

2）加强巡查督察

坚持治理与巩固并举，全面开展村镇环境整治巡查工作。在巡查中发现问题的责令限期整改。对整改不力的，在新闻媒体上曝光，建立约谈制度。

3）强化农宅监管

加快村镇规划编制，强化村民住房新建、扩建、改建的监管，强化村民参与监督制度，从源头制止抢建乱建等行为，确保各项管理机制落实到位。

8 城镇的城市设计理念

在中共中央"统筹城乡协调发展"及"小城镇、大战略"的方针指引下，我国的城镇建设取得了快速的发展。但在蓬勃发展中，也出现一些令人堪忧的现象，片面追求大马路、大广场、大草坪的"政绩工程"和不负责任的高速度、赶进度的"献礼工程"以及缺乏文化内涵的"贪大、求洋、求怪"，使得"国际化"和"现代化"对中华民族优秀传统文化的冲击也波及至广大的农村。导致很多农村丧失了独具的中国特色和地方风貌，破坏了生态环境，严重地影响到广大农民群众的生活，阻挠了城镇的经济发展。究其原因，其根源在于城镇建设不仅严重缺乏科学和具有创意的规划设计，更是很少进行城市设计。

2016年2月21日，新华社发布了与中央城市工作会议配套文件《中共中央国务院关于进一步加强城市规划建设管理工作的若干意见》，在第三节以"塑造城市特色风貌"为题目，提出了"提高城市设计水平、加强建筑设计管理、保护历史文化风貌"等三条内容，其中：关于提高城市设计水平提出"城市设计是落实城市规划，指导建筑设计、塑造城市特色风貌的有效手段。"为此，城镇的城市设计已引起社会的广泛关注。

城镇城市设计实质上就是城镇的聚落设计，是城镇建设中的一个重要组成部分，城镇城市设计的目的，在于传承优秀建筑文化，提高城镇的环境质量、环境景观和整体形象的造型艺术水平，指导各项详细规划和建筑设计，创造和谐宜人的居住环境，塑造城镇的特色风貌。为此，城镇城市设计应贯穿于城镇建设规划设计的全过程，才能确保城镇建设科学、健康、有序地发展。

8.1 城市设计的发展历程

8.1.1 中国城市设计的发展演变

我国古代城镇聚落规划设计有着丰富的思想和理论，它反映了我国古代城镇聚落规划设计的伟大成就。早在公元前11世纪，即从我国西周开始，便将城市设计作为一种严格的国家制度确定下来。西周是我国奴隶社会制度更为发展和健全的朝代，也是我国城市得到较快发展，形成历史上第一次建设高潮的朝代。西周时期，为了巩固和稳定统治地位，在政治上实施了分封诸侯的制度，各地诸侯大兴土木，推动了周代筑城的高潮。这种严格的诸侯等级制度造就了相应的城邑等级制度，并在城镇聚落建设和城镇聚落布局中产生了一定的规制，《周礼•考工记》的《营国制度》就是这种规制的反映。这种封建等级森严的城镇聚落建设制度尔后逐步形成了一种城市设计的理念和思潮，并成为世界城市设计传统的主流之一。

然而，随着历史的风云变幻，由于我国封建等级思想的顽固和持久，以及道、儒家等思想的沉淀与延续，这套制度和思想历经 3000 余年，没有大的变化，在很大程度上影响着我国传统聚落设计的发展，但也构筑了一套成熟的聚落设计思想体系。在现代，聚落城市设计开始作为一门独立的学科发展起来，我们似乎都遗忘了我国传统聚落设计思想的精髓，只把目光停驻在国外的城市设计上，大量采用西方的城市设计手法和思想，而忽视了我国传统聚落设计思想与理念之宝贵、深刻。事实上，我国古代聚落设计思想已经涵盖了城市设计思想的精髓，涵盖了我国传统文化的精髓。可以说，我国古代的聚落设计思想与文化传统密切相关，集中体现了中国哲学的两个主要流派儒家和道家，尤其是占统治地位的儒家的哲学思想。总体而言，中国传统聚落设计思想自春秋开始，就有两条基本线索：其一是以春秋末年齐人著《考工记·营国制度》为代表的"礼制城市"思想；其二是以春秋战国时代的《管子·度地篇》为代表的"自由城"思想。前者一直贯穿于中国封建社会历朝历代的"都""州""府""城"建设之中，直至明清北京城。它是一种"自上而下"的表达方式，是在集权统治的社会制度下表现出的形式，这种设计遵循特定的法则和模式，在聚落形态上表现出规则的用地、严谨的构图、鲜明的等级和全面的计划，体现着儒家的礼制思想；后者更多地体现在因地制宜的乡野市镇——城镇聚落设计之中，尤其是广大村镇。它是一种"自下而上"的表达方式，强调"天人合一"自然或客观规律的作用，体现了聚落设计与自然环境相协调的思想。在聚落形态上表现为灵活的用地、自由的构图、有机的联系和随机应变，更多的是体现我国道家的思想内涵。有学者称这两种思想为精英主义思想和平民主义思想，前者体现着统治阶级的利益和意图，追求绝对理性和理想模式；后者是一种对具体人的感觉的深切感受领会，和在对自然条件充分尊重的基础上，因地制宜的设计思想。然而，这两种思潮又往往

是彼此交织，构成了我国古代聚落设计的理论基础，贯穿在我国城镇和乡村建设的发展历史中，在具体的聚落设计中表现出力图在人性与封建制度冲突中求得彼此平衡的心态。

（1）《匠人·营国》——"以礼治国"的理念

《营国制度》的城市设计思想中国商周时期的城市，实际上是分封地域内统治阶级的政治据点。其设计是按城邦的"国野"规划体制来进行的。

明清北京城，是我国古代城市规划和设计的优秀传统之大成。

另一方面，我国古代也有一些城镇聚落的规划设计受到《管子·度地篇》的"自由城"的城市设计理念的影响，更多地结合了特定的自然地理和气候条件。至于大量地处偏僻地区或地域条件特殊的城镇发展更是如此。

（2）《管子·度地篇》——"自由城"的聚落设计理念

中国城镇聚落另一个设计传统来自于具有辩证思想和科学认识的哲学家——管仲等人的学说。他们主张聚落建设要结合对场地的各种条件的研究，其内容包括：城镇聚落分布、城址选择城镇聚落规模、城镇聚落形制、城镇聚落分区等各个方面。与古希腊时期柏拉图的《理想国》和亚里士多德的理想城市相比较，《管子》的城市设计更富内涵和具体。其城市设计思想顺应城市社会经济发展的历史潮流和当时城镇聚落生活的客观需要，勇于打破"先王之制"，为小国古代城市设计带来了新的思想与活力，并对后世城市规划产生积极影响。

在中国传统文化中，出现了许多"自由城"的城市设计理念：城镇聚落并不是所有人最终的理想居住地，相反，归隐于山水相得益彰的大自然成为许多士林文人所追求的目标。在中国传统城市设计中，中国传统乡野市城—— 聚落的设计思想和体系与中国传统"都""州""府""城"——大城市设计相

比较毫不逊色，甚至比后者更趋成熟老到，更具实用价值。散布于广大山水之间的无数乡村聚落正如《桃花源记》中所描写的，塑造了中国最美的人类居住环境。迄今发现保存至今的大多数村落的选址、布局、道路水系组织、园林景观设计、村民社会生活乃至管理而言，以"耕读文化"为基础，以血缘关系为纽带的村落有着一整套严密的设计思想和体系，经千百年的传承臻于成熟，并融于村民们的意识与行为之中。

中国传统城镇聚落形制确立中体现的因地制宜不是城镇聚落选址的结果，而是源于其尊重自然，创造性地利用自然的城市设计理念，它的缘起有以下三方面的依据：

1）"天人合一"的理念

"天人合一"是中国传统哲学的主要特点之一，它起源于原始人的生存实践，经过儒道两个学派的长期发展，形成了比较完整的哲理和思想体系。中国古代没有"自然"的概念，我们今天所说的"自然"即为古代的"天"，与"天"相应的是"人"。探讨天人关系，就是探讨人与自然的关系。我国古代的许多哲学家，如孔子、老子、庄子等，都把天人关系作为重要问题来进行探讨，虽然看法不一，但基本上都认为人与自然界是互相联系、无法分割的，这即是"天人合一"的哲学思想，它所追求的最高目标是认识到事物互相联系的统一，使自己与天道归一。《老子》说过："人法地，地法天，天法道，道法自然。"中国古代自然哲学注意研究的就是整体的协调和协作，强调人与自然的不可分开性。

对"天人合一"的理性追求，是我国古代城市设计的基本原则。中国建于史载的古代城市设计始于殷周之际，当时人们对于天地山水的理解与其对祖先和神的崇拜联系在一起。"天"字画作人形，本无神秘可言，因而周公营建洛邑时的占卜定址，既可看做是相土勘测，也可认为是"上承天命"。进入战国时代，思想家们对"天"予以极大的关注，进而使"天人合一"

成为中国哲学的基本命题，表现在城市设计上，出现了伍子胥"相土尝水，法天象地"的城市布建原则。

2）山水观

在中国传统文化中，对自然的尊崇与向往深深植根于人们普遍的心理与行为活动中，"于山有穆然之恩焉，于水有悠然之旨焉"。在人类对自身生存环境的长期探索中，认为有山有水的环境是一种最理想的生存模式与最高的精神向往，并且在理论与实践方面发展出丰富多彩的"山水文化"和具体入微的"山水之术"，如山水国画、山水诗词、山水园林等。这些便是人们追求人工环境与自然环境和谐统一的艺术哲学和处理技巧；也是山水城镇聚落形成和产生的社会心理学依据。

背山面水，藏风聚气的山水环境能给人类生活带来极大的便利与实惠。如山水观中对山水环境的考察始终以人为出发点，把人与自然看作是一个相互作用、动态变化的整体。"凡地气，从下荫人，力深而缓；天气煦育人身，力浮而速。故阳宅下乘地之吉气，尤欲上乘天之旺气也。"由此肯定了良好的山水环境是人类生存质量的重要方面，也是山水城市的生态学依据。

（3）融于自然——极富哲理的聚落设计理念

中国人自古选择及组织聚落环境方面就有采用封闭空间的传统，为了加强封闭，还往往采取多重封闭的办法。优秀传统的聚落设计就是把封闭的人为建筑环境融汇于层层自然封闭的环境，形成了极富哲理的聚落设计理念，令世人观为叹之（详见本书第3章）。

（4）风水学说

风水学说是中华优秀的传统建筑文化，在长期的广泛流传中，难免会掺杂进一些欠健康的内容，我们应该以辩证和唯物的观点，去伪存真、去粗求精，发扬科学性，避免盲目性，促其发扬光大。

风水学说的根源依然是中国"天人合一"的哲

学思想，但在中国传统文化中，上层文化与民俗文化于种种不同的目的，在对"天人合一"这一命题的阐释上有着明显不同的选择：上层文化相对而言，重"上天之道"，强化人们对"上天"的尊崇（如崇奉的星神"四象"——朱雀、玄武、青龙、白虎，四方宿名也），并使之与君权政治、封建宗法相结合。而相对于指导生活实践为目的，就民俗文化而言，则重"自然之道"，它所关注的是"下界"凡人的人——事关系以及他们周围的生活环境（包括人工环境与自然环境）。因而，关于自然规律的天象"四象"及"二十八宿"、阴阳五行、天干地支和周易八卦等作为风水主要的理论依据，在古代城镇聚落选址和规划布局中，有着广泛的应用。阴阳的观念与地形结合，水之北、山之南为阳，水之南、山之北为阴；与山、水结合，则山为阳（刚），水为阴（柔）。选址应合乎"负阴而抱阳"，"阴阳合德，则刚柔有体"，这是总的原则。

以优秀传统文化为背景的"风水"是创造"自由城"的主要手段之一。"风水"以人类生存的基础——自然山水环境为对象，侧重于从相互关联的角度去理解城镇聚落与自然环境的整体关系，借助于自然或人工山水来处理"人居环境"和协调"人事关系"。采用为世俗观念认可和喜闻乐见的各种象征、隐喻乃至禁忌等艺术形式，并融汇了许多工匠经验和民俗于其中。这种较普遍的社会认同使风水学说及其实践在公众参与的背景下创造出遍及中国城乡、饱浸乡风民俗、丰富多彩的城镇空间和艺术。

风水学中往往用青龙、白虎、朱雀、玄武四神作为方位神灵，各司其职守卫着城市、乡镇、民宅、风水宝地的构成，不仅要求"四象毕备"，并且还要讲究来龙、案砂、明堂、水口、立向等。即要求北面有绵延不绝的群山峻岭，南方有远近呼应的低山小丘，左右两侧则护山环抱，重重护卫，中间部分堂局分明，地势宽敞，且有屈曲流水环抱，这样就是一个理想的"风水宝地"。

如果从城镇聚落与自然互为一体的角度，可以发现"自由城"城市设计独特的表现方式。

一是表现出动态的城镇聚落山脉或水脉及人们意念中的城镇聚落龙脉或气脉。"自由城"城镇聚落路网大多依山水脉络而定，故"依山而行，依水而行"，便成为传统"自由城"路径空间的普遍特征，并以此使人们时刻体会到城镇聚落山水气脉（自然气息）的存在。

二是表现出城镇聚落外围"水随山而行，山界水而止，界分其域，止其逾越"，"山环水抱"的山水界面及与之相对应的城镇聚落中层层相套的院墙、城墙、城河沟渠等。

三是大多以城镇聚落内外的山林、水域及城镇聚落中各种类型的院为"区域"。

四是以"穴"为"节点"。好的风水穴位必然成为城镇聚落空间的节点，其上必置标志性或重要建筑物（如武汉黄鹤楼、杭州六和塔等）。

五是在城镇聚落内部空间形态上，常以风水穴位上的楼、阁、塔刹或主体建筑为标志；在城镇聚落入口空间序列上，以水口环境中独具风水意味的树木，亭阁为标志；在城镇聚落外部空间形成上，以主山为标志。

8.1.2 国外城市设计的发展概况

与中国城镇聚落发展的历史类似，西方的城市是在原始社会向私有制的转化过程中产生的，在史前人类聚居地形成的最初过程中，由于生存的需要，"自下而上"的设计方法曾经是唯一的建设途径，虽然没有明确的词语予以描述，但仍可以看做是城市设计的雏形。

早期城市设计在整个发展过程中具有一定的预见性，尽管这个时期的设计思想和理念还是相当稚嫩，因为古代人们始终是以物质形态的城市为对象进行规划的，人们最直接作用的对象往往是最直接接触到的事物，虽然缺乏一定的前瞻性和完整性，但这是对城市建设问题提出合理化的引导。

此后，随着近代工业的发展，城市规模的扩大，城市问题日趋突出。这时涌现了一大批像霍华德和勒·柯布西耶等贤哲对于理想的城市设计模式从不同角度出发提出了各种解决方案，基本上归纳为两种思路——城市分散主义和城市集中主义。

二次大战后人们心中所考虑的城镇聚落建设的主要问题，已经转移到了对和平、人性和良好环境品质的渴求。与此同时，技术发展、人类实际需要、人类生理适应能力三者之间也出现了种种不协调现象。因此，城市设计由单纯的物质空间塑造，逐步转向对城镇聚落社会文化的探索；由城镇聚落景观的美学考虑转向具有社会学意义的城镇聚落公共空间及城镇聚落生活的创造；由巴洛克式的宏伟构图转向对普遍环境感知的心理研究。于是，出现了以凯文·林奇（Kevin Lynch）为代表的一批现代城市设计学者，开始从社会、文化、环境、生态等各种视角对城市设计进行新的解析和研究，并发展出一系列的现代城市设计理论与方法。

国外城市设计的发展历程总体划分为两个时期：早期城市化时期（即工业革命以前西方古代）和近现代城市化时期（即工业革命以后西方近现代）。

（1）西方古代城市设计

具有相对比较成熟的思想，有意识地"设计"城市，应该从希腊文明开始。希腊文明之前，欧洲缺乏城市设计的完整模式和系统理论。这一时期城镇聚落建设几乎都出自实用目的，除考虑防守和交通外，一般没有古埃及、古伊朗城镇聚落那样的象征意义。公元前491年，希波丹姆所作的米利都城重建规划，在西方首次采用交汇的街道系统，形成十字格网（Gridrion System），各建筑物都布置在网格内，有观点认为它是西方城市设计理论的产生起点，标志着一种新的理论和实用标准的诞生。

与中世纪城市规划相比，古希腊和古罗马的范围缩小了，统治者建立了许多城邦国家，战争的频繁客观上使城堡建设成为需要，同时，市民生活得到了鼓励，商人与工匠提高了社会地位。虽然教堂、修道院和统治者的城堡位于城镇中央，但布局很自然。由于城邦的经济实力所限，加之不时的军事骚扰，所以中世纪城市设计和建设没有超自然的神奇色彩和象征概念，也没有按统一的设计意图建设。又由于城镇环境注重生活，并具有美学上的价值，所以有人称之为"如画的城镇"（Picturesque Town）。中世纪的意识形态是黑暗的，但其城市设计在西方城镇聚落建设史上却有着很重要的地位。

自文艺复兴开始，西方城市设计思想愈来愈注重科学性，规范化意识日渐浓厚，这时期阿尔伯蒂的"理想城市"思想引人瞩目。他认为城市设计应该强调两点：一是便利；二是美观。这种思想适应了当时城镇聚落性质和规模的发展和改变，奠定了后世城市设计正确的思想基础。由于欧洲古代社会及经济结构的特点，城邦制的市民意识较强的缘故，其城镇聚落实践大多数用"自下而上"的方法修建起来的，而"自上而下"建造的城镇聚落则相对较少。

（2）近现代城市化时期

工业革命后，近现代的西方城镇聚落空间环境和物质形态发生了深刻变化。由于科学进步，新型武器的发明、制造和运用，使古城镇聚落的城墙渐渐失去了原有的军事防御作用；同时，近现代城镇聚落功能的革命性发展，以及新型交通和通讯工具的发明运用，使得近现代城镇聚落形体环境的时空尺度有了很大的改变，城市社会亦具有了更大的开放程度。

工业革命和城市化使西方城镇聚落的人口与用地规模急剧膨胀，城镇自发蔓延生长的速度之快超出了人们的预期，而且超出了人们用常规手段驾驭的能力。于是，城镇聚落逐渐形成了一种犬牙交错的"花边状态"（Ribbon Development），城镇形态产生了明显的"拼贴"（Collage）特征。环境异质性加强，特色日渐消逝，质量日益下降。这时人们认识到，有规划的设计对于一个城镇的发展是十分必要的，也许只有通过整体的形态规划才能摆脱城镇发展现实中的困境。因此，以总体的可见形体的环境来影响社会、经济和文化活动，构成了这一时期城市设计的主导价值观念，进而一度控制了整个西方的城市设计的理论和实践活动。

在这样的基础上，以霍华德提出的"田园城市"为标志的现代城市规划体现了比较完整的理论体系和实践框架。霍华德希望通过在大城市周围建设一系列规模较小的城市来吸引大城市中的人口，从而解决大城市的拥挤和不卫生状况；与此相反，勒·柯布西耶则指望通过对大城市结构的重组，在人口进一步集中的基础上，在城市内部解决城市问题。这两种思想界定了当代城市发展的两种基本指向，即"城市分散主义""城市集中主义"。同时，这两种规划的思路也显示了两种完全不同的规划思想和规划体系，霍华德的规划奠基于社会改革的理想，是直接从空想社会主义出发而建构其体系的，因此在其论述的过程中更多地体现出人文的关怀和对社会经济的关注；勒·柯布西耶则从建筑师的角度出发，对建筑和工程的内容更为关心，并希望以物质空间的改造而来改造整个社会，这正如他的名言"建筑或革命"所展示的。

8.2 城镇城市设计的概念和意义

8.2.1 城镇城市设计的概念

（1）对城市设计的各种理解及其界定

早在 20 世纪 70 年代，城市设计就已经作为一个独立的研究领域在世界范围确立起来，并且发展迅速，谈及城市设计的文献则更是屡见不鲜。人们从不同的学科研究城市设计，产生了形形色色的对于城市设计的理解，可以看出，不同的学者和实践者，对城市设计并没有一概念。对于城市设计的研究立足于不同的视角拓展出不同的领域，对概念的理解和表述也多种多样，众说纷纭，各持己见。归纳起来，主要有以下几种：

1）建筑论

在建筑学领域，建筑规模的扩大和现代交通工具的发展改变了传统建筑学的设计观念。规模宏大的建筑群、超高层建筑和超大型综合性建筑的出现，人口密度的快速增长，建筑尺度由过去的小尺度向今天的巨型尺度拓展，所有这些都改变了人与建筑的关系及建筑与城市的关系，建筑师已不能用传统建筑的尺度概念对待现代建筑和建筑群。于是，他们将建筑的思维扩大到城市空间，提倡用设计建筑的手法和耐心来设计城市，认为城市设计是扩大的建筑设计，是对城市的建筑设计。

这种概念表达了早期及近现代城市设计的核心内容，实际上，它继承了传统建筑学和形态艺术的方法来设计和塑造现代的城市。也就是说，当时的绝大多数人是在用建筑设计的手法设计街道和城市。从巴洛克时期意大利的城市结构可以看出，城市街道、广场与建筑物的基底互换性非常强，很多城市是以建筑室外空间的塑造为前提设计城市的。

2）形体环境论

在沙里宁给出城市设计定义 40 多年后，城市三维空间依旧是城市设计的对象，有所不同的是，城市设计不再被看做是"建筑问题"，城市空间所包含的人类生活和社会的意义逐渐被得到重视。古迪（B.Goodey）1987 年指出"城市设计是在城市环境中创造三维的空间形式。城市设计相对于传统的城市规划，偏重于三维的、立体的、景观上和城市结构形式上的设计。"指出了城市设计意指人们为某一特定的目标所进行的对城市外部空间和形体环境的设计和组织。在这个过程中，人们意识到了人才是真正的城市主人，以人为中心设计城市成为主要思潮之一。尤其是强调以人为主体，关注人类行为与环境的互动。

3）规划过程论

城市设计的产生和发展是基于二维空间的规划无法解决城市三维形体空间的问题，一些学者把它作为城市规划的延伸和具体化，作为城市规划的一个阶段或者分支，即所谓的规划说。

4）城市形象设计论

城镇规划只有延伸到城市设计的范畴才可能实现其系统的目标。所谓城镇整体社会文化氛围设计就是一种偏重于城镇的形象研究与策划，它表现在城市设计思想中对传统文化的理解、尊重与把握，表现在城市设计手法中对原有社会文化元素的有机组合，表现在城市设计操作中对其形成机制的促成，这是社会学者的工作范畴。

持公共政策论的学者认为，城市设计也是一种社会干预手段、政策性较强，其重要组成部分往往体现为公共性的行政管理过程，上面的分析只是一个比较普遍的分类法，从总体上讲，城市设计观点的分歧可以概括为这样几个方面：城市设计的作用范围；城市设计应当注重于视觉形象还是空间的创造；城市设计应当关注城市物质空间还是其社会内涵；设计过程与设计成果的关系如何；各专业职能之间怎样配合；城市设计是一种公共行为还是一种纯粹私人开发行为；城市设计是一种客观理性过程还是主观非理性过程。截止目前也并无真正具有普遍意义的、统一的城市设计理论。

（2）现代城市设计理论

对城市设计概念的理解和界定出现了诸如建筑论、形体环境论、规划过程论、城镇形象设计论、公共政策论等。那么，作为现代城镇规划工作者该如何来对待并界定城市设计呢？是将其限定于建筑学的领域，或划归于城镇规划范畴，还是另辟一个独立的发展空间？城市设计随着其不断的实践和探索，

各种对城市设计的理解和界定都经受着历史和实践的检验，并逐渐清晰起来。现在国内规划界和建筑学界已经逐渐地认识到城市设计是一种多学科（至少是规划、建筑、艺术、环境、经济、社会等学科）、多层面、分阶段的综合性的设计工作，它要求城市设计人员必须具有多学科的技术能力和整体综合统筹的把握能力。

从宏观和微观两个层面上进行分析，可把城市设计分为：

1）形态型城市设计

形态型城市设计，是指目前通用的一般设计意义上的城市设计，是一种直接表达设计实体的具象设计，从设计成果中，人们可以非常直观的体会设计实体建成后的空间环境和效果。这些实体设计组成了城镇各个客体要素，包括建筑形态及组合、开放空间、环境设施与建筑小品及各项功能性场所的设计等。

2）策略型城市设计

策略型城市设计是以设计活动和管理政策的形式作为一种对城镇规划的合理充实，以指导和约束后续设计，并作为地方政府及其职能部门对城镇建设活动进行有效控制的手段。

策略型城市设计不同于一般的设计，而是一种对设计的深化（对具体的建筑设计、景观设计和环境设计以及市政工程设计等，提出较为具体的指导意见和约束），可定位于特定的阶段和层面，使城市设计成为深化设计可遵循的原则和指导。正如美国著名城市设计专家乔纳森·巴奈特所指出的"城市设计就是设计城市，不是设计建筑"。由此也说明了城市设计的实践工作不应该仅由建筑师来完成，而应是由规划师、建筑师和景观设计师共同完成。在我国目前城镇规划的教育中，虽然建筑设计被作为一门专业基础课加以培养，也就是说城镇规划师必须具备三维空间意识形态。不只是平面上的二维土地利用。再加上城镇规划师本身应有的宏观环境意识和远景发展意识，它应能

具备宏观层面的城市设计能力。但实际上，当前的城镇规划师都严重缺乏建筑师掌握建筑设计的能力和把握景观设计的知识。因此，在我国策略型城市设计可由具有规划、建筑和景观设计综合技术素质的专业人员来完成。

十八届三中全会审议通过的《中共中央关于全面深化改革若干重大问题的决定》中，明确提出完善城镇化体制机制，坚持走中国特色新型城镇化道路，推进以人为核心的城镇化。2013 年 12 月，中央城镇化工作会议在北京举行。在本次会议上，中央对新型城镇化工作方向和内容做了很大调整，在城镇化的核心目标、主要任务、实现路径、城镇化特色、城镇体系布局、空间规划等多个方面，都有很多新的提法。新型城镇化成为未来我国城镇化发展的主要方向和战略。2015 年 12 月的中央城市工作会议提出，要提升规划水平，增强城市规划的科学性和权威性，促进"多规合一"，全面开展城市设计，完善新时期建筑方针，科学谋划城市"成长坐标"。为此，必须强化对具备规划、建筑景观设计综合技术人才的培养，并明确城镇的城市设计必须由具备规划、建筑，景观等设计技能的专业设计师承担。才能适应城镇城市设计深入发展的需要，为人类创造一个舒适、宜人、方便、高效、卫生、优美、有特色的城市环境。

8.2.2 城镇城市设计的意义

城镇建设和发展是我国国民经济发展和城乡统筹发展的重要组成部分。自费孝通先生提出"小城镇，大问题"以来，我国开始逐渐关注城镇的发展，并逐步确立了新型城镇化的发展对我国经济发展的重要性和战略地位。从一系列的方针政策中可以看出，从 1980 年国务院提出的"严格控制大城市，合理发展中等城市，积极发展小城镇"的发展战略，党的十八大再次强调了城镇化的重要性。城镇的地位和作用越来越被人们所认同。根据国际发展经验，我国已

进入快速城镇化阶段，也就是说大量的农村劳动力会成为新城镇人口，大部分人都过上新型城镇生活，限于目前大城市的环境容量，新型城镇将成为吸收这些劳动力的主要场所。因此，新型城镇化也意味着城镇的快速发展。我国城镇面临着前所未有的发展机遇。国家加大投资力度，从"面"上集中力量构建整个区域的城市网络，加强城镇之间的联系和交流，从"点"上加快各中小新型城镇的各项基础设施建设，促进各类资源的合理开发利用，注重城镇生态环境的保护。在新型城镇化的大力建设过程中，如何保持新型城镇的地域特色不被破坏，谨防出现目前许多城市已经出现的"千城一面""千楼一型"及由此而产生的一系列城市问题。为了使新型城镇规划建设少走弯路，必须认识到城镇城市设计的重要意义。

城镇城市设计的目的，在于为当地居民创造一个美好的生存环境，使进镇人口在生活、工作、学习中享受到舒适与方便，在精神和物质两方面得到高质量、高水平的服务。城镇城市设计是为了深化并实现城镇规划的意图和要求，是规划的延伸、完善和深化。我国提倡要加快实现现代化，对于城镇也一样，一个现代化的城镇，需要既有丰富的时代气息，又应具备浓郁的地方特色，这在规划和设计的体现上是殊途同归的。而城镇城市设计直接面对的是城镇的建成环境，而城镇的建成环境则是城镇发展的最终成果的外在表现，所以城镇城市设计的魅力就在于一个城镇既具有时代气息又具有其地方特色。从这一点上看，城镇建成环境的历史、文化和景观价值越来越成为新型城镇发展的重要资源，因此对于新型城镇而言，这一层面的城镇城市设计就显得更为重要，对保持新型城镇的传统风貌和文化特色极具现实意义。

目前我国城市设计的研究基本上是针对城市的设计实践活动，虽然在城镇也普遍存在，但都还局限在局部地段和建筑的设计上。城镇与城市相比，空间尺度是完全不一样的。在我国传统的农村建设中，

由于其交通以及行为活动的作用，街道宽度都不是很宽，周围的建筑高度和街道的宽度比例一般都不超过1:1，可以说，传统古街道与建筑之间的空间围合性较强。在一些传统的大街小巷中，道路宽度和建筑高度的比甚至小于1:2，空间封闭，从而形成了一种独特的中国农村空间景观。而在城市，由于现代交通方式的影响，除了步行街以及保留的古街外，城市的街道几乎都是开敞的，街边建筑的界面功能也很弱。

其次，城镇通常只有一个综合的空间核心，它既是空间的活动中心，也是居民视觉和心理的意象中心。而大城市通常会有几个独立的功能中心，如行政中心、商务中心、会议中心、文化中心；一些大城市、特大城市还有中央商务区，若干个商业中心等。相比之下，城镇的空间核心在人们心目中的重要性要远远大于大城市，因此，对新型城镇空间核心的设计也就成为城镇城市设计中不可或缺和最重要的内容。

新型城镇与大中城市的发展也还存在着很大的区别，因为它们处于不同的发展阶段。大中城市已经具有一定的规模，一般情况下，总体上将控制其规模扩展，而新型城镇是我国城镇化加速发展过程中大量出现的城镇化人口的着落点，目前初具雏形、基础较差，将有相当长的成长期，规模扩展较为迅速。目前大中城市的发展主要着力于内涵式改造，而新型城镇发展刚刚起步，活力大，受到的制约少并倾向于外延式的规模扩展。新型城镇规模的外适扩展，将会改变其原有的空间尺度。新型城镇虽属于城市范畴，但不能也绝不是城市的简单缩小。如何在城镇规模不断扩大的阶段，权衡大量现代化建设工程和保持地方城镇特色之间的平衡关系，也是新型城镇城市设计所要重点研究的课题。

凯文·林奇在对城市意象的研究中，谈到佛罗伦萨是一个不同寻常的城市，是一个拥有强烈特征的城市。在对佛罗伦萨评述的同时，也指出，"即使纵观全世界，这种特征鲜明的城市仍然相当少。可意象的

村庄和城市区域众多，但能够呈现出一种连贯的强烈意向的城市在全世界恐怕也不超过二三十个。就是这些城市，也没有一个占地超过几平方英里。虽然大都市区的存在已经并不罕见，但世界上还没有一个大都市区能拥有一些强烈的形象特征和鲜明的结构，所有著名的城市都苦恼与周边地区千篇一律、毫无个性的蔓延。"应该指出的是，城镇比大城市容易形成强烈的城市意象，更易于塑造具有地方特色的城市物质环境和风貌。福建省泰宁县通过城市设计，创作和建成的状况形成了独具特色的建筑风貌，奠定了泰宁全县域城镇风貌的形成，确立了"杉阳明韵泰宁魂"的城镇特色风貌，增强泰宁人的自豪感，便是一个典型的实例。因此，对于新型城镇的城市设计的研究不仅是必要的，而且是可行的，颇具现实意义。

8.3 城镇城市设计与城镇规划、建筑设计的关系

8.3.1 城镇城市设计与城镇规划的关系

城镇规划是一定时间内城镇发展的目标和计划，是城镇建设的综合部署，也是城镇建设的管理依据。城镇城市设计是城镇规划过程中深化或实现城镇规划的意图，在不违反城镇规划总原则的前提下，城镇城市设计补充或强化了尊重并关心人的原则，开拓与提升城镇的生活环境。城镇规划制定的城镇性质、人口规模、用地规模、城镇的级别及发展计划都是城镇城市设计的重要依据，其反映出城镇城市设计对城镇规划的依属关系。但另一方面，城镇城市设计的过程中又包含有主观和直感的活动，对于城镇城市设计的一些内容与形式不能用纯理性的观点作为根据。在实际设计过程中，人的这种主观活动难免会与追求纯理性的规划活动产生矛盾。而从城镇发展史中可以看到，人的主观活动往往起到决定的作用，完全由纯理性规划设计的城镇至今罕见。在现代城镇规划与城

镇城市设计过程中，规划结果与城镇城市设计结果并不一定完全吻合，它们之间需要相互反馈、相互调整，直至臻于完善。从这种意义上讲，城镇城市设计与城镇规划又表现出一种并列关系。城镇城市设计的主要目标是提升居民生存空间的环境质量和生活质量，相对城镇规划而言，城镇城市设计较侧重城镇风貌的造型艺术和人的知觉心理，并与形体环境概念相对应。

（1）城镇城市设计与城镇规划的区别

城镇城市设计与城镇规划，两者之间虽然都以聚落为研究对象，但各自追求的具体目标和要求、研究内容、工作性质和深度不同，存在着本质的区别。但从动态来看城镇城市设计，从微观的形态城镇城市设计逐渐发展为策略型城镇城市设计，城镇城市设计逐渐加强了与城镇规划的联系，随着城镇城市设计越来越被人们和各级政府所重视，城镇城市设计的推行和发展，势必促进城镇规划完成后，要求必须深入进行城镇城市设计。

形态型城镇城市设计是对小范围实体空间的具象设计，属于微观领域范畴。而城镇规划考虑的是平面布局、资源配置及聚落发展的问题，属于宏观领域范畴。聚落的发展涉及经济、社会、环境、文化等多方面内容，平面布局和资源配置只不过是发展思路在城市用地上的具体落实。城镇规划注重一种概念性、政策性的内涵表达，从整体、综合的角度，从宏观的层面来研究和解决城市各方面问题。策略型城镇城市设计相比较而言，属于中观层次，它虽然也有宏观（区域规划阶段的城镇城市设计）、中观（总体规划阶段的城镇城市设计）和微观（详规阶段的城镇城市设计）之分，但是它所研究的对象主要是聚落空间形体环境，即使它的研究过程中要考虑聚落经济、社会、环境及历史改革等因素，但其研究内容终归是单一的，所以相比较城镇规划与形态型城镇城市设计，它应属于中观层次的概念范畴。

从研究对象的难度来看，城镇城市设计研究的

是聚落的三维空间形体环境的塑造，城镇规划的核心是二维空间，着重于用地的安排，所不同的是形态型城镇城市设计针对的是某一确定地块，有明确的边界，准确的信息（外部环境、地块性质、土地自然条件、人们的生活习惯等）。策略型城镇城市设计与城镇规划则不仅需要考虑过去、现在，更重要的是要从未来的角度去考虑问题，以使现在的成果能适应未来的发展变化，最大限度地降低未来聚落建设和运营的成本。也就是说，它们的研究视角还有一个时间难度。

从工作性质与工作深度来讲，形态型城镇城市设计就是指一般意义上的设计，它的深入程度要求十分精细，从建筑的体量、风格色彩到道路、休闲场地的布置，再到内部的装饰，都有详细的设定，它的成果工程性较强，主要利用图纸来直观地表达，文字只是附属性的说明。而策略型城镇城市设计则建立的是指导和约束形态型城镇城市设计与建筑设计的基本框架，因为它最终要落实到具体的设计上来，因此要从设计的角度考虑问题。但它只是一种意向性、指导性的规定，只是一种约束手段，并不是要强制实行，因此，它的内容深度较形态型城镇城市设计要粗略。另一方面，研究是策略型城市设计所必需的前期工作，而后提出整体思路设想、设计要求，这说明了它也具有计划性质的一面，策略型城镇城市设计一般以文字表达为主，但强调图文并茂。城镇规划着重于宏观政策与建议的制定，因此它属于计划性质，当然，在市场经济体制下，计划要能符合市场经济的发展规律，表达内容上倾向于定性的表述，较为粗略。规划一经政府有关部门审定通过，就具有了法律效力，城镇的建设与发展就必须严格按其规定进行。城镇规划主要以文字表述为主，辅以图表说明。

（2）城镇城市设计与城镇规划划联系

城镇城市设计和城镇规划尽管存在着区别，但两者关系密切，有很多共同的地方，例如两者的目的都是为人们创造一个良好的有秩序的生活环境。两者

的工作内容都是要综合安排各项聚落功能和用地，组织交通和各类工程设施，研究聚落经济社会的发展，考虑聚落的历史和文脉等。两者在方法上都要做深入调查研究、综合评价、定量分析等。

城镇规划与城镇城市设计还有许多共同点：

a. 两者的基本目标和思想的一致性。城镇规划强调二维用地形态和三维空间形态问题，城镇城市设计则考虑三维空间形态问题，但最终目的都是为聚落建设服务，和解决如何建设聚落的问题。目标和指导思想是一致的，就是要建设一个适宜人们生产生活的聚落空间环境。这一目标可以分解为物质形态、经济、社会等诸多方面。在物质形态方面主要是使聚落可感知、有特色、多样化、宜人化等，追求及聚落的高品质，强调整体空间形体质量和环境效果；经济方面的目标主要是土地利用的合理、高效和地区经济的繁荣，追求聚落的高效益；社会方面则主要是保障社会公平，使社会空间布局合理化，追求聚落的高度民主。

b. 两者都具有综合性和整体性的特点。城镇规划和城镇城市设计需要对聚落的社会、经济、环境等各项要素进行统筹安排、协调发展。综合性和整体性是两者工作的重要特点之一，这将涉及许多方面问题：如当考虑的建设条件、研究聚落性质、规模问题，以及具体布局建设项目和各建设方案时，将涉及大量的社会、经济、环境、工程地质、工程技术、水文、气象等问题，需要进行大量的技术经济工作，且要综合起来研究；至于城镇空间组合、建筑布局形式、聚落风貌、园林绿化等，则必须从建筑艺术、环境景观角度来研究。这些问题都密切相关，不能孤立对待。

c. 在工作方法上都需要多部门、多专业的协调合作。城镇城市设计和城镇规划要求多部门、多行业的规划和设计人员的紧密合作，如地理学、社会学、经济学、建筑学、园林学、规划学、心理学、系统工程学等学科。城镇规划和城镇城市设计既须为各单项

工程设计提供建设方案和设计依据，又须统一解决各单项工程设计相互之间技术和经济方面的种种矛盾，因而两者和各专业设计部门有较密切的联系，设计工作者也应具有广泛的知识，树立全局观点，具有综合工作的能力，在工作中主动和有关单位协作配合。只有考虑到不同专业的融合，顾及到各种因素的影响，才能保证聚落发展轨迹的无误。

综上所述，城镇城市设计和城镇规划是城镇建设和发展不可缺少的两个"支点"，正像两条腿走路一样，两者相互推动，城镇建设才得以持续不断，城镇才能得以在质的方面得到提高和发展。

（3）城镇城市设计与详细规划的关系

详细规划需要上承总体规划，下启建筑设计，其设计内容跨越两个层面。因此相对应的城镇城市设计也应要求既包含总体规划的城镇城市设计内容（中观层面）又要指导建筑设计（微观层面）。这就要求详细规划阶段的城镇城市设计要注重连续性，城镇城市设计应服从城镇总体规划，尤其是总体规划中的城镇建筑风貌景观规划的构思和规定，同时城镇城市设计可视具体情况对其进行合理的修正、调整，特别是总体规划对待定的地段没有具体构思，城镇城市设计需要从整体环境角度，对其进行详尽的城镇城市设计运作，从而保证聚落整体的艺术效果和环境质量。另一方面，城镇城市设计既要构思巧妙、匠心独运，又要避免规定过多、过死，应为后续各项设计留有较大的创作余地和弹性。

详细规划地编制目前通常分为两个层次。第一层次是控制性详细规划，重点是确定用地功能的组织，并制定各项规划控制条件；第二层次是修建性详细规划，重点是进行建筑与设施的具体布局。因此，在控制性详细规划阶段要进行策略型城镇城市设计，而在修建性详细规划阶段，则是策略型与形态型城镇城市设计相结合，或者是直接进行形态型城镇城市设计。

1）**城镇城市设计与控制性详细规划的关系**

城镇城市设计与控制性详细规划密不可分、互为补充。控制性详细规划决定着城镇城市设计的内容和深度，而城镇城市设计研究的深度，直接影响着控制性详细规划的科学性和合理性；控制性详细规划的内容为"定性、定量、定位"，这就要求相应的城镇城市设计要重视"实施性"；城镇城市设计应注意与控制性详细规划文本及规划图则的配合，例如在土地利用控制、容积率、绿地率、用地性质等方面一般是由规划文本确定的，城镇城市设计工作应根据设计过程中的分析进行修正或补充直至整合，而不应仅出于城镇城市设计的构想，完全建立一套新的控制指标，造成与详细规划脱节。尽管城镇城市设计与控制性详细规划存在许多交叉内容，但是，它们之间也是有区别的。

a. 从评价标准方面看，控制性详细规划较多涉及各类技术经济指标，其中适用经济和与上一层次分区规划或总体规划的匹配是其评价的基本标准；它是作为聚落建设管理的依据，较少考虑与人活动相关的环境和场所。而城镇城市设计则更多地与具体城镇生活环境和人对实际空间体验的评价，如艺术性、可识别性、可达性、舒适性、心理满足程度等难以用定量形式表达的相关标准，从更深层次体现了"以人为本"的思想。

b. 从研究对象上讲，控制性详细规划主要反映用地性质、建筑、道路、园林绿化、市政设施等的平面安排，是对二维平面的控制。而城镇城市设计即更侧重于建筑群体的空间格局、开放空间和环境的设计、建筑和小品的空间布置、设计等，强调三维空间的合理艺术安排，注重空间的层次变化、建筑的体量风格等。

c. 在工作内容上，控制性详细规划更多涉及工程技术问题，体现的是规划实施的步骤和建设项目的安排，考虑的是建筑与市政工程的配套、投资与建设量的配合。而城镇城市设计虽然也有设计工程技术的问题，但更多考虑感性（尤其是视觉）认识及其在人们行为、心理上的影响，表现为在法规控制下的具体空间环境设计。

d. 从规模上讲，控制性详细规划有十分明确的地域界限。而相应的城镇城市设计则不能局限在规定的地域范围内，应跨越"时空"界限，更注重"整体性"，应从区域乃至聚落的具整体环境入手，回过头来研究局部问题；还需从历史文化、民俗风情等方面，或从整体城镇文脉中寻找灵感。

2）**城镇城市设计与修建性详细规划的关系**

修建性详细规划的任务是对聚落近期建设范围内的房屋建筑、市政工程、公用事业设施、园林绿化和其他公共设施作出具体布置，选定技术经济指标，提出建筑空间和艺术处理要求，确定各项建设用地的控制性坐标和标高，为各项工程设计提供依据。由此可见，修建性详细规划与城镇城市设计一样，核心内容都是空间环境形态设计，都要考虑用地的空间组织和布局，景观环境、绿地、公共活动场地、交通、道路和停车场等的安排，居民活动的组织等。因此，它们在某些内容上是相通的，有时甚至可以将两者等同起来，比如居住小区的设计，即可以称 ×× 居住小区修建性详细规划，也可以称 ×× 居住小区（城市）设计。但是修建性详细规划与城镇城市设计还是有一定的区别的，主要表现在：

a. 从内容深度上看，修建性详细规划除了空间环境形态设计以外，还包括工程管线规划设计、竖向规划设计以及估算工程量、拆迁量和造价、分析投资效益等工程方面的内容。城镇城市设计则注重空间内部各要素的细化，包括休息设施（如廊、亭、座椅）、卫生设施（如公共厕所、垃圾箱）、建筑小品（如雕塑）、环境设施（如路灯）等的详细设计。

b. 从工作对象来看，修建性详细规划具有综合性功能、且范围比较大的地块，像工业园区、旧城区、农居点等,而城镇城市设计的工作对象一般是具有景观性的空间,比如滨河(江带)中心广场、城镇公园等。

c. 从研究视角来看,修建性详细规划和城镇城市设计都要在对地块的内部及周围地区的环境条件(包括气候、地形地质、土地使用、社会效用、交通运输、公用设施、生态等)、社会环境(包括当地的经济、社会发展状况以及当地人的行为特征、生活习惯等)进行调查研究的基础上进行规划或设计。但是修建性详细规划是强调如何通过功能的合理组织来满足人们的行为需求,而城镇城市设计除了功能组织外,还侧重于利用造型艺术、心理等处理手法塑造良好的视觉空间环境和视觉秩序,强调为人们带来美的感受。

在详细规划阶段,可以有选择地进行策略型城镇城市设计或者形态型城镇城市设计。假如地块范围比较大,需要逐步实施的,可先进行策略型城镇城市设计,提出整个地块的整体设计框架和要求;假如地块范围比较小,且在短时间内需要进行施工的,则提倡进行形态型城镇城市设计。

8.3.2 城镇城市设计与建筑设计的关系

城镇城市设计与其具体的建筑设计有着显见的重合,因为两者都关注城镇的三维空间形态,两者的工作对象和范围在城镇建设活动中呈现出整体连续性的关系。同时,从主体方面看,使用和品评建筑和城镇空间环境在人的知觉体验上也是一种整体连续性关系,包括社会、文化、心理等方面的考虑是一种内向转至外向的联系。但是两者却处在城镇建设的不同层次上,它们通过互相的影响和干预来达到一种整合效果。城镇城市设计可以通过导则的成果形式,为建筑提供了空间形体的三维轮廓、大致的政策框架和一种由外向内的约束条件,而建筑设计只有在充分考虑了城镇层面的各种因素,才能作出符合城镇特色的建筑设计。同时,城镇城市设计的外部限定只是一种

设计的导引,并非固定的,它具有相当大的灵活性和弹性。一般地说,城镇城市设计具有指导性、意向性,因此,建筑师并不会因接受城镇城市设计而影响发挥自己的想象力和创造力。相反,这种"略被约束"的创造力能更加注重城镇整体物质空间环境的协调,它所创造的是城镇文化的传承,一种和谐的延续,这样的建筑设计往往更能作为醒目的造型景观被人们牢记。

(1)城镇城市设计与建筑设计的区别

a. 设计理念上,城镇城市设计与建筑设计是不同的。城镇城市设计更多地从建筑外部空间整体、综合地考虑到人的因素,引入设计规范包括设计模式。建筑设计则更多地从建筑内部空间中人的感受和空间理论上进行设计。

b. 设计对象。城镇城市设计的对象是聚落的全部空间("从窗口朝外所看到的一切东西")。从空间地域可以是:城区、分区、地区、地块、地带等。建筑设计的对象是建筑物体量和周围环境,其空间一般较小。

c. 从设计层次和深度看,城镇城市设计介乎规划与建筑设计之间,属于规划设计的深化范畴,城镇城市设计一般做到方案或概念性设计的深度,但应表达出形体空间的具体形象;而建筑设计属于修建设计范畴,其图纸直接指导施工,应做到技术设计和施工图。

此外,城镇城市设计还要包括建筑设计以外的景观绿化设计、道路交通设计、小品设计、以至雕塑、广告、灯光等一切公共空间内的专项设计提供指导。目的是为了塑造出完整、优美和谐的城镇空间环境风貌。

(2)城镇城市设计与建筑设计的联系

建筑设计构思是一个由内向外——由外向内的反复思考过程,即建筑设计所构思的考虑面是由建筑

物内部使用功能逐渐转向建筑物外部环境对其的影响，也就是考虑进宏观城镇城市设计对建筑设计的要求，表现在土地综合利用、交通组织、聚落公共空间设计、相邻建筑物的保护、聚落空间中人的活动和行为心理等方面。从而提出建筑师如何在某种限制内满足了这些要求，建筑师的设计就不单单是建筑单体设计，而是完成了聚落中的一个单元或部分的设计，当在聚落中进行设计都采用这种积极态度，就会逐步形成一个城镇城市设计的整体，为人们创造良好而健康的建筑环境。这种"互动"更好地体现城镇城市设计与建筑设计之间的关系。在这种互动的前提下，城镇城市设计由于所处的层面高于建筑设计，所以城镇城市设计对建筑设计又起着指导（或制约）的作用，主要体现在确定方位、体量、形式和基调四个方面。

a. 确定方位，主要是建筑物在特定空间中的地位、方位以及主要出入口等；

b. 确定体量，主要是建筑体量与空间环境容量互相适应；

c. 确定形式，主要是形式，也包括风格等；

d. 确定基调，主要是色调，也包括格调、韵律等。

然而，城镇城市设计不应过分干预建筑创造的主动性和积极性，应为建筑师的创作留有足够余地。在没有城镇城市设计的条件下，建筑师也应发挥自己的"城市设计观"，自觉地考虑并处理好建筑与聚落空间的关系，实现良好的"互动"。有了城镇城市设计，建筑设计可以更好地依据城镇城市设计的引导，符合某一特定聚落的整体空间要求。

广义上说，自有人类聚居行为以来，就有了聚落城市设计的实践，只不过那时的聚落城市设计缺乏明确的概念。也没有学者去总结、分析，以提高到理论层面来研究。而现代的城镇城市设计因城镇的复杂性而具有其独特的功能，并不是一般的建筑设计或城镇规划所能取代的，因此，城镇城市设计的存在与发展表明了它的价值和重要性。

8.4 城镇城市设计的目标和类型

8.4.1 城镇城市设计的目标

城镇同大中城市一样也是一个错综复杂的系统，其内部各个社会群体之间的价值取向和利益倾向都有所不同。城镇城市设计是一种使城镇发展合理化、有序化的手段，由此它的进行过程就必须要考虑并综合城镇社会的价值理想和利益要求。在实践中，对于大多数非专业人员来说（如委托人、投资者、行政领导、使用者等），他们的关注目标和价值取向一般并不等同于城镇城市设计者的认识：行政领导认为城镇城市设计是城镇形象的设计，是一种策划，也是一种对本地区的宣传；设计人员认为城镇城市设计是一种对城镇空间形态进行研究和设计并转译成控制准则的过程，借此引导城镇三维空间形态的有序生成；规划管理部门则认为城镇城市设计是一种管理的策略和依据；房地产开发商注重从投资效益出发来评价城镇城市设计对地块产生的影响。于是，专业与非专业人员之间、非专业人员相互之间对城镇城市设计要求和目标就迥然不同，有时甚至于相互冲突。那么，应如何来认识城镇城市设计的目标，以协调城镇各活动主体之间的关系呢？

（1）协调城镇群体

新型城镇的区域特征表现为城乡统筹、城乡一体的特色，这是我国新型城镇化进程的基层和重点，也是我国产业结构调整，特别是第一产业布局调整的中心，城镇城市设计应充分体现到这种特殊性，站在区域城镇群体的高度，注意各城镇间分工合作、协调配合的可能，在设计中要充分考虑到规模效益和聚集效益，研究职能特征和辐射范围，既满足本聚落的基本要求，又以最佳规模的原则指导统一部署，达到各显其能、相互促进的目标，特别在聚落密集地区，城镇城市设计更要体现区域宏观决策的作用。

（2）优化产业结构

城镇具有第一、二、三产业并存的产业结构特征，特别是第一产业的存在和向集约化、"三高（高新、高科、高产）"型、特色型的产业转化的倾向，即使第二产业，它与大中城市一般具有综合性的工业不同，大多有较强的块状经济特点，如浙江诸暨的大唐镇织袜业、浙江玉环清港镇的阀门业……。这些产业特征使城镇城市设计必须考虑到这种特点并加以利用和引导。在城镇城市设计中体现产业特点，力图反映这种产业产品的特色，使之明确区别于大中城市的产业特征，通过城镇城市设计起促进产品市场化的作用。

（3）合理城镇规模

城镇规模具有不确定性和相对有限的特点。城镇城市设计必须注意到这种特点，对前者，必须考虑到发展需求的阶段规模，具有应变能力，规划与设计具有一定的弹性和灵活性；对后者，必须既注意规模效益，又具有尽可能多的灵活性，把同样人口规模的城镇与城镇居住区两者的中心予以区分，着力于提高城镇的辐射影响能力。从城镇城市设计过程来看，这种规模为城镇城市设计中民众的参与性提供了可能，因为城镇相对密切的人际关系易于培育对公共决策的关心和居民意识的唤起，通过调查分析、交流协调、修正评价，应作为城镇城市设计过程的目标，广泛地进入城镇城市设计过程，成为持续地寻找用户参与的连续性过程，变技术决策、政府决策等相对少数人的个人行为成为有广泛群众基础的社会性决策，从而提高决策的客观性。

（4）改进生活模式

城镇在生活模式上存在有一定数量的产、销、居一体的方式，这是由于城镇内以中小企业尤其是小企业为主体的缘故，因此城镇城市设计应倡导这种生活模式，并在空间、功能、景观等方面组织出多样形态，避免简单搬用其他城镇城市设计的做法，体现灵活性的特征。生产、生活相结合的传统模式曾对"街"的形式起到了相当重要的作用，而这种模式的传承、延续，不论对保持传统"线"形空间组织还是对促进经济发展都具有积极的意义，在实施组织上也具有灵活性和连续性。

（5）传承文化底蕴

城镇虽不能回避文化教育水平相对较低的现实，但也绝不可低估传统文化的深厚底蕴。所以，城镇城市设计的目标应促进传统文明的弘扬和现代文明的传播相结合，以提高文化素养，保护和创造城镇的特色风貌，树立良好的公共意识。总之，城镇城市设计应当和文化规划相结合，这是社会文明进步的标志。

城镇城市设计最直接的工作目标是城镇空间环境，它通过对城镇环境（包含城镇有形环境质量和无形环境质量）的塑造、调谐、维护和控制，以使城镇空间最大限度地适合人们居住和生存。这种城镇空间环境的设计不仅仅是环境因素，还会为城镇带来经济价值和社会效益。总之，城镇城市设计的目标应包括物质形态、经济、社会等诸多方面。物质形态方面的目标主要是使城镇可感知、有特色、多样化、宜人化，追求城镇的高品质，强调整体空间形体质量和环境效果。经济方面的目标主要是土地利用的合理、高效和地区城镇繁荣经济，追求其高效益；社会方面的目标则主要是保障社会公平，使社会空间布局合理化。现代城镇城市设计的最终目标和根本任务便是，为人们创造一个城镇群体协调、产业结构优化、城镇规模合理、能体现城镇特有的生活模式和传承文化底蕴的城镇空间环境，以激活城镇的统筹发展和振兴。

8.4.2 城镇城市设计的评价

对城镇城市设计的评价是多层次的，从满足技术上的需求到公众的认可。评价工作就是对与最初确定的城镇城市设计目标和最终方案做详尽地比较。设计方案完成后，依据最终的问题和预期的目标对方案进行评价是必要的。评价主要从两个角度进行：一是设计方案是否优化了城镇空间环境质量；二是设计方案实施的可行性如何。在评价中一项很复杂的工作是确定评价标准，即确定什么样的城镇城市设计是"好的"。"好的"标准既有客观性或普遍性，也有特殊性。它随不同地域、不同时期的具体条件而变化，而且在一定程度上受到设计师主观意念和价值取向的影响。因此，城镇城市设计的评价标准应根据项目的要求与目标来确定。各个地域、各个项目都应建立一套与当时当地客观条件相协调的评价标准。

总的来说，城镇城市设计评价标准主要有两大类型："硬性"标准和"软性"标准。所谓"硬性"标准，即随着城镇的发展和建设经验的积累，对城镇二维、三维形体空间量度进行的硬性规定，它是一种客观标准。针对城镇而言是指特定背景（如自然因素、传统观念、生活习惯等）所作的合理化规定，旨在规范城镇的各种建设行为，使之有序化。比如一些技术经济指标（建筑容积率、建筑控制高度、绿化率等）的客观规定。"软性"标准是相对于硬性标准而言的，它包括美学质量、心理感受、舒适度和效率等定性原则，它是不可度量的，它所追求的终极目标是空间环境的统一与和谐，创造出具有亲和感、生气感、充实感、平衡感，既有优秀传统地方文化特色，又有时代精神的空间环境，是一种主观意识的评价。

"硬性"标准是一种特殊化的标准，它针对的是某一特定的地域范围。标准的内容分类可能一样，但是内容规定会千差万别，因为每一个地域都有自己独特的发展背景。从某种程度上而言，硬性标准的研究与规定应在城镇城市设计的内容范畴中予以强调，这一类标准应由城镇城市设计专家、管理人员和政府部门共同完成，从而使政府有关部门的立项、审批等工作规范化，体现科学化、合理化、面向社会化。而"软性"标准是一种基于人的感受的主观规定，虽然每个人的审美观不同，但是伴随着社会文明的迅猛发展，

人们已经在某种程度上达成了共识，即美不仅是一种良好的视觉和心理感受，更是一种和谐的展现。古希腊的人们就已经建立了自己的美学原则——对称，而对称就是和谐的一种极端状态。实际情况不可能建立一套完整的并且具有普适性的标准，这是不可行也是不现实的。因为，评价的主体是具有主观意识的人，各评价者所拥有的知识结构和审美意识都是不同的，除非对于评价的主观因素有一个既定的客观的衡量标准，否则，建立一套完整适用的体系是没有任何意义的。标准的建立又是必需的，它是衡量标准好坏的杠杆。因此，应努力做出一套较为统一和合理的主观基础评价体系，建立一套以城镇空间中的人为研究对象的"软件性"标准。

（1）城镇空间美的分类

城镇城市设计的评价从内容上看，都应包括"硬"、"软"两方面的标准。这些标准的设定都应以一个具体的地域为依托，绝不是凭空而论。可以把这些具体要求，尤其是其中的共同之处抽象出来。围绕"城镇空间的风貌美"进行分类：

1）地方美

强调乡土的气色美，表现为对设计地域城镇的历史和传统风格的保护、运用和协调发展，能传承该地域传统的文化，延续该地域的历史文脉。

2）整体美

指城镇建筑的风貌美、空间环境和人融合形成一个有机整体，这个整体除了规划布局合理、交通便捷、功能齐备等这些量性的标准要求外，还应更加重视空间的质量（诸如各建筑和空间的统一协调，人工环境与自然环境的协调等）。各空间要素构成的空间体系必须有层次、有秩序，主次分明、重点突出。

3）活力美

强调城镇的精气美，表现为：新——采用先进的新思想、新的形式与新技术、新材料的运用，即所谓有时代气息；动——空间动态要素和建筑等具象形态

的动感，空间布局的灵活性与适应性；活——富有生机感，即弘扬城镇历史悠久且富有生命力的要素来活跃人的视觉、听觉和嗅觉细胞，加强肌理感受。

4）**充实美**

强调形式与内涵结合丰富美，主要体现为多样化和情趣化，在功能形式和活动内容方面上表现出城镇的多元化和多彩多姿的特色。

5）**亲切美**

强调城镇亲和力的和谐美，在于着重展现空间适用、安全、可达和具有人性化，使在其中活动的居民们感到舒心，感到被热情接纳。即通常所说的"以人为本"。

这些城镇空间美的原则，应在城镇城市设计评价标准中加以体现，可以作为城镇城市设计评价的基本标准体系。当然城镇城市设计的评判标准不应是定的，而应是动态的，是在城镇空间美的基本评价体系的原则下派生出来并加以具体化的。

（2）**城镇城市设计水平的评价**

目前，在城镇城市设计上，评价体系虽然各式各样，但都有着一定的共同性。

1）**亲近性**

指人与人、活动、资源、设施、信息和场所亲近的可能性，强调空间的舒适、活力、运动和亲切。

2）**整体性**

整体性强调"场所感"，即城镇城市设计的结果，应该是提供"好的"、完整的场所，而不仅仅是堆放起来的一组"美丽的"的建筑物，而应该是通过艺术处理手法，使其形成有机的整体。和谐性强调与环境相适应，涉及城镇城市设计与城镇或居住环境的协调性的评价（包括基地位置、密度、色彩、形式和材料等），与历史、文化要素的协调性。

3）**多样性**

包括形式和内容的多样性，与多样性相联系的是重视"混合的土地使用"。一般认为，最好的城镇

场所是提供一个混合使用的，具有多种活动的人和能使人产生多种体验的环境。混合使用的场所也意味着具有多种类型、多种形式的建筑物，可以吸引各种阶层的人们，在各种不同时间里，以各种形成和需要来到这里。多样性是创造赏心悦目的城镇环境的一个关键因素。

4）**易识性**

一种由使用者评价的个性视觉表达和状态方面的社会和功能作用，强调色彩、建筑材料以及使其更具个性，以使某一空间场所在视觉上能够容易被人认识。

5）**和谐性**

人的尺度的和谐。好的城镇城市设计应以"人"为基本出发点。包括视点、视线、视面、尺度与格局、功能与方位等方面。如舒适的步行环境，需考虑人行走得安全、避雨、避光、休息，以至宜人的建筑高度和空间比例，地面层与人的视线高度范围内的精心设计等。

（3）**城镇城市设计科学性、合理性的评价原则**

1）**应与同一阶段的城市规划衔接**

城镇城市设计作为城镇建设整体组成部分，应将同一阶段的城镇规划作为它的基础资料和设计依据，在内容上实现有效的衔接，比如城镇总体城市设计，其空间系统的布局必须依托总体规划的空间组织构筑的基本框架，城镇景观、形象的设计必须符合总体规划中对于城镇的定位及发展思路。当然，规划也是一个动态的过程，城镇城市设计在与规划保持良好的衔接的同时，还应根据规划设计深化的要求，进行适当的调整，这样才能发挥城镇城市设计应有的作用，也才能符合推进城镇城市设计的初衷。

2）**应对设计地域的内涵进行深化分析**

不管地域范围大小，小至建筑周边空地、小游园，大到一个城镇、区域，城镇城市设计都应对地域内包含着各种内涵要素深化分析，这些要素就是设计信

息，设计者把握得越多、越准，设计的内容就越合理，这些信息包括自然条件、气候、地质、植被、水系等自然资源禀赋条件，也包括乡土风情、民风民俗、历史沿革、人们的思想意识等无形的文化内涵。设计评价工作强调当地民众的参与，就是因为只有生活在这里的人们才可能真正理解这些潜在的文化内涵，才能对设计者的把握程度做出判断。

3）应以人的视觉和心理感受来评价

城镇城市设计表达的可能不全是一个具象的空间形体，但是根据城镇城市设计，可以让人们感悟到在这个空间中行走、游憩，甚至生活、生产的各种感受，如果感觉是舒适、惬意的，那么它就是一个可行的设计。这里强调的是，要根据人的尺度、行为习惯、视觉和心理感受为衡量标准，对城镇城市设计的内容及其规定作出评价，也就是人们常常强调的要以人为本和与人为善。

4）应用可持续发展的要求来衡量

城镇处于不断地变化之中，"好"的城镇城市设计与规划都要适应不断发展变化的要求。因此，城镇城市设计在编制时，要遵循"可持续发展"的准则，具体有三条：

a. 要具有前瞻性。好的城镇城市设计对城镇变化和发展要有一个清晰的认识和明智的判断，而不是把思路停滞在固定的时间和空间里。

b. 要具有可操作性。城镇城市设计是为了指导其他更为微观的设计活动，保证城镇建设的有效进行。因此，在实际的建设和管理过程中，它要为城镇规划管理部门在具体的实践过程中提供决策的参考和依据，可操作性是其得以实施的基本要求。

c. 要具有弹性。城镇的发展在受到社会、经济、政策、科技、文化等各种因素的影响和制约，相对大中城市其变化会较大，因此，小城镇城市设计的内容必须有较大的弹性，要为以后的修改、补充和完善及其他的创作留有足够的余地。

城镇城市设计的内容综合性强，不能仅选择单一领域或规划领域作为评价主体，而是要组织多学科（包括建筑、规划、景观、经济、社会、环境等）多领域（包括政府、职能部门、民众等）交叉的评价组织对城镇城市设计进行评价，以保证评价的客观、公正、公开。政府及其职能部门作为城镇的管理者，民众作为城镇空间的使用者和参与者，对城镇空间环境建设的定位和看法是截然不同的，因此，只有综合各方面多领域的意见，才能得出较为合理的评价。

8.5 城镇城市设计的对象和内容

城镇城市设计的目的是创造一个城镇整体协调、产业结构优化、城镇规模合理、能体现城镇特有的生活模式和传承城镇文化底蕴的城镇空间环境，以促进城镇的统筹发展和振兴。由于受城镇的特点涵义所决定，城镇城市设计的对象不仅仅是城镇整体空间或某一场所，还应包括城镇镇域范围以外的区域范围中一切涉及人类生活、生存环境的内容。因此，应该对应于城镇规划及其管理的各个层次开展相应的城镇城市设计工作，并纳入到城镇建设管理一并实施。

目前，依据城镇规划的不同阶段而划分的城镇城市设计的对象层次出现三种比较常见的分类。一种是城镇总体城市设计——城镇地段城市设计——城镇局部城市设计；另一种是区域规划（城镇群规划）阶段城镇域的城市设计——城镇群总体规划阶段的城镇域城市设计——城镇群详细规划阶段的城市设计；还有一种是区域的城镇群城市设计——总体城市设计——详细城市设计。其实，以上分类只是称谓的不同，表达的基本意思是同一种，即针对不同的规划阶段开展相对应的城镇城市设计。由于城镇不同于大中城市，它的规模较小，相应地段城镇城市设计和局部城镇城市设计的范围往往不能准确界定，因此不宜采用上述第一种分类方法。相反，用"区域规划阶段的城镇群城市设计"来突出"城镇群体协调"的城镇城市设计目标的第二种分类方法，则比较适合城镇城市设计的分类法。第二种分类，用在城镇城市设计上，即区域规划阶段的城镇城市设计——总体规划阶段的城镇城市设计——详细规划阶段的城镇城市设计。分别对应城镇体系规划阶段、总体规划阶段、控制性详细规划阶段和修建性详细规划阶段。前两个阶段可以策略性城镇城市设计为主，而详细规划阶段的城镇城市设计则应采用形态型城镇城市设计的设计手法。这种分类更能够明确地表明城镇规划与城镇城市设计的关系。每个阶段的城镇城市设计都对下一步规划或设计起着指导作用，其表达的内容也往往从比较抽象或意象的设计概念发展到较为具体的指导纲要。

8.5.1 区域规划（城镇体系规划）阶段的城镇城市设计（宏观层次的城镇城市设计）

在区域城镇体系或城镇网络中，各个城镇的单体地位不容忽视。城镇无论在其物质层面、信息流动、还是景观上都不是一个与城镇群隔绝的封闭系统。城镇的区域特征表现为城乡统筹、城乡一体的特色，是我国新型城镇化进程的基层和重点。城镇城市设计应立足区域群体的高度，注意各城镇间分工合作、协调配合的可能，在设计中达到区域内各个城镇各显其能、相互促进的目标，特别是在人口和城镇分布稠密，城镇之间相距很近的城镇密集地区，城镇城市设计更要体现区域宏观决策的作用。

将城镇城市设计的思想引入到区域规划层次，还是一个新概念、新思路。区域规划阶段的城镇城市设计主要研究区域范围内自然环境与人文景观资源的特色构成，发展区域整体的形象特色，研究区域城镇体系的综合形象效果和各城镇的风貌特色，从而确定各城镇的城市设计任务。通过区域系统的城镇城市设计，可以从区域角度来构筑城镇有机运转的模型，从区域大背景中去寻找城镇的独特灵魂和品质，把城

镇内部空间的疏解与组合以及机能运转放到区域系统中统一考虑和有机协调，从而形成合理的区域与城镇综合环境。具体就这一区域而言，其任务是建立区域整体城镇形象特色。另一方面对于区域内部而言，须考虑区域内诸城镇的景观特色联系，对于城镇群密集区，各城镇在区域中所起的作用和占有的地位、综合生态平衡效益、区域空间交通网络形式、区域内如何处理废弃物等问题。

每个区域的自然条件不同，形成的区域形象和特色也不同。如：云南的吊脚楼，区域整体形象的构筑在于区域历史文化传统的把握、区域城镇风格与景观体系的协调。区域空间交通，主要是人们如何利用交通工具方便的交往，交通网络组织的便捷性是凝聚区域内部各城镇关系的基本条件。区域的生态平衡，一般在城镇内部是不能实现的。城镇内的绿地，只能改善城镇区生态环境，不可能达到区域的生态平衡。只有在区域规划阶段的城镇城市设计中，才有可能考虑区域生态平衡。另外，区域的废弃物，只有在其周围农业区域中选择合适的地点进行生化处理，才能彻底净化，达到生态平衡。所以，区域内是否向区域外污染，是衡量区域环境质量的一个重要方面。

当然，区域规划阶段的城镇城市设计是在以区域为统一体，研究了区域城镇综合问题后，还要以导则的形式制定区域内各城镇下一阶段城镇规划和城镇城市设计的指导性内容，它们包括：

a. 确定区域内各城镇自身与各城镇之间的环境关系，包括区域内农田与镇区环境的协调关系；各镇与城镇中心、区与商业区的联络。

b. 确定区域各城镇的景观风貌特色，包括划分区域各城镇建筑特色层次及分区，各分区的建筑特征控制原则、城乡住区、城乡工业开发布局、市场、仓储布局等策略。

c. 确定区域交通走廊的景观环境策略，包括调整公路、铁路及水系等沿线景观发展策略。

d.确定区域输配管线走廊的景观环境设计策略，包括引水管渠、输油、输气高架管道等构筑物走廊的设计策略。

e.确定区域地形地貌环境修复策略，包括对采矿、劈山、开石等人为因素破坏的自然地貌的修复策略。

f.提出区域生态系统保护及开发的策略，包括制定区域内自然保护区的设计导则；生态保护、风景旅游区开发、水库保护区的控制、区域绿化与区域天然岸线保护利用策略；海岸利用、填海造地的生态评价原则和城镇城市设计导则等。

g.提出区域历史文化遗产保护策略，包括保护利用重要历史文化遗产等自然或人工景观资源的对策。

需要指出的是，从区域规划阶段的城镇城市设计的内容来讲，分量上不是太重，内容上也不是太多。所以区域规划阶段的城镇城市设计一般不必单独编制，可结合城镇体系规划同步运行。

8.5.2 总体规划阶段的城镇城市设计（中观层次的城镇城市设计）

总体规划阶段的城镇城市设计可以认为是目前国内城镇城市设计所涉及最高层次，这个阶段决定城镇发展的大局，它的任务主要是配合城镇总体规划，首先就对城镇的空间组织具有根本性影响的内容，如城镇的发展背景、功能、形态、结构、活力、景观、公共环境设施及其发展意向进行研究和分析。在此基础上，选取一些能体现城镇城市空间环境特色的方面进行策略性城镇城市设计。在提出城镇城市设计策略时要突出体现保护与合理利用城镇的山、水、河流、湖泊、海岸、湿地等生态环境；协调城镇建设与生态环境的关系，农田与城镇环境的适宜比例及协调关系；要保护与利用城镇传统风貌与文物古迹，发扬地方特色；要合理安排居民在全城镇范围内的活动分布

（居住、工作、学习、商业、文化娱乐、出行交通、休闲等）以及其间的相互联络；要明确全城镇各类主要公共空间的分布及其网络与层次；要保证和提高城镇环境质量；要保存、完善以及进一步合理分布城镇的主要景观（天际轮廓线、建筑高度分布、对景、借景、主要视廊、主要景点、园林绿化、建筑风格、滨水景观与小环境等）；以及提炼城镇特色的要点等。

总体规划阶段的城镇城市设计，主要内容由以下几个方面构成：

（1）确定城镇空间形态格局

确定城镇总体空间形态格局的保护和发展原则；拟定主要的发展轴和重要节点；制订传统空间形态的保护和发展原则等。具体地说，根据城镇所在的自然地理环境及历史形成的布局特征，结合城镇规划要求的用地功能布局，构造整个城镇的空间系统发展形态。为城镇的各类性质、形态的空间（包括自然的、人工的、封闭的、开放的、主体的、过渡的、带状的、发散的……）建立起易于识别感知、富有特色的有机联系和发展态势，形成具有逻辑性和富有个性的整体空间形态系统。

（2）塑造城镇景观系统

对城镇的景观进行系统组织，形成完整的景观体系是总体规划阶段城镇城市设计的一项重要内容。它包括组织重要的景点、观景点和视线走廊系统，提出视线走廊范围内建筑物位置、体量和造型的控制原则，确定城镇眺望系统及其控制原则。景观特征可以是自然风景、山林河海、文物古迹、传统建筑、文化娱乐、商业闹市区、传统及现代工业、交通设施等，因城镇的具体条件不同。塑造城镇景观体系还必须提出公园绿地系统的布局，主要广场的位置、序列和层次，滨水岸线的控制指引。从而对景观视廊和视点进行分析组织，使城镇的优美景观处在最佳的可视范围之内，并对城镇中的建筑布局，特别对高层建筑的布

置提出控制要求。

（3）布置城镇人文活动体系

研究城镇人文活动的特征，人文活动的领域、场所、路线。城镇中丰富多彩的人文活动是其空间环境中最生动的活力景观，设计城镇空间就某种意义而言也是在为民众设计公共社会生活活动。城镇人文活动体系的建立就是对其公共空间的人文活动性质、内容、规模进行布局，从而为局部地段的城镇城市设计在内容、性质、尺度、形态、气氛等方面提供依据。

（4）设计城镇竖向轮廓

城镇不仅仅是平面的，它依靠起伏的山丘、多姿的绿树、高低错落的建筑构成生动的空间形态，在总规阶段的城镇城市设计对把握城镇空间的竖向轮廓设计至关重要。要根据城镇的自然地形条件和景观、建筑特征，对城镇整体建筑高度进行分区，确定高层建筑和制高建筑的布局，对历史文化名城或城镇中某些传统建筑保护区，更要慎重研究高层建筑布局对传统建筑保护的影响。城镇竖向轮廓设计还应包括对自然地形和植被的保护利用，对城镇主入口、江湖河海沿岸和它制高点、观景点视线所及的天际线、竖向轮廓进行设计控制。

（5）研究城镇道路、步行街区系统

从空间环境质量的角度提出城镇道路的路网、线形、性质、交叉口及断面空间要求，以及城镇主要街道的发展原则。对交通性道路，以行车的尺度、速度为参照进行空间组织，使之有助于展示沿线区域的景观形象，充分利用自然山水或人工标志提供方向指认；对步行街区系统，应与行人在城镇的活动轨迹、活动特征相吻合。

（6）提出城镇建筑风格、主色调和城镇标志物等的整体设计构想

色彩、材质和建筑风格在城镇整体空间及形象塑造中有着广泛而深远的影响。因此在总体规划阶段的城镇城市设计中，应从塑造城镇个性、特色的要求出发，结合城镇的自然地理条件与历史传统文化，对城镇的建筑造型艺术特色、建筑色彩控制、建筑风格分区和建筑基调进行确定。确定节点的布置及控制原则，对主要标志物、城镇瞭望点和相应的开阔空间布局进行构思，为人们提供一个良好的视觉走廊。

8.5.3 详细规划阶段的城镇城市设计（微观层次的城镇城市设计）

详细规划阶段的城镇城市设计，是当前我国城镇城市设计进行较多的层次。它主要是把总体规划的城镇城市设计要求进一步深化、具体化，以人作为设计主体，从静态和动态两方面，根据各类活动的视觉要求对城镇的环境空间做出具体安排。这一阶段的城镇城市设计的对象是城镇的局部空间，在这一阶段的设计中较前两个规划阶段的设计更加接近生活中的人。如果说在区域规划和总体规划阶段的城镇城市设计是以人群为主体、以人乘用的交通工具为主体的话，那么，详细规划阶段的城镇城市设计则是以个人为主体、主要以步行的人为主体，这个阶段的设计应以在地面上活动的人的生产、生活、交往、游憩、出行活动为设计的主体。城镇详细规划阶段的城镇城市设计主要体现在下几个方面：对近邻的自然环境的分析，明确其在片区的作用；对片区内有自然保护或历史性保护的保护区划定后，确定其四周的保护带宽度；并在此基础上，划定允许建设和禁止建设的界限。对片区内已建的人工环境进行分析，从改善环境质量和宜人活动的角度出发，提出调谐和利用的构思方案；根据居民的活动内容，将人的静态与动态活动的轨迹以及在公共空间内的分布分别作出安排，则包括水环境的设计，人在公共空间的停留、进出集散、交通等提出构思方案；公共空间的布局与设计，包括广场系列、广场自身、通道、园林绿化等的位置和用地外形，同时按人的不同活动规定用地布局；公共空间的围合设计，则包括主要空间的类型、造型与规模，

地形标高的利用，地面铺装按空间的内容来分布，围合体设计（建筑群、绿化、水面、山体、视觉围合体），空间出入口设计，围合体接近人流步行活动的宜人景物的设置，空间引导，主要标志的设计，空间照明、雕塑、喷泉、水池、小品等，包括主要景观视点的布置，近景与远景设计，地标建筑的数量、位置与高度，建筑群的总体轮廓、景点设计。城镇详细规划阶段的城镇城市设计应当要特别注意城镇的文脉传承，突出城镇与大中城市的区别。详细规划阶段的城镇城市设计的主要内容包括：

（1）建筑群体形态设计

建筑群体形态的设计以总体规划阶段的城镇城市设计和区块的详细规划为依据，研究每个地块、建筑以及地块与地块、建筑与建筑相互之间的功能布局和群体空间组合的形态关系，区分主次、建立联系，确保建筑群体形成有机和谐、富有特色的城镇建筑体形象，为制定该地块建筑的体量大小，高低进退以及建筑造型提供依据，并作为设计要求下达承担建筑设计的单位认真执行。在这一阶段，一般不需要对每幢建筑进行平、立、剖设计，即使有的做了，也只是作为研究建筑整体形态是否可行的手段，而不是作为今后审定建筑设计的依据。

（2）城镇公共空间设计

城镇公共空间与其周边的建筑群实体是相辅相成、互为因借的共同体。城镇公共空间的设计实际上应与建筑群体形态设计同时进行。城镇公共空间通常主要由建筑群体围合形成，其形态、尺度、界面、特征、风格受到周边围合的建筑布局、建筑形态、尺度的影响。城镇公共空间的设计包括空间系统组织、功能布局、形态设计、景观组织、尺度控制、界面处理等许多方面。其目的是在满足功能要求的前提下，为市居大众提供尽可能多的各种丰富多彩活动场所，包括大小广场、大小绿地、有趣味的街道或步行休闲空间等。

一个优美宜人的中心广场，会吸引大量居民从事游憩、观赏、健身、娱乐、庆典、休息、交往等多种活动，其最能反映城镇生活的丰富多彩和勃勃生机。

（3）道路交通设施设计

现代城镇中道路交通作为一项主要的聚落要素，道路交通设施的设计应是在满足道路交通功能的前提下，从城镇空间环境和景观质量的角度提出设计要求，协调道路交通设施与建筑群体及公共空间的关系，确定设计范围内的道路网络、静态交通和公共交通的组织；一般行车道路应着重对道路交叉口的形式尺度、道路的局部线型和断面组织、道路景观设计等提出设计要求。步行街和生活道路则着重以人的尺度进行空间的塑造，增加人行的活动范围，同时强化各类活动特征。对公交站点和交通标志等的设计提出要求和建议，详细规划阶段的城镇城市设计的道路交通设施设计，主要应解决道路交通工程仅仅从工程和交通的角度设计城镇道路的局限性，而提高城镇街道的环境景观质量的问题。

（4）绿地与建筑小品设计

详细规划阶段的城镇城市设计要对绿地和建筑小品进行设计，包括对绿地的布局和风格，植物的选择和配置，建筑小品的设计意图、布点和设计要求。如绿地的比例，乔、灌木的搭配，树型的特征，花卉的花期、花色。建筑小品包括雕塑、碑塔、花架、柱廊、喷泉水池等的位置与设计要求，作为绿化和建筑小品专项工程设计的依据。

（5）色彩和建筑风格

色彩和建筑风格在总体规划阶段的城镇城市设计中对城镇整体空间及形象塑造中有着广泛而深远的影响。因此，在详细规划阶段的城镇城市设计中应尽量传承优秀传统文化的空间形式和色彩肌理的风格，发扬优秀传承城镇建筑形象的特色。建筑形象除了色彩外，大至立面和造型，小至窗扇陈设均应反映地域及城镇的个性，或凝重、或清秀，尤其是作为民居建筑，设计所展现出的实用、自然、美观的城镇建筑特色，其组合更应反映人与建筑、建筑与自然环境的和谐融合。

（6）城镇夜景设计

一个完整的城镇城市设计应包含白天和夜间两部分设计，城镇夜景可使其在夜幕降临时也能凸显其魅力，美丽的夜景可以从一个侧面展现其经济、社会发展和科技文化水平。夜间景观环境可以为居民提供夜生活所需要的舒适、休闲、娱乐、购物及交往的空间场所，尤其是在文化名镇和旅游城镇，更能使在城镇游览的游客流连忘返，推动城镇旅游业的发展。城镇夜景景观是室外照明与景观的结合体，它与城镇的交通体系、文化背景、居民消费观念息息相关，夜景景观可以通过居民的夜生活加以展现，如：商贸活动、娱乐活动、交通活动、节日活动……。城镇城市设计要对设计地段的照明设计提出设想和要求，对于广场、街道、建筑群和绿化小品的照明方式、照度、灯光形式和布置、色彩以及节日照明提出分区、分级照明设计方案。

（7）广告、招牌和环境设施设计

环境设施包含的内容甚广，一般是指城镇中除建筑、构筑物、绿化、道路以外用于休息、娱乐、游戏、装饰、观赏、指示、商务、市政、交通等所有的人工设施。如座椅、花坛、喷泉、候车棚、售货亭、广告、招牌、公共电话亭等；以及商品展示窗、公共厕所、邮筒、垃圾箱、导游牌、路灯等。这些设施体量虽然不大，但设计得好，能对城镇环境起到锦上添花的作用。城镇城市设计就是要对这些设施的布置和造型提出设计要求，对这些设施的设计进行审定。

为便于将城镇城市设计成果纳入城镇建设的重要组成部分，城镇城市设计阶段的划分应等同于城镇规划。结合实际情况，可将城镇城市设计分为三个层次，这在某种程度上，也表明了城镇城市设计作为一种城镇建设连续的决策和运作过程，并不是一种终

极的产品，每一个层次的设计既有大量的调查工作和客观分析，也要对体型环境进行综合的感性创作，从而提炼并创造出具有特色的城镇空间环境。城镇城市设计作为"对设计的设计"，每一层次的城镇城市设计对后续设计提出制约和引导的指导纲要之同时，亦要"预留发展弹性"，充分保证和鼓励后续设计的创造性发挥，丰富城镇的多样性和特色化。因此，城镇城市设计作为一种设计活动和政策过程，对设计师、城镇管理者都是一项新的课题。

8.6 城镇城市设计的类型和设计

8.6.1 城镇城市设计的类型

（1）以项目性质划分

一般分为开发建设型、历史保护型和开发与保护结合型三种。

1）开发建设型城镇城市设计

这是城镇城市设计初创性的内容，包括建筑综合体、交通设施和新建城镇或新区等工程设计和政策导引等，其主要目标在于促进城镇的统筹发展，在形象与效益间寻求平衡。城镇城市设计的任务是通过这些开发项目为市居大众创造良好的生活、生存环境。

2）历史保护型城镇城市设计

城镇的高度开发，在一定程度上会对城镇环境的适居性带来消极影响，从而要求进行保护设计。这种设计的目的是保护自然风貌，保护城镇传统特色，提高环境质量。这类城镇城市设计主要是应对历史城镇及历史保护地段的保护，在新开发设计的实施地区也应有足够的重视，主要强调保护和创新的协调。

3）开发与保护结合型城镇城市设计

在 20 世纪 60 年代的西方发达国家，这种类型的城镇城市设计是作为开发设计的层面出现的。主要任务是在衰退的城镇社区中发展，特别是协助低收入者改变居住条件。而在我国，这类城镇城市设计主要

是针对城镇旧区的更新改造。这类城镇城市设计比较关注经济效益和旧有秩序，强调市民参与和社会调查，是最不受重视也是最艰难的城镇城市设计。

（2）以城镇城市设计的成果类型划分

一般分工程——产品型、政策——过程型、研究——构想型三种：

1）工程—产品型

工程—产品型城镇城市设计引导和控制的对象一般较明确，设计之间环节较少，有很多工程 — 产品型城镇城市设计本身是一种形体设计或建筑群体、实体环境的设计。在某些方面与修建性详细规划有许多相似之处，所不同的是它是在明确的城镇城市设计思想与手法指导下完成的大规模建筑设计或环境设计。

2）政策—过程型

政策—过程型城镇城市设计具有实现周期长，涉及因素多，设计导则执行过程较强的特点，在实际操作中，此类型城镇城市设计往往与控制性详细规划相结合，设计导则与文本共同作为图则的一部分，且比较全面。

3）研究—构想型

研究—构想型城镇城市设计主要目的是针对某一特定目标或一系列子目标而提出构想设计，在许多情况下，是一种形体设计方案，此类型城镇城市设计在文字材料上表现为一种"设计构想说明"，主要为解释和说明设计目标的分析和指导思想及设计构想等，其成果一般以设计方案或研究报告的形式出现。

8.6.2 三种类型城镇城市设计的设计

（1）开发建设型的城镇城市设计

开发建设型的城镇城市设计是指城镇中的大面积的街区和建筑开发、建设以及交通设施的综合开发、城镇中心开发建设及新城开发建设等大面积的发展计划。此类城镇城市设计的目的在于维护城镇环境整体

性的公共利益，提高居民生活空间的环境品质。它的实施通常是在政府组织架构的管理、审议中实现的。

（2）历史保护型的城镇城市设计

这类城镇城市设计通常是适用于具有历史文脉和场所意义的城镇相关，它更强调城镇物质环境设计和建设的内涵，而非仅仅是一般忘记开发只注重外表的改变。随着联合国伊斯坦布尔"人居二"会议的召开，"可持续发展"理念的引入，历史保护被提到了更高的地位，也越来越受到人们的重视。

江南城镇的保护规划与城镇城市设计就属这一类型。江南小城镇是在相同的自然环境条件和同一文化背景下，通过密切的经济活动所形成的一种介于乡村和城市之间的人类聚居地和经济网络节点空间。在中国文化发展的历史在经济发展中，具有重要的地位和价值，而其"枯藤、老树、鸟鹊；小桥、流水、人家"的聚落格局和建筑艺术在世界上独树一帜，形成了独特的地域文化景观。江南小城镇具有丰厚的历史文化价值、优秀的聚落与建筑艺术价值，在中国经济发展历史上具有很高的地位和作用，其风貌是地域文化的集中体现，是中国文化的重要部分，其保护应该在城镇城市设计中引起足够的重视。

a. 在古镇区，生活环境质量的提升成为迫切的要求，居民生活满意度也需要进一步提高。随着可持续发展的原则成为共识，更新和生活需要必须与保护及旅游开发同步发展，特别是镇中心的建设对此尤其重要，是生活需要的重要方面，包括公共空间的复兴和重塑，这样才能使古镇保持活力。

b. 在古镇中心的空间和界面设计上，在组织公众参与上，在基础设施的完善上，在各环境要素设计上全面展开，在保护和更新的协调发展中持续进步。其中特色就是古镇的整体形象，亦是保护框架的主题。城镇城市设计同时应当把旅游服务和居民生活的结合与兼容作为突破点，把生活的延续和进步作为古镇风貌不可缺少的组成部分。

c. 协调古镇与新区发展的关系。在不少古镇的新镇区和新中心，目前已建环境并不令人满意，应当及时地通过城镇城市设计重新设计新中心的空间和形象，尤其是要满足既有创新又与古镇区协调一致的景观要求，有机调配古镇区与新中心的内容安排，以完善全镇的资源和环境的优化工作。

在我国经常有人认为，历史保护会与居民生活相矛盾，其实不然，在近年的历史保护实践中，一直以历史环境保护作为改善居住生活环境的有效途径。历史环境的保护通过寻找城镇景观创造的历史文脉，继承弘扬传统文化，使居民从物质实体环境和精神生活两方面都找到了归属。

（3）开发与保护结合型的城镇城市设计

在目前的城镇城市设计中，更多的是遇到开发与保护相结合的项目，即通常所说的旧镇改造或旧镇保护、新区开发，确定保护和更新模式应本着保护传统空间格局的宗旨。对现状作充分调查、对建筑年代、风貌、质量等因素的综合判定的基础上，对历史街区的每一幢建筑进行定性和定位，提出保护与更新措施。依据文物法确定建筑的保护与更新措施的要求。要综合考虑保护历史街区的风貌完整性、实施的可能性和整个历史街区保护的长期性，这是保护可操作性的重要手段。

同时，要做好"新"与"旧"的交融，不能目光短浅，盲目扩建城镇而毁灭旧镇风貌，也不能因噎废食，束缚于旧镇维护而滞于发展。两者本质上是一对矛盾的统一体，正确处理好两者的关系，是能够做好新与旧的延续和衔接的。

在城镇规划和城镇城市设计中，也不乏较成功的规划设计案例，开发与保护结合型的城镇城市设计应遵循以下原则：

1）保护的持续性

开发与保护结合型的城镇具有丰富的自然资源与人文资源，一般来说城镇历史文化遗产与历史信息的保存相对较好，这是不可再生的资源，应对其空间格局、自然环境、历史性建筑三方面物质形态进行保护性利用：

a. 历史街区空间格局包括街区的平面形态、方位轴线以及与之相关联的道路骨架、河网水系等。它一方面反映出城镇受地理环境制约的结果，另一方面也反映出社会文化模式、历史发展进程和城镇文化景观上的差异及特点。

b. 街区自然环境，包括重要地形、地貌、重要历史内容如古建筑、文物、古迹等和相关山川、树木、草地等，是形成城镇文化的重要组成部分。

c. 历史性建筑真实地记载了城镇核心发展的信息，其造型、高度、体量、材质、色彩、平面设计均反映着历史文化的印迹，有的建筑本身在现代社会生活中仍然在发挥作用。

这三者应以保护为前提，可以持续性利用。国外对历史性建筑与环境修复的实践也有反映这一思想，我们也可以借鉴。

2）更新的有机性

开发与保护结合型的城镇城市设计对城镇的更新改造不是杂乱无序的，而应是有序进行，且应与历史环境、旧有建筑形成有机整体，应以"有机更新"的理念与方式来进行工作，同时也应该认识与把握开发与保护结合型城镇更新阶段的非终极性。非终极性的理念是指更新改造是持续不断的、动态的，只要城镇在发展，社会在进步，更新改造就不会停止，任何改建都不是最终，现在对过去的改造，或许会成为将来的改造对象，这就要求在开发与保护结合型城镇的更新发展中把握时代脉搏，留下时代的痕迹。

3）文化的传承性

开发与保护结合型的城镇城市设计对城镇不但拥有物质性的有机载体，如旧城形态、空间环境、建筑风貌，也包括非物质的文化形态，诸如城镇居民的生活方式、文化观念、社会群体组织以及传统艺术、民间工艺、民俗精华、名人轶事、传统产业等，它们和有形文化相互依存、相互烘托，共同反映着城镇的历史文化积淀，共同构成其珍贵的历史文化遗产。开发与保护结合型的城镇城市设计在注重城镇的保护性更新的同时，应特别注重传统历史文化的继承与发扬。为此，应深入挖掘、充分认识其内涵，把历史的精神财富加以弘扬传承，广为宣传和利用。这既是城镇文化建设的重要内容，也是扩大对外交流，促进城镇经济与文明发展的重要载体。城镇建筑风格表达城镇的文化内涵，并直接影响城镇风貌特色，应处理好新旧建筑的关系，尤其是文物建筑、历史街区内新建建筑风貌的控制与协调，同时应注重在城镇新区建设中继承传统、弘扬创新、创造城镇特色。

8.7 城镇城市设计的成果和实施

8.7.1 城镇城市设计的成果

目前，城镇城市设计强调成果在环境形态塑造过程中的指导性，这一基本思想已被社会各界所公认，但无论是策略型还是形态型的城镇城市设计，其设计成果应体现一定的弹性。当前由于城镇城市设计还不普遍推行，因此城镇城市设计的弹性和指导性原则在环境形态塑造过程中并没有充分发挥出来，聚落建设大多是片断、不持续的决策过程，互相间缺乏联系，甚至彼此间有一定的负面影响，从而导致城镇环境的每个部分之间缺乏整体性和有机联系。因此，城镇城市设计的成果表达以及相应的实施手段和过程显得尤为重要。

近年来，在国内许多城市（包括城镇）掀起的城市设计热潮中，2015 年 12 月中央城市工作会议上，更进一步地阐明了城市设计对于落实城市规划、指导建筑设计、塑造城市特色风貌的重大作用。城市设计不仅在城市、城镇和广大乡村也将会广泛推行。为此，

设计如何编制，成果怎样表述才能具有实效与可操作性，便于管理部门用来实施管理、指导建设及具体项目的设计，是一个尚待解决的问题。在现有的一些城镇城市设计中，有的设计成果过于概念、粗放，有的又太细致具体。精美的总平面图、模型、街景立面、广场、绿化与建筑平面图、表现图，令人眼花缭乱，但并不实用，在不同程度上都难以适应管理部分的操作和满足指导控制项目设计建设的要求。因为城镇城市设计毕竟不能替代建筑、道路、绿化等具体项目的设计，它只是从保障城镇整体空间环境和谐、优美、宜人与具有特色的角度出发，提出对各项建设具有框架性的原则指导与有限度的控制，是一项对于"设计"的设计。城镇城市设计成果的表述应当根据自身的任务特点，考虑建设管理的操作要求，来寻找相适应的途径与方法。

总之，城镇城市设计的成果表达既要内容具体明确，又要避免过于琐细和过分"刚性"，从而影响形体设计的创造性和积极性；既要为管理部门的编写更详细的项目设计条件提供依据，又要给具体项目的设计留出充分的创作发挥余地。从已开展的城镇城市设计项目来看，不乏成功的城镇城市设计，它们的成果表达主要包括文字部分（综合调查报告、设计说明、控制导则及附件等）和图纸部分，目前在成果表述过程中为更加明晰与简化，往往采用图文并茂的设计成果，主要包括综合说明部分和综合表象部分。城镇城市设计虽然规模小但"五脏齐全"，城镇城市设计也应采用说明和表象两个方面图文并茂的设计成果。

（1）综合说明部分

综合说明部分包括项目概述，场地综合分析，城镇城市设计目标、定位，具体设计步骤及附件等。综合说明部分是对城镇空间环境的设计和建设提出指导性的准则、标准和方法。

1）项目概述

城镇城市设计应该是一个四维的概念，因此，

项目概述应该包括项目的目标和时间计划，项目概述依据以及大致操作过程。项目概述是项目的理论支柱和基础，是城镇城市设计制定和实施的重要依据。项目概述是对项目的一般性描述，为城镇城市设计提供了基础宏观背景，概括地说，是城镇城市设计问题的提出，也是工作展开的前提。

2）场地综合分析

这是对调查成果的整理和分析过程，是对当地实况收集到的资料的消化过程，目的在于找到项目对象的特殊性（即特色的资源）。资源分析主要侧重在自然环境资源、文化资源、经济社会资源三个方面。对自然环境中的地理、地质、气候等要素及山、水、动植物特产进行比较分析，从中寻找可以强调发展和激活的线索；文化资源则重在历史传统遗存和民俗民事活动的史料收集整理，将此作为中心公共空间活动的内容和依据，文化素质和活动也是城镇城市设计所必须关注的，文化资源往往还能成为城镇的后发优势，成为城镇经济发展的出路之一；经济资源则强调经济发展水平对建设可能性和发展性的影响，同时，经济活动中的特殊方面如加工工艺、贸易方式等也可以成为城镇城市设计的内容之一，社会资源则包括城镇在社会网络中的地位和作用，以及相关的人口、宗教、人际关系等方面的背景，人口是社会发展的主要动力，各种社会关系在社会发展中同样起着至关重要的作用。同时，在以上三个主要方面以外的单项分析也需同时进行，如交通、用地、房屋环境质量等单项研究。

3）城镇城市设计的目标、定位

在以上分析的基础上，就需要提出基本的目标和定位，除了一般城镇必须具有的共性外，把目标定位在切合实际又极具个性化是城镇城市设计能否获得成功的关键。一般的要建立在前述的本城镇的特色基础上，并且能在城镇城市设计中展开和表达出来，而不仅仅流于概念的提出。目标应当是总构思和城镇

城市设计的基本思想，目标可以是多重的，内容也应是多方面的，中心的空间形态是物化的目标。

4）具体设计步骤

城镇城市设计最终成果的获得，是经过一步步推敲、琢磨综合而成的，每一个步骤都具备比较明确的重点和核心，明晰的步骤可以为设计思路的展开提供更加合理的背景，使设计的针对性更加突出；同时，城市设计的步骤又是一个交互的过程，只有通过不断反复地协调各个步骤中间出现的问题，才能提升设计的完备性和科学性。

（2）综合表象部分

包括各种表明设计意向的图件及结合图件的设计控制导则等。

1）图式

制图是一种非常古老的方法，人类用图式表述各种意图已经有几千年的历史了。在古时候，图式被看做现实世界的抽象化，而如今图式被视为交流思想和融合价值及力量的一种手段。

尽管景观设计研究变得越来越书本化，但它仍具有视觉和空间的联系。作为视觉模式的一个代表，意象图是将人脑对景观印象反映出来的一种很自然的方法；而概念图因包含简短的描述而取代了口头描绘的论述，是它作为一种区别于其他语言表达模式的关键所在。通过这两种方式，景观设计的多重功能也能较好地表现出来，能够更好地表明设计意图以及实施步骤。在人类最初文明的萌芽期，人类就是通过最简单的图式表达来传递信息，因为图式具有其他方式无可替代的优越性。随着人类社会的发展，尽管理论探索领域有了突飞猛进的深入，但是图式依旧在信息的表达和传递上占据着重要的地位。从城镇城市设计实践的角度来看，图式依据表达方面的侧重点来说，大致可以分为意象图和概念图。

a.意象图是一个地域空间组织的参考，是人们对空间意象思考后的表达，这还包括了空间路线的组织

和实践者较为满意的决策选择，意象图是信息和思维反映释义的混合物，不仅是实践者感触到地域范围内的事物，而且还包括了他的感受。

b. 概念图是指一种表明概念之间联系的图式，概念制图包括五个方面。

- 图式可以评估概念的注意点、联系和重要性；
- 图式可以表达分类的范围和对分类的认识；
- 图式可以展示影响的因果关系和概念系统的动因；
- 图式可以说明论据和结论的构架；
- 图式还可以明确图表、框架和感性的思考。

概念图虽然都有各自的优点和不足，但它们提供了一种研究人类对景观感知的方法，意象图还包括对设计方案的意象，是设计工作者成果的反映。当与数据以及其他数学手段结合运用的时候，图像技术可以成为最好的表达方式。

图的重点主要关注在对物理事物（路径、边缘、区域、节点、地标）的观察。

2）图则

城镇城市设计的成果也在很大部分上依赖于清晰完整的图则来表达，结合目前城镇城市设计的实际，图则部分一般由分析图则和意向图则组成。分析图则可以由概念图则和设计分析图则构成；意向图则可以由现状意象图则、总体设计图则和分地块设计图则组成。

图例从性质上可分为控制性和拟议性两种。控制性图则是城镇城市设计准则的形象化表达；而拟议性图则是在准则控制下的可能设计之一，或属于建议性设计。总的来讲，图则是对涉及形体环境建设的文字成果在三个向度上的具体描绘，包括平面尺寸、体量大小、空间控制范围等等。此外，图示成果还包括一系列意向性的设计和透视图。

a. 概念图则

对将要运用到的理念的阐述，并且从中找到一

定的结构逻辑关系，为决策设计提供依据。概念图则是设计的先导，是明确设计手段的关键。

b. 设计分析图则

主要是对概念图则的深入和展开，是在具体设计方案前的准备工作，也是方案水到渠成的关键，分析图则应根据项目所在城镇的不同情况决定编制类别数量，主要从城镇本身的各个条件和全城镇及城镇域的关系两个方面来考察，同时，分析涵盖面要比较广，这样方案能更好地做到全面性。分析图则是城镇城市设计的重要组成部分，但不一定全部作为设计的最后成果，更多的作用在于作为讨论和设计决策的依据。

c. 现状意象图则

主要是对现状资源和问题的图示式描述，以及现状建成状况的图式反映，现状意象是设计的依据，可以从现状图式中看出现状存在的问题，设计依据的背景以及设计的制约，设计最终的实践效果很大程度上取决于对现状条件的分析，这样的设计往往能更为贴切地对城镇建设起到指导作用。

d. 总体设计图则

对应于总体准则进行编制，内容包括了总体准则涉及的各个方面，并在开放空间控制等方面强化设计表达，达到修建性详细规划的深度，而在总体三维意向设计中提出建议性量化的控制设计，可通过模型、重要视点效果图等直观表现方式。总体图则的编制应贯穿于整个城镇城市设计，坚持城镇城市设计是设计城镇聚落而不是设计建筑这一主线，把设计和控制设计有机地结合在一起，达到设计与建设可能的一致性。

e. 分地块设计图则

既可以独立成图也可以与分地块设计准则结合成图。详尽的分地块图则不仅是建筑设计的依据，也是建筑可行性研究的重要资料，是使每一地块有机地纳入中心整体空间的保障。分地块图则不但要提供每个地块的基本设计参数，还要在建筑界面上进行限

定，即二维和三维的多重控制，提供意向性的平面和三维形态，尽可能详细的城镇风貌对建筑的要求，对分期实施则提出建设的先后次序和各阶段的使用保障，体现过程设计的特征。

在可读性层面上，对城镇城市设计成果有多种多样的表现形式，如居民宣传手册、录像、图片、模型、数据模拟等并通过网络或其他方式让公众理解城镇城市设计意图的形象材料，通过城镇城市设计意图的宣传，让公众知道他们所生活的城镇环境将要发生的变化以及这些变化带来的影响。此外，还通过听证会、问卷调查等听取公众的反映，及时得到反馈信息，使设计更加完善，也对吸引投资、引导开发工作带来积极的作用。显然，只有非终端型成果才能使其融合于公共政策和持续不断的决策过程中，真正发挥作用。城镇城市设计的成果表达（包括综合说明部分、综合表象部分）仅仅是提出了城镇城市设计战略和部分的战术原则，需要在不断的修正中加以完善；城镇城市设计本身也要通过实施管理来最终完成。

8.7.2 城镇城市设计的实施

城镇城市设计的实施是思想的物化过程，也是设计的根本目的。城镇城市设计完成以后，其具有一定弹性的设计成果作为实施的行动构架，进而为执行部门提供长期有效的技术支持。因而，城镇的城市设计是资源的配置手段，它的实施就是一个持续优化配置的过程。另外，城镇城市设计能真正发挥效用，还需依赖法规政策、运作机制、管理机制、组织机构等方面因素的共同作用。城镇城市设计的实施是一个系统的、连续的决策过程和公共参与的结果，包括设计管理、审查审议、审批以及实施管理和开发建设诸多层面的内容，同时还包括城镇城市设计领域法律框架的建立，技术标准和设计准则的制定等。

（1）城镇城市设计的法规体系

我国城镇规划是一种行政执法过程，城镇规划

的贯彻实施具有比较完整的法规体系的保障，城镇规划具有一定的法律地位。由于城镇城市设计在我国还处于初始发展阶段，将城镇城市设计作为城镇建设的重要组成进行编制的实践活动还寥寥无几，所以我国尚未建立完整的城镇城市设计体系，更谈不上确立城镇城市设计在《城市规划法》中的地位。只是在现行的《城市规划编制办法》（建设部第十四号令）中规定："在编制城市规划的各个阶段，都应该运用城市设计的方法综合考虑自然环境。人文因素和居民生产生活的需要、对城市空间环境做出统一规划、提高城市的环境质量、生活质量和城市景观的艺术水平"。随着2015年12月中央城市工作会议精神的贯彻，城镇城市设计必将引用各界的高度重视。

城镇建设，尤其是总体规划的编制通过后随即进行策略型城镇城市设计是一个切实可行的、具有一定现实意义的做法，设计主体可以是同一的。城镇的地域条件和城镇环境比大中城市简单，在城镇推行这种方式也就相对比较容易。但是，不管在大中城市或城镇，城市设计的法律地位的确立和法规体系的构建都是非常必要的。城镇城市设计如果没有法律效力，就失去了对开发建设强有力的约束力，就无法发挥城镇城市设计对城镇景观环境塑造的高效作用力。

1）城镇城市设计法律效力的确立

基于我国城镇建设设计一体化体制的背景，应将城镇城市设计纳入城镇建设体系，与设计建设一并获得法律效力。

同时，通过建立相关的法规，强化和实现法律效力。当前城镇城市设计在城镇建设体系中的地位已得到肯定，但是在更进一步具体的要求尚未统一之前，各城镇在实际管理操作中就缺乏依据。除了确立城镇城市设计的法律地位关系以外，由于城镇城市设计同时还是一项复杂的长期的建设管理操作过程，管理过程涉及诸如设计评审、环境设计与实施验收管理、广告牌匾管理等所有涉及城镇环境品质的微观要

素建设管理细节内容，都需要有一定层次的法律效力才能形成约束力量。因此建设管理部门要从城镇城市设计的原则和内容出发，结合实施管理的具体需要，制定系统的、详细严谨的、具有可操作性的法规、规章制度，以人大立法成为政府行政法规和部门规章制度等形式确定下来，同样作为城镇城市设计法规体系的重要内容。不同的地方，应结合地方的特殊背景和实际情况，将城镇城市设计地位、内容、编制要求、审批办法等以地方法规的形式写进法律文件，成立地方性法规。

2）城镇城市设计法规体系

城镇城市设计法规体系是城镇设计工作的依据和前提，它包括国家法规、地方法规、城镇一般法规、建筑法规，和在此基础上针对某一地段所制定的城镇城市设计成果。城镇城市设计师将把这成果转换成法令，形成一套适应当地工作程序和特点的，包括城镇规划、城镇城市设计和城镇建筑管理的法规体系，作为城镇城市设计成果的实施法规。城镇城市设计与城镇规划一样，它的实现有赖于系统和严密的法规体系。

（2）城镇城市设计的评审

城镇城市设计的评审是设计导则通过并投入使用或建设项目开工之前管理部门对设计方案进行的评价过程。评审制度的完善对城镇开发建设和监督起着相当重要的作用。

城镇城市设计的评审可有两种方式：一种是纳入城镇规划同时进行，其成果随城镇规划一并履行城市规划法所规定的审批程序；一种是作为专项设计单独展开的城镇城市设计的设计评审。

作为城镇建设管理的执法过程，城镇城市设计评审工作是严谨并具有权威性的。评审委员会一般由代表政府、城镇城市设计委托机构和专家组的人员组成，设计评审主要是评价和判断城镇城市设计质量以及有关法律法规的执行情况，保证城镇城市设计目标的实现，评审结论意见应该对项目作出批准、不批准

或要求修改的决定。对后两种情况，还应该说明原因或提出修改意见。

设计评审的一个关键问题就是评审准则应该在设计开始之前由管理部门根据城镇城市设计要求及有关规定拟写，既为设计所遵循，也作为评审的依据。通过审核的城镇城市设计导则可以作为形态型城镇城市设计（具体项目设计）的评审依据之一，从而有效的实行城市设计控制。

（3）城镇城市设计的实施

城镇城市设计的成果表达只是城镇城市设计的最终成果之一，城镇城市设计的最终成果要在城镇建设过程予以实施，必须建立有效的实施制度。城镇城市设计是通过对后续具体的工程设计进行设计控制来取得实效的。

1）实施主体

与实施城镇城市设计密切相关主要有三类人，即政府、土地所有者和土地开发者。政府：在城镇城市设计的实施过程中，政府是主体。城镇城市设计任务和目标的确定是政府的职责。设计的成功，发挥了应有的工程效果，是政府的实绩，也包含着主要领导人的政绩。土地所有者：在中国情况下，城镇的土地是国有的。政府有很大的支配权，制约因素是管理部门、土地管理、场地上现有的土地使用者（单位或个人）等，但是只要政府一旦决定，这些制约因素不难解决。土地开发者：一般情况下，城镇土地开发分两个方面，政府负责基础设施，建筑物的开发依靠企业或房地产商。在特定情况下，如社会性的建设（博物馆、图书馆等），可能全部靠政府。另一种情况（如商业中心等），也可能全部靠企业和房地产商等经济实体。总之，土地开发是需要政府与开发企业合作进行的。开发企业在合作中必须得到应有的利益，但政府也要控制企业，不使其获取超额的或非法的利润。

实施的主体主要是政府仍在起主导作用。而实施的良好示范或应当更多地发挥居民、法人和社会团

体的作用，政府应主要起控制引导作用。

行政与经济分开，即由经济实体对城镇城市设计直接全面负责，可以在操作上与社会主义市场经济相接轨，以行政命令或行政行为为效益机制，政府通过建设管理和法律法规加强监管，这种做法客观上是符合大多数城镇的实施现状。这种行政与经济的分开仍是一种结合的方式，类似于前后台的关系。在城镇城市设计的实施中是否可以推广这种结合的双轨制值得探讨，至少对政府官员的自律，经济效益的提高，融资渠道的拓展及实施监管力度的增大是有利的，对唯领导意志是从也是一种遏制和挑战。

居民参与是城镇城市设计的必然现象，包括个人投资开发和个人自建自用，城镇城市设计可以在控制和引导上做更多的工作，表现干预为主的特征，把个人行为纳入统一的建设要求中。除了通过金融政策和其他政策的扶持外，倡导性的强调可以更好地与这种个人建设模式相协调。个人除了直接参与实施建设外，还可以开辟一条联系的渠道，城镇有这方面的有利条件。这种组织的制度化、经常化是实施中的重要工作，主要对城镇城市设计的公开、公正起到监督和协调作用。

2）实施过程

在实施过程中主要应排除一切非常规的干扰，要按市场机制灵活调控建设速度，加强市场信息的监测、反馈和反应能力。城镇城市设计的实施是一个开放系统，因而通过对市场信息的监测、反馈而作出反应来调整也是实施中必不可少的。城镇城市设计不是终结形式的方法，应当能适应这种经济、社会和居民需求的动态发展，市场反映情况也是对城镇的验证和评价。

a. 弹性机制

城镇城市设计一般比较偏重于主观经验。城镇城市设计的标准包括可度量的和不可度量的，难以制定客观的政策标准，因而实施管理应有一定的弹性。

在弹性标准下，城镇城市设计不是一成不变的，其方案也不是唯一的，应该在满足弹性标准的前提下，根据实际情况的变化进行适当调整。

我国现行的规划管理制度对具体开发项目的城镇城市设计的实施，主要是通过对用地性质、容积率、建筑密度、绿地率、建筑高度、后退红线等几项基本指标和要求等控制来落实的，是一种强制性的管理方法。由于这种方法所采用的指标往往都是强制性指标，并不是有的放矢地在城镇环境的形成上进行具体的、详尽的有效引导，特别是在市场经济的条件下，这种方法的局限性日益明显。在市场机制的作用下，要更加有效地创造理想的城镇环境，必须采取强制性和引导性相结合的城镇城市设计实施体制，充分利用市场经济规律及其机制管理土地开发利用和引导城镇建设。如"整体开发"的实施对策就能有效解决"僵指标"和"活设计"之间的矛盾。整体开发即不受现行的分区管制规则中关于基地大小、建筑密度等规定的限制，可将许多单元作为一个整体进行开发，只需达到全区法定的人口密度和公共设施水准等即可。其目的在于给予投资者更多的弹性，以保留更好地开放空间及整体景观效果，消除传统分区使用管制下刻板、单调的城市意象。

实施中的另一大难点是建设次序和速度，主要需将土地和城镇城市设计均纳入市场调节的城镇整体建设的配合关系，依据不同城镇的情况，灵活决策建设先后问题。既可以通过城镇城市设计带动城镇整个空间环境的优化，也可以根据城镇建设的需要来推进其空间环境的改善，需要比较短期经济效益和长期效益的关系，寻找最理想的实施方针。

b. 公众参与机制

公开公正是城镇城市设计实施体现人民性的要求，公开以程序公开、法规公开、决策公开等透明性来实现，新闻、媒体、公示都是公开的手段，而公开性除了被合理、合法强调和保证外，还应当形成制度化的客观评价，公正在很大程度上通过公开而体现，由争议仲裁体制来最后实现。

因为城镇城市设计最终是要给人用和为人民服务的，所以应该让公众知道城镇城市设计的意图并发表自己的意见，共同来做好城市设计的实施。实施城镇城市设计的公众参与方法可包括：

•舆论宣传，即管理部门有计划有意识地与媒体合作，将城镇城市设计的思想、目标与原则经常性地纳入到舆论宣传领域。在电台、电视台、报纸等媒体予以宣传，增强舆论导向，提高居民的城镇意识。内容可以是发展计划或项目介绍，如居民手册、幻灯宣传、招贴广告、展览等，也可以通过报纸、电视、广播等新闻媒介进行宣传，在具体项目或计划宣传的同时，也应适当渗透一些概念和理论等专业性的常识以提高镇民的专业意识。

•征询公众意见，公众对城镇环境建设最为关心，对城镇建设的各种需要渴望有机会来表达，应提供多样化和广泛性的机会和条件，使居民的意愿得以反映，可以结合建设项目的介绍会、座谈会和采用发放意见征询表等形式。为了增强效果，城镇城市设计部门还应该适当地对公众建议的主要内容予以必要的

提示和引导，并形成制度，增强趣味性，广泛调动社会各方面的力量和积极性。

•实行城镇城市设计公众听证制度，对重大项目可以组织居民代表参与有关审议程序的听证会议，既可以听取居民的意见，也可使他们更多地了解相关的情况，树立热爱聚落的自觉性和自豪感。

c.激励机制

随着我国市场经济的发展，城镇城市设计的实施将越来越依赖于市场的动作。因此城镇城市设计的实施应对市场做出更多和更积极的回应。与此同时，城镇城市设计所强调的空间景观要求环境以及所追求的环境效益与市场所侧重追求经济效益的目标是相抵触的。尽管要求建设开发要经济、社会、环境的三效合一、综合平衡等，然而追求不同效益的矛盾却是在项目实施中具体存在的。由于市场行为具有很多的可变性和多样性，很多项目的建设实施很难完全按照既有的设计要求去落实，这就更加要求城镇城市设计提供更多更为积极灵活的应对措施或奖励机制。

旧城改造的见缝插针式地开发、聚落历史古迹保护中的资金平衡等，都是实施城镇城市设计的障碍，应在城镇城市设计中努力加以协调。

附录：城镇特色风貌实例

1 中国城镇风貌高峰论坛实例

2 地域建筑特色风貌营造实例

3 城镇特色风貌文化创意实例

4 城镇特色风貌规划导则实例

5 城镇特色风貌研究创作实例

6 城镇城市设计规划创作实例

（提取码：a1q2）

后 记

感恩

"起厝功，居厝福" 是泉州民间的古训，也是泉州建筑文化的核心精髓，是泉州人"大　精神，善行天下"文化修养的展现。

"起厝功，居厝福" 激励着泉州人刻苦钻研、精心建设，让广大群众获得安居，充分地展现了中华建筑和谐文化的崇高精神。

"起厝功，居厝福" 是以惠安崇武三匠（溪底大木匠、五峰石艺匠、官住泥瓦匠）为代表的泉州工匠，营造宜居故乡的高尚情怀。

"起厝功，居厝福" 是泉州红砖古大厝，创造在中国民居建筑中独树一帜辉煌业绩的力量源泉。

"起厝功，居厝福" 是永远铭记在我脑海中，坎坷耕耘苦修持的动力和毅力。在人生征程中，感恩故乡"起厝功，居厝福"的敦促。

感慨

建筑承载着丰富的历史文化，凝聚了人们的思想感情，体现了人与人、人与建筑、人与社会以及人与自然的关系。历史是根，文化是魂。每个地方蕴涵文化精、气、神的建筑，必然成为当地凝固的故乡魂。

我是一棵无名的野草，在改革开放的春光沐浴下，唤醒了对翠绿的企盼。

我是一个远方的游子，在乡土、乡情和乡音的乡思中，踏上了寻找可爱故乡的路程。

我是一块基础的用砖，在莺歌燕舞的大地上，愿为营造独特风貌的乡魂建筑埋在地里。

我是一支书画的毛笔，在美景天趣的自然里，愿做诗人画家塑造令人陶醉乡魂的工具。

感动

我，无比激动。因为在这里，留下了我走在乡间小路上的足迹。1999 年我以"生态旅游富农家"立意规划设计的福建龙岩洋畲村，终于由贫困变为较富裕，成为著名的社会主义新农村，我被授予"荣誉村民"。

我，热泪盈眶。因为在这里，留存了我踏平坎坷成大道的路碑。1999 年，以我历经近一年多创作的泰宁状元街为建筑风貌基调，形成具有"杉城明韵"乡魂的泰宁建筑风貌闻名遐迩，成为福建省城镇建设的风范，我被授予"荣誉市民"。

我，心花怒发。因为在这里，留住了我战胜病魔勇开拓的记载。我历经十个月潜心研究创作的时代畲寮，终于在壬辰端午时节呈现给畲族山哈们，安国寺村鞭炮齐鸣，众人欢腾迎接我这远方异族的亲人。

我，感慨万千。因为在这里，留载了我研究新农村建设的成果。面对福建省东南山国的优美自然环境，师法乡村园林，开拓性地提出了开发集山、水、田、人、文、宅为一体乡村公园的新创意，初见成效，得到业界专家学者和广大群众的支持。

我，感悟乡村。因为在这里，有着淳净的乡土气息、古朴的民情风俗、明媚的青翠山色和清澈的山泉溪流、秀丽的田园风光，可以获得乡土气息的"天趣"、重在参与的"乐趣"、老少皆宜的"谐趣"和净化心灵的"雅趣"。从而成为诱人的绿色产业，让处在钢筋混凝土高楼丛林包围、饱受热浪煎熬、呼吸尘土的城市人在饱览秀色山水的同时，吸够清新空气的负离子、享受明媚阳光的沐浴、痛饮甘甜的山泉水、脚踩松软的泥土香；感悟到"无限风光在乡村"！

我，深怀感恩。感谢恩师的教诲和很多专家学者的关心；感谢故乡广大群众和同行的支持；感谢众多亲朋好友的关切。特别感谢我太太张惠芳带病相伴和家人的支持，尤其是我孙女励志勤奋自觉苦修建筑学，给我和全家带来欣慰，也激励我老骥伏枥地坚持深入基层。

我，期待怒放。在"外来化"即"现代化"和浮躁心理的冲击下，杂乱无章的"千城一面，百镇同貌"四处泛滥。"人人都说家乡好。"人们寻找着"故乡在哪里？"呼唤着"敢问路在何方？"期待着展现传统文化精气神的乡魂建筑遍地怒放。

感想

唐代伟大诗人杜甫在《茅屋为秋风所破歌》中所曰："安得广厦千万间，大庇天下寒士俱欢颜，风雨不动安如山！"的感情，毛泽东主席在《忆秦娥·娄山关》中所云："雄关漫道真如铁，而今迈步从头越。从头越，苍山如海，残阳如血。"的奋斗精神，当促使我在新型城镇化的征程中坚持努力探索。

圆月璀璨故乡明，绚丽晚霞万里行。